长壁开采 110 工法
110 Method for Longwall Mining

何满潮　王　炯　高玉兵　郭志飚　著

科学出版社

北京

内 容 简 介

  本书系统构建了长壁开采 110 工法理论与技术体系，首创"切顶短臂梁"理论和平衡开采理论，提出了以 NPR 锚索支护、顶板定向预裂切裂、碎石帮控制与封堵、矿压远程实时监测等为核心的关键技术，研发了配套的智能化工艺装备，形成了"采-留"协同作业模式，实现了无煤柱开采的技术突破。长壁开采 110 工法在减少煤炭资源浪费、降低巷道掘进量、改善采场动压环境等方面有显著成效，为煤炭资源的绿色安全高效开采提供了中国方案，对推动采矿技术革新具有里程碑意义。

  本书可供煤炭行业科研和工程技术人员阅读，也可作为高等院校矿业类相关专业的教学参考书。

图书在版编目（CIP）数据

长壁开采 110 工法 / 何满潮等著. —北京：科学出版社，2025.5
ISBN 978-7-03-075649-7

Ⅰ. ①长… Ⅱ. ①何… Ⅲ. ①长壁采煤法 Ⅳ. ①TD823.4

中国国家版本馆 CIP 数据核字（2023）第 097642 号

责任编辑：李　雪　李亚佩 / 责任校对：王萌萌
责任印制：师艳茹 / 封面设计：无极书装

科学出版社 出版
北京东黄城根北街 16 号
邮政编码：100717
http://www.sciencep.com

北京汇瑞嘉合文化发展有限公司印刷
科学出版社发行　各地新华书店经销
*
2025 年 5 月第 一 版　开本：889×1194 1/16
2025 年 5 月第一次印刷　印张：16
字数：486 000

定价：300.00 元
（如有印装质量问题，我社负责调换）

前　言

煤炭是我国的战略能源，在维持国际能源格局、保障我国能源安全、支撑构建能源强国等方面具有重要的地位和作用。我国富煤少油缺气的能源资源禀赋特点，决定了今后相当长一段时间内，煤炭仍将是我国的主体能源。煤炭的安全开采关乎能源供应的稳定和能源战略的实施，17世纪前期，采煤亦称为"伐煤""凿煤"，凿井见煤后，沿煤层走向挖掘巷道，一边掘进一边采煤。17世纪末，英国工业革命使人类开始步入工业文明，房柱式采煤法、高落式采煤法得到广泛应用。18世纪初期，长壁开采121工法（即回采1个工作面，需提前掘进2条顺槽巷道，留设1个煤柱）首次应用，并一直沿用至今。

长壁开采121工法采煤体系起源于1706年的英国，属于欧美技术体系，该技术体系为我国煤炭行业的发展做出了重要贡献。但是，长壁开采121工法一般通过留设煤柱的方式来抵抗采空区煤炭采出后上覆岩层运动产生的矿山压力，存在巷道掘进率高、煤柱资源浪费严重、沿空巷道事故多发等问题。究其原因，主要是在该技术体系中采用传统高强度支护来对抗矿山压力，长臂梁结构巷道的顶板岩层回转下沉易造成支护体系破断失效，同时会对留设的煤柱造成应力集中，是一种不平衡开采体系。

如何实现煤炭资源的安全、高效、节约开采，提高我国煤炭产业核心竞争力，是煤炭行业亟待解决的关键问题。为此，笔者历经二十余年的科研技术攻关与工程实践，借鉴多年针对软岩巷道大变形的控制理念，提出"借力打力"的开采思路，将对抗矿山压力转变为利用矿山压力，并利用垮落岩体碎胀特性充填地下空间，从而消减矿山压力引起的煤矿灾害。在此基础上，于2009年建立了"切顶短臂梁"理论，形成了无煤柱长壁开采110工法，即回采1个工作面只需掘进1条工作面顺槽（另一个顺槽自动形成），无须留设煤柱。长壁开采110工法革新了300多年来传统长壁开采模式，首次把采煤与掘进两套工序初步统一起来，实现了无煤柱平衡式开采。直至今日，长壁开采110工法已在我国30多个矿区成功应用，这一技术的成功应用标志着我国进入第三次矿业科学技术革命期，同时也为我国由矿业大国向矿业强国发展奠定了理论和技术基础。

一、理论传承

长壁开采121工法中应用最广泛的岩层运动与矿压控制理论为我国钱鸣高院士提出的"砌体梁"理论和宋振骐院士提出的"传递岩梁"理论。"砌体梁"理论由钱鸣高院士于1962年提出，该理论认为，随着工作面向前推进，顶板岩层会产生周期性断裂，断裂后的岩块排列整齐并产生回转变形和运动，回转后能够相互挤压形成水平作用力和摩擦阻力，称为"砌体梁"结构。"传递岩梁"由宋振骐院士于1979年提出，该理论认为，基本顶通常由一组或几组对矿压显现有明显影响的"岩梁"组成，基本顶中的每一层岩梁断裂后，断裂岩块之间能够相互咬合，并始终向工作面前方及采空区矸石上传递力的作用。

"砌体梁"理论和"传递岩梁"理论指导了我国半个多世纪的煤炭生产，为我国煤炭行业做出了重要贡献。随着我国煤炭开采深度的增加，采场巷道大变形问题愈加严重，为了保证采场和巷道围岩稳定，往往需要留设保护煤柱来平衡采动引起的矿山压力。然而，留设煤柱容易导致资源浪费、应力集中、自然发火等诸多问题。为此，无煤柱开采技术逐渐成为煤炭领域急需应用与推广的采煤方法。无煤柱开采是指相邻工作面间不留设任何煤柱的长壁开采方式。无煤柱开采后，采场和巷道围岩结构较留煤柱开采有很大区别。因此，常规的留煤柱开采理论在解释围岩力学行为时表现出一定的局限性。

基于此，21世纪初，笔者提出了"切顶短臂梁"理论和平衡开采理论，通过顶板定向预裂切缝，切断部分顶板的矿山压力传递，进而利用顶板岩层压力和顶板岩体的碎胀特性实现无煤柱开采。该理论将对上覆岩层的被动"抵抗"转化为主动"卸压"，并充分利用了"切顶短臂梁"结构的稳定结构特征及采空区矸石碎胀特性，变害为利，实现了地下岩层平衡控制的观念转变。

二、技术支撑

长壁开采 110 工法不同于 121 工法，传统支护材料不易满足沿空巷道围岩结构稳定性的要求。通常来说，几乎所有传统支护材料的泊松比都为正，即这些材料在拉伸时，垂直于拉力方向会产生收缩，故称为泊松比(PR)材料。此类支护材料在巷道围岩出现软岩大变形、岩爆大变形、冲击大变形、瓦斯突出等情况下极易失效，进而造成巷道冒顶、塌方等事故。为此，笔者通过长期探索，革新了传统巷道支护材料，研制了一种具有负泊松比(NPR)效应的 NPR 锚杆/索。负泊松比材料相比普通材料具有一些特殊的优越性能，如材料受到拉伸时，垂直于拉力方向会产生膨胀。该支护材料可以在巷道围岩发生大变形时自动延伸，并保持恒定的工作阻力，从而通过恒阻大变形吸收围岩能量，以在围岩大变形条件下仍然具有很好的支护作用来保证巷道的稳定。目前，已研制了宏观与微观的 NPR 锚杆/索。NPR 锚杆/索获得了国家发明专利及美国发明专利，荣获了中国专利金奖，NPR 锚杆/索的诞生是长壁开采 110 工法得以发展的技术基础。

长壁开采 110 工法需对采空区顶板与巷道顶板之间实施定向切缝，优化留巷覆岩结构与应力状态。该切缝技术既要求沿走向在巷道采空区顶板形成有效的定向切断面，有利于切缝高度内的顶板在回采后顺利垮落，达到顶板充分卸压的目的，又要求预裂切顶不能对巷道顶板产生破坏作用，保证长壁开采 110 工法巷道顶板的稳定性和完整性。在传统爆破技术下，爆炸性的高速和高压气体在缝隙孔中沿混乱的路径释放，这不符合定向切割顶板的基本要求。针对传统爆破技术的问题，考虑到岩体的耐压怕拉特性，笔者研发了一种聚能切缝技术。该技术通过聚能装置促使爆炸能量只沿两个指定方向扩散，产生集中的拉应力，实现了顶板定向预裂切缝。

长壁开采 110 工法以 NPR 锚杆/索与顶板定向预裂切缝技术为保障，保证了成巷的稳定性和安全性。首先利用 NPR 锚杆/索对巷道空间的顶板进行支护；然后利用其配套的切缝装备，沿靠近工作面准备回采的煤体交界处进行顶板切缝，在工作面回采后切断采空区顶板与巷道顶板之间的应力传递；同时利用采矿后形成的矿山压力做功，使采空区顶板岩体沿切缝面自行垮落，并利用垮落岩体的碎胀特性充填采矿空间，形成对上覆岩层的支承结构；最后对采空区垮落矸石进行挡矸支护，防止其窜入巷道，同时形成一个由垮落矸石组成的巷帮，从而实现自成巷。

三、长壁开采 110 工法的发展

2009 年，长壁开采 110 工法首次在四川省煤炭产业集团有限责任公司芙蓉矿区白皎煤矿现场试验成功，有效解决了该矿保护层留煤柱开采引发的采空区瓦斯积聚、瓦斯突出及应力集中对近距离煤层开采引起的灾害问题，为长壁开采 110 工法技术体系完善和推广奠定了基础。目前，长壁开采 110 工法已在安徽两淮矿区，江苏徐州矿区、山东济宁矿区、河南永城矿区、焦作矿区，山西大同矿区、离柳矿区、西山矿区、晋城矿区、长治矿区，陕西子长矿区、黄陵矿区、彬长矿区，内蒙古东胜矿区、上海庙矿区，黑龙江鹤岗矿区、七台河矿区，吉林辽源矿区，辽宁红阳矿区、铁法矿区，四川芙蓉矿区，贵州毕节矿区、六盘水矿区、云南宣威矿区，新疆准东矿区、哈密矿区等成功应用，成功适用于不同顶板条件、不同煤层厚度、不同煤层倾角等地质条件的矿井。长壁开采 110 工法的实施有效避免了留设煤柱造成的资源浪费，提高了煤炭回收率，减小了巷道掘进及返修工程量，消除了临近工作面煤体上方应力集中，提高了生产效率和开采安全性，具有显著的经济、技术和安全效益。

四、结语和致谢

经过 20 余年的思考、酝酿和探索，长壁开采 110 工法终于化茧而生，是政、产、学、研多部门通力合作创新的成果，凝聚了众多专家、学者、工程技术人员的心血，实现了长壁开采历史上的一次突破性革命。在本书成书之际，特对为长壁开采 110 工法做出贡献的所有人员表示诚挚的感谢。

长壁开采 110 工法相关工程地质与大变形力学的理论传承来自长春地质学院(现吉林大学)谭周地先生、中国矿业大学(北京)陈志达先生与马伟民先生，使我对采矿科学理论有了更加深入的认识。此外，在矿压理论与岩层控制方面，又很荣幸地获得了钱鸣高院士、宋振骐院士的指导和帮助，使我受益匪浅。长壁开采 110 工法研究期间，凌文院士、金智新院士、赵阳升院士、赵景礼院士、张子飞董事长、杨汉宏总经理等诸多专家依托其丰富的现场经验，对长壁开采 110 工法技术研发、完善提供了大量宝贵意见。中国矿业科学协同创新联盟的众多专家对长壁开采 110 工法在现场应用与推广提供了许多关键性的指导。对于他们的无私帮助，在此表示诚挚的感谢。

　　长壁开采 110 工法的研究是一个长期的、不断探索的过程。传统长壁开采 121 工法沿用至今已达三百余年，亟须一次彻底的产业技术革命来改变现状，让采矿的科技发展适应煤炭高质量发展的需求。在此种情况下，研究团队协同攻关，依靠多年理论与技术发展和积淀，为长壁开采 110 工法的发展与推广默默付出。在此，向笔者所在团队的所有老师和同学表示衷心的感谢。

　　长壁开采 110 工法贡献了矿产资源科学开采的中国智慧，历史性地解决了百年来困扰的问题，必将推动矿山企业不断取得新成就，在煤炭科技发展史上留下浓墨重彩的印记！

2024 年 10 月

目　录

第1章 长壁采煤工法发展概述

1.1 采矿工法的发展演化

煤炭是我国的支柱能源,在一次能源生产和消费结构中长期占50%以上。长期以来,采煤工艺经历了手工采煤、爆破采煤、普通机械化采煤和综合机械化采煤等几大发展阶段,采煤工艺和采掘设备的不断升级改进,推动了整个煤炭工业向前发展。现阶段,煤炭井工开采主要分为柱式和壁式两大开采体系,我国形成了以井工长壁开采为主的开采体系[1]。长壁采煤法是以工作面的开采长度为主要标志,一般来说,长度在50m以上的采煤工作面称为长壁工作面。长壁采煤技术最早出现于19世纪中叶的欧洲。初期的长壁工作面是使用坑木支护并且人工将煤装入小型矿车上,而后采用了人工掏底槽与爆破相结合的方法,同时工作面运输也使用了有轨矿车。据文献记载,20世纪50年代以前,中国煤矿主要采用残柱式和高落式采煤方法,巷道掘进量大,产煤量少,通风条件恶劣,生产安全问题突出,资源损失严重。到20世纪50年代以后,中国大部分煤矿开始采用长壁采煤法,同时制定了各项安全生产措施,极大地促进了中国采煤技术的进步和发展[2]。

根据回采工作面与区段煤柱、巷道掘进量的数量关系,将长壁开采体系分为121工法、111工法、110工法和N00工法,如图1-1所示。长壁开采121工法,即每回采"1"个工作面,需提前掘进"2"条工作面回采巷道,并留设"1"个区段煤柱。121工法的典型特征是采用煤柱隔离采空区,煤柱的留设一方面造成资源浪费,另一方面致使覆岩不均衡沉降,造成沿空巷道围岩应力集中。为了解决资源浪费问题,1937年苏联提出采用充填材料沿采空区边缘维护原回采巷道,即回采"1"个工作面,只需掘进"1"条工作面回采巷道,留设"1"个充填体岩柱,因此可称为111工法。111工法即充填沿空留巷开采方法,有效解决了资源浪费问题,减少了巷道掘进率,但未彻底改变顶板间的传力结构,属于"无煤有柱"的开采方式,充填体易成为应力集中区,充填作业与工作面开采间的协调是制约高效开采的重要因素。

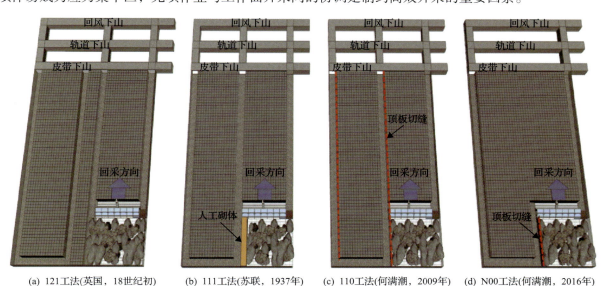

(a) 121工法(英国,18世纪初)　(b) 111工法(苏联,1937年)　(c) 110工法(何满潮,2009年)　(d) N00工法(何满潮,2016年)

图1-1　长壁开采工法示意图

基于无煤柱自成巷关键技术,2009年笔者研究团队提出了110工法,即回采"1"个工作面只需掘进"1"条工作面回采巷道(另一个巷道自动形成),留设"0"个煤柱。在110工法的基础上,2016年又提出了 N00 工法，即开采全新盘区的"N"个工作面，需掘进"0"条巷道，留设"0"个区段煤柱，实现了无须掘进巷道和无须留设煤柱的重大升级和突破。110 工法把采煤与掘进两套工序初步统一起来，使每个采煤工作面少掘进一条回采巷道，实现了无煤柱开采。N00 工法在 110 工法的基础上，把采煤与掘进两套工序彻底统一起来，由掘进一条回采巷道变为不需要掘进回采巷道。

1.2　长壁开采 121 工法

20 世纪 60～70 年代，钱鸣高院士提出"砌体梁"理论，首次完整论述了采场上覆岩层压力传递和平衡方法，通过留设区段大煤柱平衡顶板压力，形成了长壁开采 121 大煤柱开采体系(简称 121 大煤柱工法)，即回采一个工作面，需掘进两条顺槽巷道，留设一个区段煤柱的常规长壁开采技术体系。此工法为目前我国长壁开采应用最广泛的开采体系，为我国矿业科学技术发展做出了重要贡献[3]，如图 1-2(a)所示。

20 世纪 70～80 年代，宋振骐院士提出"传递岩梁"理论，进一步解释了采场上覆岩层压力传递路径，分析了高应力区矿压的分布规律，发现了区内存在内外应力场，提出了在内应力场内掘巷，留设小煤柱[如图 1-2(b)所示]的思路，形成了长壁开采小煤柱开采体系(简称 121 小煤柱工法)，进一步推进了长壁开采技术的发展，为提高煤炭回收率做出了重要贡献。

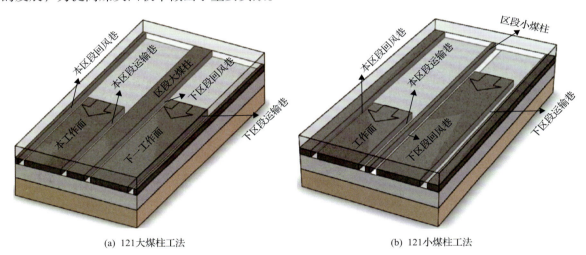

(a) 121大煤柱工法　　　　　　　　　　(b) 121小煤柱工法

图 1-2　长壁开采 121 工法示意图

1.2.1　长壁开采 121(大煤柱)工法

1962 年，钱鸣高院士提出了"采场上覆岩层围岩运动力学关系"的思路，并于 1979 年在大屯矿区孔庄矿现场测试中得到了验证，1981 年提出"砌体梁"平衡理论，并于同年 8 月 21 日在我国"第一届煤矿采场矿压理论与实践讨论会"上做报告，受到普遍认同[4]。1982 年在英国纽卡斯尔大学的"国际岩层力学讨论会"上宣读了"岩壁开采上覆岩层活动规律及其在岩层控制中的应用"论文，把"砌体梁"理论推向国际。

"砌体梁"理论认为，随着回采工作面推进，顶板岩梁将会周期性折断，断裂后的岩块由于排列整齐，在发生回转时相互挤压，由于岩块间的水平力及相互间的摩擦力作用，形成梁式砌体结构，其结构模型和力学模型如图 1-3 和图 1-4 所示。

在此基础上，提出了支护强度和顶板下沉量的计算方法，并推导了相应的计算公式，分别如式(1-1)、式(1-2)所示：

$$P = \sum h \cdot \gamma \cdot R + n \cdot L_c (\gamma h_c + q) + \left[2 - \frac{L_0 \tan(\varphi - \theta)}{2(h_0 - s_0)} \right] Q_0 \qquad (1\text{-}1)$$

式中：P 为支护强度，MPa；$\sum h$ 为直接顶总厚度，m；γ 为岩层容重，kN/m^3；R 为控顶距，m；n 为常数系数；L_c 为支护结构的横向影响长度，m；h_c 为直接顶的厚度，m；q 为上覆岩层均布载荷，N/m；φ 为岩块间的内摩擦角，（°）；θ 为岩块回转倾斜角，（°）；L_0、h_0、s_0、Q_0 分别为处于悬露状态岩块的破断长度（m）、厚度（m）、下沉量（m）、质量（kg）。

$$\Delta s_{\mathrm{R}} = \frac{2}{3} \cdot \frac{R}{L}\Big[H_{\mathrm{C}} - \sum h(K_{\mathrm{P}} - 1)\Big] \tag{1-2}$$

式中：Δs_{R} 为顶板下沉量，m；L 为直接顶悬露岩块的长度，m；H_{C} 为采高，m；K_{P} 为岩层破断后的松散系数。

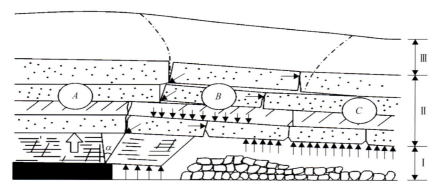

图 1-3　"砌体梁"理论结构模型

α 为岩层破断角

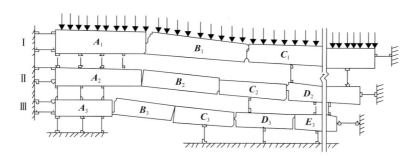

图 1-4　"砌体梁"理论力学模型

钱鸣高院士首次完整论述了采空区上覆压力传递和平衡方法，把"大煤柱-工作面支架-采空区矸石"视为顶板压力承载体，通过留设区段大煤柱平衡顶板压力（图 1-5），形成了长壁开采 121 开采体系，为我国采矿科学技术发展奠定了基础。

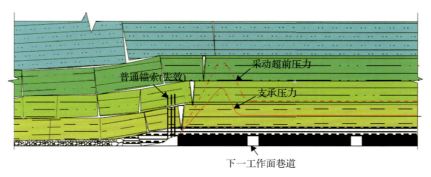

图 1-5　长壁开采 121（大煤柱）工法顶板岩层移动与受力示意图

1.2.2　长壁开采 121（小煤柱）工法

1979 年，宋振骐院士依据开滦赵各庄矿覆岩钻孔观测资料，首次论述了"传递岩梁"的基本属性，1981 年在美国摩根敦召开的"第一届国际岩层控制大会"上进行了大会报告，并于 1981 年 8 月 21 日在我国"第一届煤矿采场矿压理论与实践讨论会"上做报告，得到了专家的普遍认可，1982 年在《山东矿业学院学报》发表了关于"采场支承压力的显现规律及其应用"的文章，标志着"传递岩梁"理论的正式形成。

"传递岩梁"理论认为，随着回采工作面的推进，基本顶发生周期性断裂，并形成一端由工作面前方煤体支承，另一端由采空区矸石支承的岩梁结构，其始终在推进方向上保持传递力的联系，即把顶板作用力传递到前方煤体或后方采空区矸石上，此基本顶结构称为"传递岩梁"，其结构模型和力学模型如图 1-6 和图 1-7 所示。

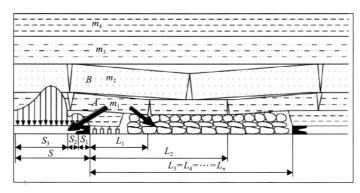

图 1-6　"传递岩梁"理论结构模型

A 为第一层传递岩梁；B 为第二层传递岩梁；m_1、m_2、m_3、m_4 为各传递岩梁的厚度，m；S 为支承压力影响区；S_1 为破裂区；S_2 为塑性区；S_3 为弹性区；L_1、L_2、L_3、L_4、……、L_n 为各传递岩梁的悬跨度，m

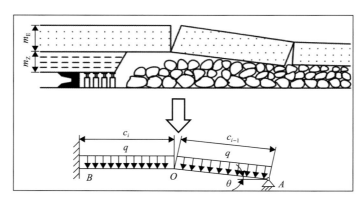

图 1-7　"传递岩梁"理论力学模型

m_E 为基本顶厚度，m；m_Z 为直接顶厚度，m；c_i、c_{i-1} 为各岩梁传递至该处岩重的比例关系，简称传递系数，%/m；q 为岩梁的载荷；θ 为岩梁的偏转角度，(°)

"传递岩梁"理论强调顶板运动状态对所需支护强度的影响，以及变形运动状态对煤体应力分布及采场支护结构的影响。该理论进一步解释了采场上覆岩层压力传递路径，分析了高应力区内存在内外应力场，提出了在应力较低的内应力场内掘进顺槽巷道，并留设小煤柱护巷（图 1-8），大大减小了巷道压力。该理论提出了顶板控制设计方法，即通过位态方程确定顶板支护强度，如式(1-3)所示。"传递岩梁"理论与实际紧密结合，为提高煤炭回收率做出了重要贡献。

$$P_T = A + \frac{E_{mr}\gamma_E c}{K_T L_T} \cdot \frac{\Delta h_A}{\Delta h_i} \tag{1-3}$$

式中：P_T 为支护强度，MPa；A 为直接顶作用力，N；E_{mr} 为岩石弹性模量，GPa；γ_E 为岩石容量，kN/m³；c 为岩石内聚力；L_T 为岩梁的有效跨度，m；Δh_A 为控顶末排顶板最大下沉量，m；Δh_i 为要控制的顶板下沉量，m；K_T 为岩石质量分配系数。

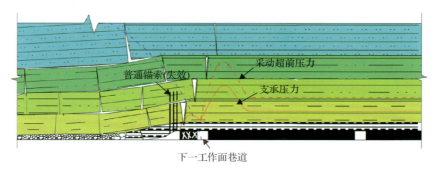

图 1-8　长壁开采 121（小煤柱）工法顶板岩层移动与受力示意图

1.3　长壁开采 110 工法

为解决长壁开采体系存在的"安全、开采成本和煤炭回收率"三大瓶颈和突出问题，2008 年何满潮院士提出了"切顶短臂梁"理论进而提出长壁开采 110 工法，即回采"1"个工作面只需掘进"1"个工作面顺槽（另一个顺槽自动形成），留设"0"个煤柱，其采场巷道布置如图 1-9 所示。长壁开采 110 工法将传统的长壁开采由"一面两巷"采掘模式改变为"一面一巷"模式，利用切落岩体作为巷帮，无须重新采掘巷道或充填高强材料支护巷道。该工法造价低廉，操作简单，并且通过切顶使巷道顶板与采空区顶板分离，切断了两者之间的应力传播途径，使其具有独立变形特征，从而使巷道附近围岩中的集中应力向煤体深处转移，使巷道处于卸压区，从而有效保证巷道稳定。

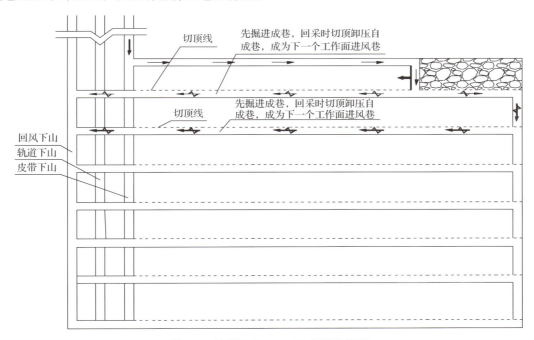

图 1-9　长壁开采 110 工法巷道布置图

长壁开采 110 工法利用聚能爆破和矿山压力，在采空区侧定向切顶，切断部分顶板的矿山压力传递，利用高预应力 NPR 锚索对巷道顶板进行控制，保证采动影响区沿空巷道的围岩稳定，利用顶板岩层压力，以及利用顶板部分岩体,实现自成巷和无煤柱开采,消除或减少事故灾害的发生。长壁开采110工法于2010年在四川省煤炭产业集团有限责任公司(以下简称川煤集团)白皎煤矿2442工作面首次成功应用,开始了我国第三次矿业技术变革探索,成巷断面如图1-10所示。

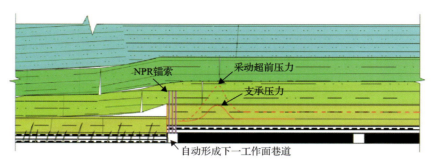

图1-10　长壁开采110工法成巷断面

　　长壁开采110工法是一种先进的无煤柱开采方式,其特殊之处在于无须使用人工充填材料,进一步取消了常规沿空留巷中的充填岩柱,只需对顶板进行卸压降顶,利用矿山压力和岩体的碎胀特性即可实现无煤柱开采。长壁开采110工法在提高煤炭回收率、减少巷道掘进率及提高作业安全性等方面有显著技术优势,是科学采矿的重要发展方向和技术支撑。为说明110工法的特点,将长壁开采121工法、111工法与110工法各自的主要特点列于表1-1中。由表1-1中各种采煤方法的特点可以看出,相比于其他开采方法,长壁开采110工法在安全性与经济效益方面均具有突出的优势。

表1-1　长壁开采121工法、111工法与110工法比较

长壁开采工法	分类	充填材料	巷道数量	煤柱留设	顶板压力	来压强度	围岩变形
121工法	121大煤柱开采	无充填	2	大煤柱	大	较大	明显
	121小煤柱开采	无充填	2	小煤柱	大	较大	明显
111工法	矸石充填开采	矸石	1	无	较大	较大	较明显
	水砂充填开采	砂粒	1	无	较大	较大	较明显
	似膏体胶结材料充填开采	矸石、粉煤灰水泥、河沙等	1	无	较大	较大	较明显
	混凝土充填开采	混凝土	1	无	较大	较大	较明显
	高水速凝胶结材料充填开采	水、铝土矿石膏、石灰等	1	无	较大	较大	较明显
	柔模胶凝体充填开采	纤维柔性模袋胶凝材料等	1	无	较大	较大	较明显
110工法	110无煤柱开采	矸石碎胀充填	1	无	小	小	不明显

第 2 章　长壁开采 110 工法理论基础

2.1　平衡开采理论

2.1.1　采矿损伤不变量方程

采矿活动导致顶板岩层中出现冒落带、裂隙带和弯曲下沉带(以下简称三带,部分地区无弯曲下沉带),地表一般也会产生沉降,长壁开采 121 工法的采矿工程模型如图 2-1 所示。采矿活动在三带中产生的损伤可以用 k_1、k_2 和 k_3 表示。其中,k_1 为采矿引起的地表沉降损伤,k_2 为裂隙带中产生的裂隙损伤,k_3 为冒落带的顶板矸石碎胀程度。

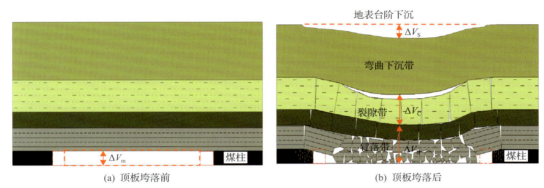

图 2-1　121 工法采矿损伤不变量方程的采矿工程模型

采矿引起的地表沉降损伤 k_1 可以用地表沉降体积和采矿体积表示:

$$k_1 = \Delta V_S / \Delta V_m \tag{2-1}$$

式中:ΔV_S 为地表沉降体积;ΔV_m 为采矿体积。

裂隙带中产生的裂隙损伤 k_2 可以表示为

$$k_2 = \Delta V_C / \Delta V_m \tag{2-2}$$

式中:ΔV_C 为裂隙带中的裂隙体积。

根据岩体碎胀特性,垮落带的顶板岩体垮落破碎后体积产生膨胀,其碎胀程度 k_3 可表示为

$$k_3 = \Delta V_B / \Delta V_m \tag{2-3}$$

式中:ΔV_B 为顶板垮落岩体的碎胀体积。

对于长壁开采 121 工法的采矿工程来说[5],采矿活动在三带中产生的损伤始终满足采矿损伤不变量方程:

$$k_1 + k_2 + k_3 = 1 \tag{2-4}$$

对于长壁开采 121 工法来说,地表沉降体积 ΔV_S 是可以通过测量和计算得到的,但是裂隙带中的裂隙体积 ΔV_C 和顶板垮落岩体的碎胀体积 ΔV_B 是未知的,因此长壁开采 121 工法条件下的采矿损伤不变量方程无解,属于非平衡式开采[6-8]。

2.1.2　平衡开采控制方程

长壁开采 110 工法最主要的贡献之一就是为采矿损伤不变量方程找到了解。通过现场测量，得到了顶板垮落岩体的碎胀函数：

$$K = K_0 \mathrm{e}^{-\alpha_r t} \tag{2-5}$$

式中：K 为顶板垮落岩体碎胀系数；K_0 为顶板垮落岩体初始碎胀系数；α_r 为待定系数；t 为时间变量。

根据顶板垮落岩体的碎胀控制方程：

$$\Delta V_\mathrm{B} = (K-1)H_\mathrm{C} S \tag{2-6}$$

式中：H_C 为切顶高度；S 为开采面积。

通过选择合理的切顶高度 H_C，可以控制顶板垮落岩体的碎胀体积，使其满足采矿体积和碎胀体积之间的平衡：

$$\Delta V_\mathrm{B} = \Delta V_\mathrm{m} \tag{2-7}$$

如此一来，采矿损伤不变量方程式(2-4)变为可解，裂隙带中的裂隙体积 $\Delta V_\mathrm{C} = 0$，采矿引起的地表沉降体积 $\Delta V_\mathrm{S} = 0$。长壁开采 110 工法采矿损伤不变量方程的采矿工程模型如图 2-2 所示。因此，长壁开采 110 工法中可实现整个采区的无煤柱、平衡式开采。基于以上，可得到 110/N00 工法平衡开采控制方程：

$$H_\mathrm{C} = \Delta V_\mathrm{m}[(K_0 \mathrm{e}^{-\alpha_r t} - 1)S]^{-1} \tag{2-8}$$

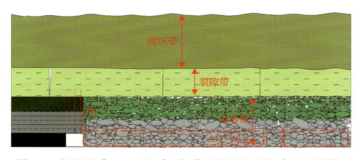

图 2-2　长壁开采 110 工法采矿损伤不变量方程的采矿工程模型

2.2　"切顶短臂梁"理论

"切顶短臂梁"理论是长壁开采 110 工法的理论基础，在"切顶短臂梁"理论结构模型下，顶板岩层压力主要由实体煤、巷内支护体和采空区矸石承担。通过对切顶卸压自成巷过程中采动应力场-支护体-围岩相互作用规律的分析，建立了"切顶短臂梁"理论结构模型，如图 2-3 所示。图 2-3 中红线圈出的顶板(即切缝顶部以下顶板部分)可视为短臂梁结构，其简化的力学模型如图 2-4 所示。

材料力学中关于梁内力计算的假设是基于梁的跨度与截面高度之比 $\frac{l}{h} > 5$[9]，即只有当 $\frac{l}{h} > 5$ 时才能采用材料力学方法求解其内力，而当 $\frac{l}{h} < 2$ 甚至 $\frac{l}{h} < 1$ 时，材料力学中的假设不再适用。长壁开采 N00 工法所形成的短臂梁 $\frac{l}{h}$ 通常是小于 5 的，所以采用弹性力学平面应变问题中梁的解更为准确[10]。

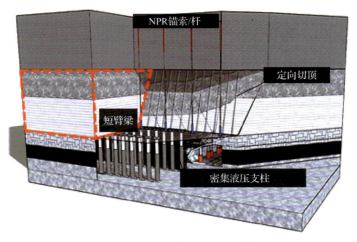

图 2-3　"切顶短臂梁"理论结构模型

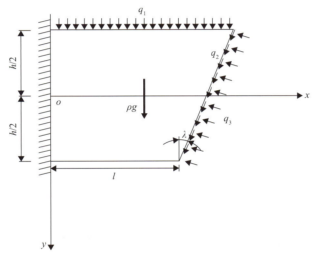

图 2-4　"切顶短臂梁"理论力学模型

在图 2-4 中，设短臂梁之上的岩层施加到该短臂梁上的载荷为 q_1，短臂梁高度为 h，底边长度为 l，受自身重力作用，采空区垮落矸石对其法向支撑力为 q_3，摩擦力为 q_2，切顶线与铅垂线夹角为 λ。

1. 假设应力分量的函数形式

由材料力学可知，弯曲应力 σ_x 主要是由弯矩引起的，切应力 τ_x 主要是由剪应力引起的，挤压应力 σ_y 主要是由直接载荷 q_1 引起的，其中上表面载荷 q_1 视为均布载荷，因而 σ_y 假设为不随 x 而改变，于是有

$$\sigma_y = f(y) \tag{2-9}$$

2. 推求应力函数

将 σ_y 代入平衡微分方程（其中体力分量 $f_x = 0, f_y = \rho g$）：

$$\sigma_x = \frac{\partial^2 \Phi}{\partial y^2} - f_x x, \quad \sigma_y = \frac{\partial^2 \Phi}{\partial x^2} - f_y y, \quad \tau_{xy} = -\frac{\partial^2 \Phi}{\partial x \partial y} \tag{2-10}$$

得

$$\frac{\partial^2 \varPhi}{\partial x^2} = f(y) + f_y y \tag{2-11}$$

对式(2-11)中 x 积分一次，得

$$\frac{\partial \varPhi}{\partial x} = x f(y) + f_y y x + f_1(y) \tag{2-12}$$

再次对 x 进行积分，得

$$\varPhi = \frac{x^2}{2} f(y) + \frac{x^2 y}{2} f_y + x f_1(y) + f_2(y) \tag{2-13}$$

式中：$\varPhi$ 为应力函数；$f(y)$、$f_1(y)$、$f_2(y)$ 均为关于 y 的待定函数；f_y 为不随 y 坐标改变的 y 向体力分量。

3. 由相容方程 $\Delta^4 \varPhi = 0$ 求解应力函数

将式(2-13)代入相容方程，得

$$\frac{1}{2}\frac{\partial^4 f(y)}{\partial y^4} x^2 + \frac{\partial^4 f_1(y)}{\partial y^4} x + \frac{\partial^4 f_2(y)}{\partial y^4} + 2\frac{\partial^2 f_2(y)}{\partial y^2} = 0 \tag{2-14}$$

式(2-14)是关于 x 的二次方程，根据弹性力学相容方程成立条件，全断面 x 值均应符合该方程，则其 x 项的系数及自由项的和都应为零，即有

$$\frac{\partial^4 f(y)}{\partial y^4} = 0, \quad \frac{\partial^4 f_1(y)}{\partial y^4} = 0, \quad \frac{\partial^4 f_2(y)}{\partial y^4} + 2\frac{\partial^2 f_2(y)}{\partial y^2} = 0 \tag{2-15}$$

积分后得

$$\begin{cases} f(y) = Ay^3 + By^2 + Cy + D \\ f_1(y) = Ey^3 + Fy^2 + Gy \\ f_2(y) = -\dfrac{A}{10}y^5 - \dfrac{B}{6}y^4 + Hy^3 + Ky^2 \end{cases} \tag{2-16}$$

其中最后的常数项均已略去(因其不影响应力分量)，再代入式(2-13)，得

$$\varPhi = \frac{x_2}{2}(Ay^3 + By^2 + Cy + D) + x(Ey^3 + Fy^2 + Gy) - \frac{A}{10}y_5 - \frac{B}{6}y_4 + Hy^3 + Ky^2 \tag{2-17}$$

代入平衡方程，得

$$\begin{cases} \sigma_x = \dfrac{x_2}{2}(6Ay + 2B) + x(6Ey + 2F) - 2Ay^3 - 2By^2 + 6Hy + 2K \\ \sigma_y = Ay^3 + By^2 + Cy + D \\ \tau_{xy} = -x(3Ay^2 + 2By + C) - (3Ey^2 + 2Fy + G) \end{cases} \tag{2-18}$$

4. 考察边界条件，求解特征解

首先考虑上下两边界

$$(\sigma_y)_{y=\frac{h}{2}}=0, \quad (\sigma_y)_{y=-\frac{h}{2}}=-q, \quad (\tau_{xy})_{y=\pm\frac{h}{2}}=0 \qquad (2\text{-}19)$$

将式 (2-18) 代入式 (2-19)，得

$$A=-\frac{2q}{h^3}, \quad F=B=0, \quad C=\frac{3q}{2h}, \quad D=-\frac{q}{2}, \quad G=-\frac{3}{4}Eh^2 \qquad (2\text{-}20)$$

于是式 (2-18) 变为

$$\begin{cases} \sigma_x=-\dfrac{6q}{h^3}x^2y+\dfrac{4q}{h^3}y^3+6Exy+6Hy+2K \\[2mm] \sigma_y=-\dfrac{2q}{h^3}y^3+\dfrac{3q}{2h}y+\dfrac{q}{2}-\rho gy \\[2mm] \tau_{xy}=\dfrac{6q}{h^3}xy^2-\dfrac{3q}{2h}x-\dfrac{3}{4}E(4y^2-h^2) \end{cases} \qquad (2\text{-}21)$$

现在考虑梁的左右边界条件，左边界为固支结构，右边界为应力边界，边界范围为 $l\leqslant x\leqslant l+h\tan\alpha$，因为应力边界由法向的正应力和切向的切应力构成，所以由图 2-4 可知，在右边界上要求 σ_x 在右边界上合成的主矢量与外体力在右边界上合成矢量相等，而主力矩和为零，其中边界坐标关系为

$$x=l+\frac{1}{2}h\tan\lambda-y\tan\lambda \quad \left(-\frac{h}{2}\leqslant y\leqslant \frac{h}{2}\right) \qquad (2\text{-}22)$$

于是根据以上右边界条件可得以下关系式：

$$\begin{cases} \displaystyle\int_{-\frac{h}{2}}^{\frac{h}{2}}(\sigma_x+\tau_{xy}\sin\lambda)\mathrm{d}y=P_1 \\[3mm] \displaystyle\int_{-\frac{h}{2}}^{\frac{h}{2}}(\sigma_y+\tau_{xy}\cos\lambda)\mathrm{d}y=p_2 \\[3mm] \displaystyle\int_{-\frac{h}{2}}^{\frac{h}{2}}(\sigma_x+\tau_{xy}\sin\lambda)y\mathrm{d}y=0 \end{cases} \qquad (2\text{-}23)$$

式中：p_1、p_2 分别为右边界外力在该面上的合力的水平分量与竖向分量，属于中间参量，其表达式为

$$\begin{cases} p_1=(q_2\sin\lambda+q_3\cos\lambda)h\tan\lambda \\[1mm] p_2=(q_2\cos\lambda+q_3\sin\lambda)h \end{cases} \qquad (2\text{-}24)$$

其矢量合成如图 2-5 所示。

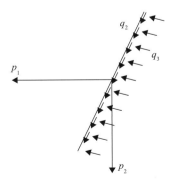

图 2-5　右边界外力 P_1、P_2 矢量合成示意图

联立式(2-13)、式(2-21)解得

$$\begin{cases} E = \dfrac{2p_2+q}{h^3\cos\lambda} + \dfrac{2q}{h^3}\left(l+\dfrac{1}{2}h\tan\lambda\right) \\[2mm] G = -\dfrac{6p_2+3q}{4h\cos\lambda} - \dfrac{3q}{2h}\left(l+\dfrac{1}{2}h\tan\lambda\right) \\[2mm] K = \dfrac{p_1}{2h} - \dfrac{(2p_2+q)(\sin\lambda-\tan\lambda)}{4h\cos\lambda} \\[2mm] H = \dfrac{(9-\sin\lambda)}{60h}ql\tan\lambda - \dfrac{q}{10h} - \dfrac{1}{h^3}q\left(l+\dfrac{1}{2}h\tan\lambda\right)^2 \end{cases} \tag{2-25}$$

于是短臂梁截面应力表达式为

$$\begin{aligned} \sigma_x = & -\frac{6q}{h^3}x^2 y + \frac{4q}{h^3}y^3 + 6xy\left[\frac{2p_2+q}{h^3\cos\lambda} + \frac{2q}{h^3}\left(l+\frac{1}{2}h\tan\lambda\right)\right] \\ & + 6\left[\frac{(9-\sin\lambda)}{60h}ql\tan\lambda - \frac{q}{10h} - \frac{1}{h^3}q\left(l+\frac{1}{2}h\tan\lambda\right)^2\right]y \\ & + 2\frac{p_1}{2h} - \frac{(2p_2+q)(\sin\lambda-\tan\lambda)}{4h\cos\lambda} \end{aligned} \tag{2-26}$$

$$\sigma_y = -\frac{2q}{h^3}y^3 + \frac{3q}{2h}y - \frac{q}{2} - \rho g y \tag{2-27}$$

$$\tau_{xy} = \frac{6q}{h^3}xy^2 - \frac{3q}{2h}x - \frac{3}{4}(4y^2-h^2)\left[\frac{2p_2+q}{h^3\cos\lambda} + \frac{2q}{h^3}\left(l+\frac{1}{2}h\tan\lambda\right)\right] \tag{2-28}$$

由式(2-26)～式(2-28)可计算出短臂梁内最大正应力与最大剪应力，通常由此计算出的应力会大于岩层抗拉强度与抗剪强度，因此，需对岩梁进行支护。由于岩层抗拉强度较低，工程中几乎可以忽略不计，因此，所需支护强度的原则之一通常是不允许岩梁表面出现拉应力，由此可通过弹性理论计算出所需要的支护强度。此外，还需通过类似分析，计算出短臂梁的最大变形，从控制其最大变形的角度来对巷道顶板进行支护。

第3章 长壁开采110工法关键技术

长壁开采121工法在开采过程中煤层顶板会形成长臂梁，因此，往往存在应力高度集中、顶板与煤层被压坏、高应力区掘巷及采动超前压力显现剧烈等问题，容易引发工程事故，同时，留设的煤柱将造成资源浪费，而长壁开采110工法可以在很大程度上减少或避免上述问题。总的来说，长壁开采110工法的特点可以概括为"五个利用、三个减弱、两个目标"，即利用矿山压力、利用顶板部分岩体、利用岩石碎胀特性、利用原有巷道空间、利用原有巷道支护，减弱周期性来压、减弱采空区瓦斯、减弱煤层自燃，实现自成巷和无煤柱开采的目标。通过双向聚能张拉爆破、NPR锚索支护、沿空巷道巷旁和巷内支护等技术和装备，实现切得开、拉得住、支得稳、下得来、护得好，保证长壁开采110工法的顺利实施。

3.1 长壁开采110工法顶板定向预裂切缝技术

3.1.1 顶板定向预裂切缝技术原理

长壁开采110工法是由"切顶短臂梁"理论发展起来的，顶板定向预裂切缝是长壁开采110工法的基础。利用岩体抗压不抗拉的特性，何满潮院士研发了聚能爆破顶板切缝装置(ZL201210003666.3)，实现了爆破后在两个设定方向上形成聚能流，并产生集中张拉应力，在工作面回采前，采用顶板张拉预裂爆破技术，在回采巷道沿将要形成的采空区侧形成定向预裂切缝，切断顶板应力传递路径，其原理如图3-1所示。

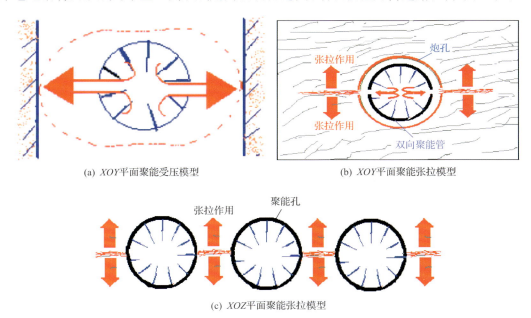

(a) *XOY*平面聚能受压模型 (b) *XOY*平面聚能张拉模型

(c) *XOZ*平面聚能张拉模型

图 3-1 顶板定向预裂切缝技术原理

利用双向张拉聚能装置装药进行聚能爆破，炸药爆炸后，冲击波首先直接作用于双向张拉聚能装置开口对应的孔壁上，使其产生初始裂隙。随后，在爆生气体的作用下，炮孔及孔壁周围形成静应力场，使炮孔径向受压应力作用(均匀受压)。在聚能孔的引导作用下，爆生气体涌入冲击波产生的初始微裂隙，产生气楔作用，由此在垂直初始裂隙方向(控制方向)产生张拉作用力，并出现应力集中。正是由于这部分集中张拉应力(*XOY*平面张拉应力)，以及对岩石"抗压不抗拉"特性的充分利用，致使岩体沿预裂切隙方向失稳、断裂，从而促进裂隙(面)的进一步扩展、延伸。

在现场应用中，若几个炮孔同时起爆，爆生气体准静应力场在炮孔间产生应力叠加效应，炮孔间的张拉应力作用增加，更易导致裂纹的产生与扩展。当相邻炮孔间距适当时，裂缝将得以贯通，形成光滑断裂面。

此外，从聚能装置的每一个聚能孔中释放的能量流，除对其对应的炮孔孔壁作用外，还会对聚能孔自身的孔壁四周产生均匀压力作用。同样，这部分均匀作用于聚能孔孔壁的压应力也将产生集中张拉应力，作用于垂直聚能孔连线方向的聚能装置壁上。在此过程中，双向张拉聚能装置起着三个重要力学作用[11-14]：①对岩体的聚能压力作用，此时岩体局部集中受压；②炮孔围岩整体均匀受压，在设定方向上集中受拉，这种整体均匀受压产生局部集中受拉的前提为双向张拉聚能装置必须有一定的强度；③炮孔间围岩在 XOZ 平面上受张拉力作用[15,16]。

现场应用效果（图 3-2）表明，该技术不仅能按设计位置及方向对顶板进行预裂切缝，而且使顶板按照设计高度沿预裂切缝切落，解决了既能主动切顶又不破坏顶板的技术难题。

(a) 单孔预裂切缝　　　　　　　　　　(b) 顶板沿预裂切缝切落

图 3-2　顶板定向切缝现场应用效果

与传统的炮孔切槽爆破、聚能药包爆破及切缝药包爆破等控制爆破技术相比[17,18]，双向聚能张拉成型控制爆破具有以下优点[19-21]。

（1）利用岩体抗压不抗拉的特性，相应加大了炮孔间距，在同等爆岩方量上减少了炮孔钻进工作量。

（2）最大限度地保护了围岩，减少围岩受炮震、冲击波及爆生气体作用，大大减少了围岩损伤，有利于工程岩体的支护和稳定。

（3）炸药单耗少，综合成本低，经济和社会效益显著。

（4）操作工艺简单，易于在现场推广使用，应用时不需改变原有钻爆操作工序，只需在周边眼中采用双向张拉聚能装置装药即可，其他炮眼装药结构不变。

3.1.2　顶板定向预裂切缝技术要求

顶板定向预裂切缝技术要求主要包括预裂钻孔和预裂切缝爆破两部分[22-25]，具体技术要求如下。

（1）顶板定向预裂钻孔。采用专用切顶钻机，在工作面回采前，严格按照设计角度、间距、深度进行超前顶板预裂钻孔施工。

（2）顶板定向预裂切缝爆破。按照设计方案要求，布置孔内专用聚能管，并采用配套固定和连接装置保证各聚能管张拉预裂线位置呈 180°，根据预裂爆破要求起爆，在回采巷道沿将要形成的采空区侧形成顶板预裂切缝面，切断顶板应力传递路径[26,27]。

3.1.3　顶板定向预裂切缝关键参数

1. 顶板定向预裂钻孔角度

在巷道通风系统形成后，安装支架时或超前工作面 50m 进行顶板预裂钻孔施工。根据采高 H_C 的不同[28]，顶板定向预裂钻孔角度（β）一般按以下经验数据进行设计：①当 $H_C \leqslant 1m$ 时，$\beta \geqslant 15°$；②当 $H_C > 1m$ 时，$\beta < 15°$。

钻孔角度选取时应考虑到顶板岩石力学参数、工作面顶板垮落情况等因素综合确定。

2. 顶板定向预裂钻孔深度

顶板定向预裂钻孔深度与采高、顶板下沉量以及底鼓量等有关[29-31]，一般可通过式(3-1)进行确定：

$$H_F = 2.6H_C \tag{3-1}$$

式中：H_F 为钻孔深度，m。

3. 顶板定向预裂钻孔间距

顶板定向预裂钻孔直径一般为 46～48mm。根据岩性不同，钻孔间距可按照以下经验数据进行初步设计[32-34]：①当顶板为硬岩顶板时，间距可取 450～550mm；②当顶板为软岩顶板时，间距可取 500～600mm；③当顶板为破碎顶板时，间距可取 550～650mm；④当顶板为复合顶板时，间距可取 450～650mm。

4. 顶板定向预裂钻孔装药量[35]

顶板定向预裂钻孔装药量主要与岩性有关。根据顶板岩性不同，采用不同装药量和封孔长度，其中封孔长度一般为 1500～2500mm，装药量可按以下经验数据进行初步设计：①当顶板为页岩段时，每米钻孔装药量为 1～2 个药卷；②当顶板为泥岩段时，每米钻孔装药量为 1～3 个药卷；③当顶板为砂岩段时，每米钻孔装药量为 2～5 个药卷；④当顶板为砂泥岩互层段时，每米钻孔装药量为 1～5 个药卷。

当顶板为上述参数组合时，需要通过现场试验确定合理装药量和封孔长度，以钻孔裂缝率高于 90%为佳。

5. 顶板定向预裂张拉爆破管

张拉爆破管外径 42mm，内径 36.5mm，型号有 BTC-1000 型和 BTC-1500 型两种，前者长度 1000mm，后者长度 1500mm，可根据钻孔深度选择相应型号，或对二者进行组合使用。

3.1.4　顶板定向预裂切缝效果检测与评价

顶板定向预裂切缝是切顶卸压自成巷(长壁开采 110 工法)的基础和关键，因此，必须对现场切缝效果进行检测，以保证切顶卸压和沿空自成巷的成功。

顶板定向预裂切缝效果检测主要采用钻孔自动成像仪进行检测，具体方法与要求如下所述[36]。

1. 检测仪器与设备

(1)利用钻孔自动成像仪进行钻孔内部探测成像，检测定向预裂缝孔内扩展情况。
(2)利用围岩裂隙探测仪进行深部围岩探测，检测孔间裂缝连通和扩展情况。

2. 检测步骤与评价指标

第一步：成孔后预裂爆破前，进行钻孔编号，采用钻孔自动成像仪探测钻孔成孔效果和裂隙发育情况，应达到如下要求：
(1)角度误差率 $K_1 = \alpha_{设计} - \alpha_{实际}/\alpha_{设计} \leqslant 10\%$。
(2)钻孔平直率 $K_2 = L_{坑洼} - L_{钻孔} \leqslant 10\%$。
第二步：钻孔自动成像仪内部探测成像，检测定向预裂缝孔内扩展情况，应达到如下要求：
孔内裂缝率 $K_4 = L_{孔内裂缝} - L_{钻孔} \geqslant 90\%$。
第三步：裂隙探测仪深部围岩探测，检测孔间裂缝联通和扩展情况，应达到如下要求：
孔间裂缝率 $K_5 = L_{孔内裂缝} - L_{钻孔} \times L_{孔间距} \geqslant 90\%$。
第四步：闭合临界距离评估，检测架后到完全垮落处距离，应达到如下要求：

架后到完全垮落处距离 $K_7 \leqslant 20\text{m}$。

第五步：支架受力集中系数评估，应达到如下要求：

支架受力集中系数 $K_8 = P_{顶板破断极限力} / P_{平时受力} \infty 1$。

3. 切缝效果检测与评价

成孔后预裂爆破前进行钻孔质量检测，定向预裂切缝后、回采前进行切缝效果检测，不合格钻孔必须及时在相邻位置进行预裂切缝钻孔和爆破施工，垮落成巷后进行成巷效果和支架受力集中系数检测，具体要求如下。

(1)每条巷道初始 5 个爆破循环，必须每个循环及时现场检测效果，评估设计参数是否合理，如不合理，需提交"现场定向预裂切缝效果检测报告"至设计研究组，并调整设计方案。

(2)如遇顶板岩性变化，随时进行钻孔成孔质量和切缝效果检测，并检验设计参数的合理性。

(3)正常施工阶段，每 50m 进行 1 次爆破循环检测，评估切缝效果，并记录相关数据，形成阶段检测及评价报告。

3.2 110 工法 NPR 锚索支护技术

3.2.1 NPR 锚索支护原理

在地下工程支护中，预应力锚索是应用最广、用量最多的支护设备。随着开采深度的不断加深，巷道围岩常常表现出瞬时大变形的特点，具体表现为：软岩大变形、岩爆大变形、冲击大变形、瓦斯突出大变形等[37]。由于传统预应力锚索延伸率低，不能适应地下工程围岩大变形的特点，当围岩出现较大变形时，变形初期能量较大，围岩的变形能超出锚杆所能承受的范围，造成预应力锚索支护体系失效，进而造成地下工程冒顶、塌方等事故[38,39]。

为了应对巷道大变形，有效控制顶板。受以柔克刚、借力打力的思想启发，何满潮院士于 2009 年研发出一种新型能量吸收支护材料，称为 NPR 锚索(杆)。这种锚索(杆)不但可以提供较大的支护阻力和结构变形量，而且具有恒阻力学特性。NPR 锚索和传统预应力锚索的一个主要差别就是其具有"让中有抗，抗中有让，防断恒阻"的特性，具有这个特性的核心部件是一种新的恒阻器，将该恒阻器加到传统预应力锚杆(索)上，就可以实现恒阻大变形的功能。

地下工程开挖后，破坏了原岩的力学平衡，一方面由于围岩应力重新调整，使岩体自身的力学属性承受不了应力集中，从而产生塑性区或拉力区[40]；另一方面由于施工将引起围岩松弛，加上地质构造的影响，降低了围岩的稳定程度。因此，在巷道围岩尚未发生大变形破坏前，必须采取一定的支护措施，改变围岩本身的力学状态，提高围岩强度，从而在巷道围岩体内形成一个完整稳定的承载圈，与围若共同作用，达到维护巷道稳定的目的。图 3-3 给出了 NPR 锚索的工作原理。

1. 弹性变形阶段

巷道围岩的变形能通过托盘(外锚固段)和内锚固段施加到杆体上。当围岩变形能较小，施加于杆体上的轴力小于 NPR 锚索的设计恒阻力时，恒阻装置不发生任何移动，此时，NPR 锚索依靠杆体材料的弹性变形来抵抗岩体的变形破坏，如图 3-3(a)所示。

2. 结构变形阶段

随着巷道围岩变形能逐渐积累，施加于杆体上的轴力大于或等于 NPR 锚索的设计恒阻力时，恒阻装置内的恒阻器沿着套管内壁发生摩擦滑移，在滑移过程中保持恒阻特性，依靠恒阻装置的结构变形来抵抗岩体的变形破坏，如图 3-3(b)所示。

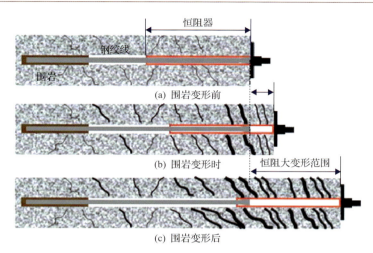

图 3-3 NPR 锚索的工作原理示意图

3. 稳定阶段

巷道围岩经过 NPR 锚索弹性变形和结构变形后，变形能得到充分释放后，由于外部载荷小于设计恒阻力，恒阻装置内的恒阻器停止摩擦滑移，巷道围岩再次处于相对稳定状态[41-43]，如图 3-3（c）所示。

因此，NPR 锚索在锚索轴力大于恒阻力后，依然具有一定的抗力，不会出现突然断裂失效、围岩破坏的现象。在以 NPR 锚索作为支护材料的地下工程中，当围岩发生一定变形时，该锚索也可以随之拉伸变形，围岩中的变形能得到释放，而且该锚索拉伸之后仍然能够保持恒定的工作阻力，实现了地下工程围岩的稳定，消除了冒顶、塌方、偏帮、底鼓等安全隐患。NPR 锚索的恒阻器结构如图 3-4 所示。

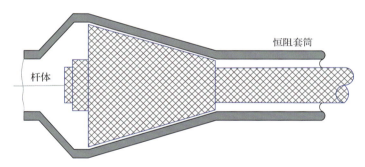

图 3-4 恒阻器结构

结合文献资料，NPR 锚杆的恒阻力可由式（3-2）表示：

$$P_0 = 2\pi f I_s I_c(l) \tag{3-2}$$

式中：f 为摩擦因数；l 为锥体的长度；I_c 为锥体的几何参数；I_s 为套管的弹性常数，分别由式（3-3）、式（3-4）给出：

$$I_c = \frac{ah^2}{2}\cos\partial + \frac{h^3}{3}\sin\partial \tag{3-3}$$

$$I_s = \frac{E(b^2 - a^2)\tan\partial}{a[a^2 + b^2 - \mu(b^2 - a^2)]} \tag{3-4}$$

式中：∂ 为锥体的半锥角；h 为锥体高度；a 为锥体小端的直径；b 为锥体大端的直径；E、μ 分别为套管的弹性模量与泊松比。

自唯象的 Amonton 静摩擦定律和 Coulomb 动摩擦定律建立以来，不同尺度上的摩擦一直是物理学的热门问题。静摩擦性质由 Amonton 静摩擦定律给出，即 $F = fN$，f 为静摩擦因数，N 为物体自身被作用的力；动摩擦性质由 Coulomb 动摩擦定律给出，即 $F = f_d N$，其中，f_d 为动摩擦因数，$f_d < f$。式 $F = fN$ 称为滑动的必要条件。微观尺度摩擦行为的研究表明：在摩擦表面，能量耗散是通过单个原子的黏滑运动来实现的；尽管一般认为摩擦与接触的表观面积无关，实际上，摩擦正比于实际接触面积。在宏观尺度，黏滑现象也发生在无润滑干摩擦的表面上。实验研究表明，在黏滑运动过程中，摩擦因数随着"黏滞"的时间增加而增加。这种不稳定摩擦（或黏滑）现象常见于抛光的金属摩擦面上，其滑动速度线性降低，如汽车与火车的抱闸[44-46]。同样的黏滑现象，在 NPR 锚索（杆）静态拉伸实验时也观察到了高恒阻力和大变形现象，将在下文进行介绍。

　　NPR 锚索恒阻器的模型参数如图 3-5(a)所示。其中，参数 m 为锥体的质量，若将锥体在套筒内的滑移运动认为是黏滑运动[47]，则可以借助黏滑单元对 NPR 锚索负泊松比结构的力学行为展开研究。

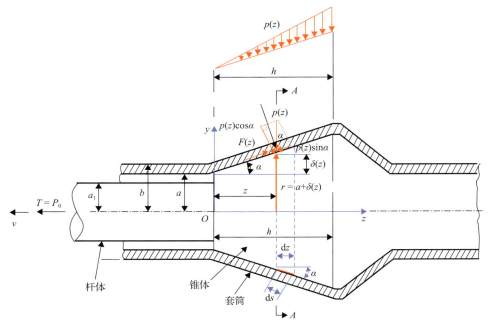

(a) 恒阻器内锥体和套筒相对滑移物理力学模型

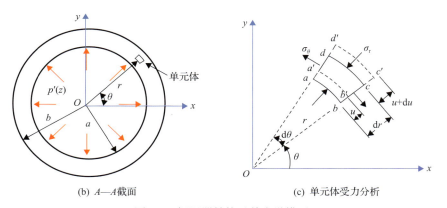

(b) A—A 截面　　　　　(c) 单元体受力分析

图 3-5　恒阻器结构及其力学模型

α 为锥角；h 为锥体高度；a 为套筒内径(等于锥体小端直径)；b 为套筒外径；c 为套筒内径影响范围；d 为套筒外径影响范围；a' 为变形后的内径伸长长度；b' 为变形后的外径伸长长度；c' 为变形后的内径影响范围伸长长度；d' 为变形后的外径影响范围伸长长度；P_0 为恒阻力；$p'(z)$ 为距离坐标系原点(锥体小端直径)坐标为 z 处，套筒施加于锥体侧表面上的压力；$\delta(z)$ 为套管在坐标 z 处的径向位移；p 为 p' 作用在锥体上的反作用力；$p(z)$ 为 $p'(z)$ 作用在锥体上的反作用力；u 为径向位移；a_1 为杆体直径(小于锥体小端直径)；$F(z)$ 为距离坐标系原点坐标为 z 处施加的面力；dz 为横向微元单位；ds 为斜面微元单位；$d\theta$ 为角度微元单位；du 为影响范围微元单位；dr 为单元体半径微元单位；r 为单元体半径；σ_θ 为角应力；σ_r 为半径方向应力

NPR 锚杆中的负松比结构的运动是一个动力学过程[48]，图 3-5 中模型的运动方程为

$$m\dot{x} + kx = kv\tau + (kvt^* - f_{Hd}I_sI_c)$$ (3-5)

式中：$\dot{x}$ 为位移的一阶导数；k 为弹性系数；v 为速度；f_{Hd} 为摩擦因数；t^* 为位移 $x = 0$ 时的时间，定义为起始时间，即：

$$t^* = f_{Hd}I_sI_c / kv$$ (3-6)

参数 $\tau = t - t^*$ 定义为经历时间，是杆体开始运动时经历的时间。由式(3-6)解得 NPR 锚杆的本构方程为

$$P = kx$$ (3-7)

式(3-7)中 $0 \leqslant x \leqslant x_0$，$x_0$ 为在黏滑运动开始前杆体的最大弹性变形[49]；P 为杆体弹力，$P < P_0$ 对应于杆体的弹性变形。式(3-8)对应于 NPR 锚杆的黏滑运动：

$$P_0 - P_0' = k\Delta x$$ (3-8)

式中：Δx 为位移变化量；P_0' 为黏滑运动的下限恒阻力，为

$$P_0' = 2\pi I_sI_cf'$$ (3-9)

式(3-9)中黏滑运动的当量摩擦因数 f' 为一频率相关的参数：

$$F - 2\omega(f - f_d) = f'$$ (3-10)

式中：ω 为黏滑运动中 NPR 锚杆的角频率；f_d 为黏滑运动中的阻尼频率。

3.2.2　NPR 锚索与围岩作用能量原理

1. NPR 锚索能量方程

NPR 锚索在巷道支护过程中与围岩作用主要由两种能量组成：抵抗变形能量 E_B 和吸收变形能量 E_D，可将能量模型进行简化，如图 3-6 所示。

$$E_T = E_R + E_B + E_D$$ (3-11)

$$\Delta E = E_T - E_R = E_B + E_D$$ (3-12)

$$\Delta E = E_T - E_R = C_{cons}$$ (3-13)

其中：

$$\begin{cases} E_B = \int_0^{U_0} f_1(U)\,dU \\ E_D = \int_{U_0}^{U_c} f_2(U)\,dU \end{cases}$$ (3-14)

式中：E_T 为 NPR 锚索支护岩体的总势能；E_R 为围岩变形所释放的能量；E_B 为 NPR 锚索弹性变形阶段所吸收的能量；E_D 为 NPR 锚索恒阻变形吸收的能量；ΔE 为 NPR 锚索支护岩体变形对锚索做的功，即锚索吸收的能量；C_{cons} 为围岩变形时所剩余的能量；U_0 为弹性变形阶段锚索位移值；U_c 为恒阻变形阶段锚索位移值；$f_1(U)$ 为弹性变形阶段微分方程；$f_2(U)$ 为恒阻变形阶段微分方程。

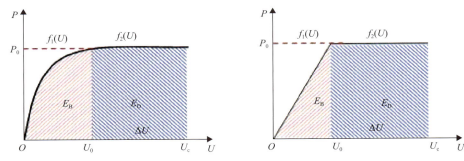

图 3-6　NPR 锚索支护能量模型图

根据简化模式，得

$$
\begin{cases}
E_{\mathrm{B}} = \dfrac{1}{2}kU_0^2 = \dfrac{1}{2}P_0 U_0 \\
E_{\mathrm{D}} = P_0 \Delta U = P_0 \left(U_{\mathrm{c}} - U_0 \right)
\end{cases}
\tag{3-15}
$$

式中：k 为刚度；P_0 为 NPR 锚索恒阻值；ΔU 为巷道平均应变。

将式(3-14)代入式(3-15)得

$$
\Delta E = \frac{1}{2}P_0 \left(2U_{\mathrm{c}} - U_0 \right)
\tag{3-16}
$$

则式(3-13)代入式(3-16)得到能量方程组：

$$
\begin{cases}
P_0 = \dfrac{2C_{\mathrm{cons}}}{2U_{\mathrm{c}} - U_0} \\
U_{\mathrm{c}} = \dfrac{C_{\mathrm{cons}}}{P_0} + \dfrac{U_0}{2}
\end{cases}
\tag{3-17}
$$

2. 支护与围岩相互作用能量

假设地下工程围岩中共安装 n 根 NPR 锚索，如图 3-7 所示，支护和围岩相互作用能量方程组为

$$
\begin{cases}
E^{\mathrm{T}} - E^{\mathrm{R}} = E^{\mathrm{B}} + E^{\mathrm{D}} \\
E^{\mathrm{B}} = nE_{\mathrm{B}} \\
E^{\mathrm{D}} = nE_{\mathrm{D}} \\
E_{\mathrm{B}} = \dfrac{1}{2}P_0 U_0 \\
E_{\mathrm{D}} = P_0 \Delta U
\end{cases}
\tag{3-18}
$$

令

$$
\Delta E = E^{\mathrm{T}} - E^{\mathrm{R}} = C_{\mathrm{cons}}
\tag{3-19}
$$

则支护和围岩相互作用能量方程为

$$
\Delta E = \frac{n}{2}P_0 \left(U_0 + 2\Delta U \right)
\tag{3-20}
$$

式(3-19)和式(3-20)联立求解，得

$$\begin{cases} P_0 = \dfrac{2C_{\mathrm{cons}}}{n\left(2U_\mathrm{c} - U_0\right)} \\[2ex] U_\mathrm{c} = \dfrac{C_{\mathrm{cons}}}{nP_0} + \dfrac{U_0}{2} \end{cases} \qquad (3\text{-}21)$$

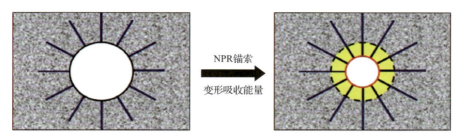

图 3-7　NPR 锚索能量转化模型图

图 3-8 为超前和滞后工作面 NPR 锚索施工效果图，工作面来压后，锁头明显内索，说明顶板岩体相对钢绞线发生相对滑移，NPR 锚索吸收能量[50,51]。

(a) 来压前　　　　　　　　　　　(b) 来压后

图 3-8　基本顶来压前后 NPR 锚索让压滑移图

3.2.3　NPR 锚索支护设计要求

工作面回采后，在顶板周期压力作用下，顶板沿预裂切缝自动切落过程中，采用 NPR 锚索支护（ZL201010196197.2）能够适应并有效控制动压影响下巷道顶板下沉所产生的大变形，确保顶板稳定。为了保证切顶过程和周期来压期间巷道的稳定，在实施顶板预裂切缝前采用 NPR 锚索支护巷道。具体设计要求如下所述。

1. NPR 锚索材料参数

NPR 锚索由一般性钢绞线和恒阻器组成。根据恒阻值不同分为以下三种规格（图 3-9）。

(1) 型号 HZS20-300-0.5，恒阻值 (180 ± 20)kN，直径 $\Phi17.8$mm。

(2) 型号 HZS35-300-0.5，恒阻值 (330 ± 20)kN，直径 $\Phi21.8$mm。

(3) 型号 HMS50-300-8，一体式设计，恒阻值 (480 ± 20)kN，直径 $\Phi28.6$mm。

恒阻器

(a) HZS20-300-0.5型NPR锚索

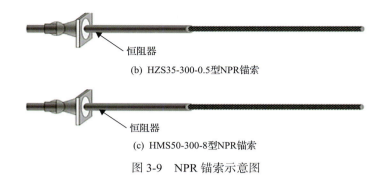

(b) HZS35-300-0.5型NPR锚索

(c) HMS50-300-8型NPR锚索

图 3-9　NPR 锚索示意图

2. NPR 锚索长度

NPR 锚索长度可按式(3-22)计算确定：

$$L_H = H_F + 2.0 \tag{3-22}$$

式中：L_H 为 NPR 锚索长度，m；H_F 为顶板预裂钻孔深度，m。

3. NPR 锚索间排距

NPR 锚索间排距设计主要参考巷道原支护方式，保证支护强度，设计排距为 1～2m，需根据原支护情况和巷道变形情况适当调整。

4. NPR 锚索预应力

35t NPR 锚索预应力设计值一般可取 25～30t。

3.3　110 工法碎石帮控制及封堵技术

在设计切顶卸压自成巷无煤柱开采技术时，巷旁支护体的承载能力计算及其选型是需要解决的关键问题，它直接关系到沿空侧采空区顶板岩层垮落后矸石成帮效果及碎石帮变形大小。然而，在实际的工程实践中，沿空巷道在动压影响下会发生一定的变形，特别是沿空侧巷道顶板变形比同断面巷道顶板变形大，因此，巷旁支护不仅需要"限定变形"，更需要在"给定变形"方面进行合理的设计。传统沿空留巷中的巷旁支护主要经历了矸石砌墙、木垛、密集支柱、充填支护、柔模混凝土墙等发展过程，然而，随着采深、采高的增大，特别是经受二次采动及沿空侧采空区顶板岩石垮落、采动支承压力重新分布过程中的强烈矿压影响，上述巷旁支护体多因自身承载力不足而被破坏，且现有支护体对中厚煤层及厚煤层的高度适应性差，一般不高于 4m；同时，当前煤矿经济严峻，巷旁支护成本普遍偏高、劳动强度大，不利于煤矿降本增效。

3.3.1　碎石帮侧向压力理论计算

1. 理论假设

由切顶卸压自成巷碎石帮结构动态演变过程可知，在顶板覆岩压力作用下碎石帮不仅会发生轴向压缩蠕变变形[52]，偶尔也会发生侧向变形[53]。产生侧向变形的根本原因主要是碎石帮侧向压力大于巷旁支挡结构支撑强度。通常情况下，为防止采空区矸石涌入巷道，切顶卸压自成巷碎石帮采用挡矸、高强度铁丝网对其进行联合支护[54]，如图 3-10 所示。为了给碎石帮巷旁支护设计和结构选型提供理论依据，研究碎石帮侧向压力分布和变化规律非常必要[55-58]。

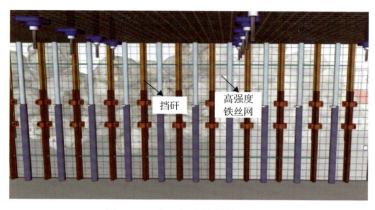

图 3-10 碎石帮支护结构示意图

挡矸网与碎石帮侧冒落矸石相互作用，挡矸网受到矸石侧向挤压力作用，与此同时挡矸网对矸石产生反向约束作用力，严格意义上这种相互作用的机理和边界条件比较复杂，为了方便进行理论研究，提出以下理论假设。

（1）假设挡矸网和高强铁丝网组成的复合支护体系是连续刚性体，对碎石帮矸石体具有足够大的侧向支撑力，可很好地约束破碎矸石侧向位移。

（2）假设适用于切顶卸压自成巷的破碎顶板条件，顶板岩层垮落后形成粒径偏小的矸体，可视为均匀各向同性的无黏性散粒体。

（3）巷帮矸石在顶板压力和帮侧支挡约束力的共同作用下，会产生一条通过挡矸底端的剪切滑裂面。

2. 碎石帮力学模型建立

基于以上假设条件和水平条分极限平衡方法，以滑裂面以上矸石体为研究对象，建立切顶卸压自成巷碎石帮侧向压力分析力学模型，如图 3-11 所示。

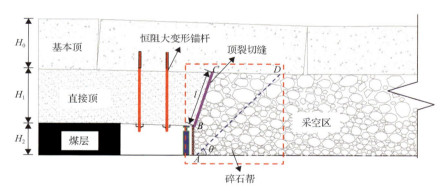

(a) 碎石帮结构示意图

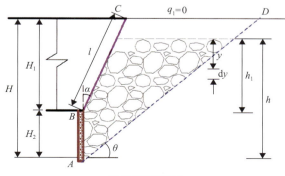

(b) 初期垮落阶段

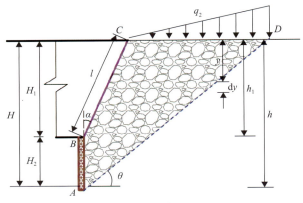

(c) 压实阶段

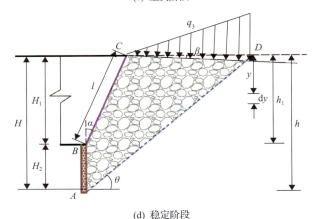

(d) 稳定阶段

图 3-11 碎石帮侧向压力分析力学模型

H 为整体结构高度；H_1 为切顶高度；H_2 为巷道高度；α 为切顶角度；θ 为滑裂面与水平面的夹角；q_1、q_2、q_3 为碎石体上的载荷；l 为预裂切缝长度；h 为碎石垮落高度；h_1 为顶板上方碎石垮落高度；dy 为微元厚度；y 为距离上覆岩层垮落到中间的某一位置

3. 碎石帮侧向压力计算

由于挡矸网与预裂切缝面竖直角度不同，对微分单元体进行受力分析时应考虑竖直角度的影响[59]，因此以 $\overline{BE}$ 平面为分界面，对挡矸网右侧单元体与预裂切缝面右侧单元体受力情况分别进行研究。首先研究预裂切缝面右侧单元体受力。取距矸石体上表面距离为 y 的厚度为 dy 的微分单元①。预裂切缝面右侧微分单元①受力分析如图 3-12(b) 所示。

根据极限平衡理论，微分单元①水平方向平衡方程为

$$\sigma_h + \tau_1 \tan\alpha + \tau_2 \cot\theta - r = 0 \tag{3-23}$$

微分单元①竖直方向平衡方程为

$$\frac{d\sigma_{av}}{dy} = \gamma + \frac{1}{A}\big[\sigma_{av} - r - (\tau_1 + \tau_2)\tan\theta + \sigma_h \tan\alpha\big] \tag{3-24}$$

式中：$A = (H-y) - \tan\alpha\tan\theta(H_1-y)$；$\gamma$ 为碎石帮矸石体的容重。

并且有

$$\begin{cases} \tau_1 = \sigma_h \tan\delta_1 \\ \tau_2 = r\tan\varphi \\ \sigma_h = K_{a1}\sigma_{av} \end{cases} \tag{3-25}$$

式中：δ_1 为预裂切缝面与矸石体之间的摩擦角；φ 为矸石体内摩擦角；K_{a1} 为预裂切缝面主动侧压力系数。

其中：

$$K_{a1} = \frac{3(N\cos^2\theta_a + \sin^2\theta_a)}{3N - (N-1)\cos^2\theta_a} \tag{3-26}$$

$$\theta_a = \arctan\left[\frac{(N-1)+\sqrt{(N-1)^2 - 4N\tan\delta_1}}{2\tan\delta_1}\right] \tag{3-27}$$

$$N = \tan^2(45° + \varphi/2) \tag{3-28}$$

将式(3-25)、式(3-26)代入式(3-23)，整理得到：

$$r = \frac{K_{a1}(1+\tan\delta_1\tan\alpha)}{(1-\tan\varphi\cdot\cot\theta)}\sigma_{av} \tag{3-29}$$

式中：δ_1 为预裂切缝面与矸石体之间的摩擦角。

将式(3-25)、式(3-26)代入式(3-24)，整理得到：

$$\frac{d\sigma_{av}}{dy} = \gamma + \frac{\sigma_{av}}{A}\left[1 - K_{a1}\left(\frac{1+\tan\delta_1\tan\alpha - \tan\varphi\tan\theta - \tan\varphi\tan\delta_1\tan\alpha}{1-\tan\varphi\cdot\tan\theta} - \tan\delta_1\tan\theta + \tan\alpha\right)\right] \tag{3-30}$$

式(3-30)为求解预裂切缝面右侧单元体平均竖向应力的基本方程。

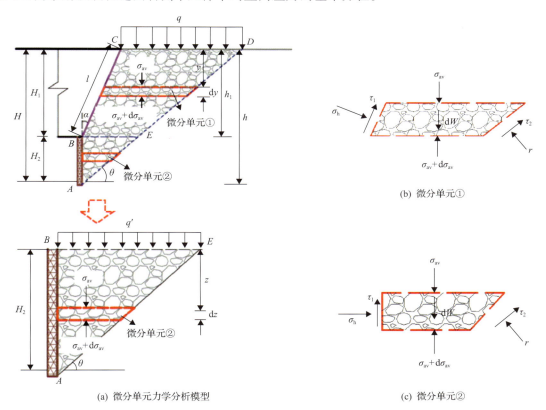

图 3-12　碎石帮微分单元力学分析

σ_{av} 为作用于单元体顶面的平均竖向应力；$\sigma_{av}+d\sigma_{av}$ 为作用在单元体底面的竖向平均应力；σ_h 为支护结构面对矸石体的反力；τ_1 为支护结构面与矸石体的摩擦力；τ_2 为滑裂面上矸石体与滑裂面下不动矸石体之间的摩擦力；r 为垂直于滑裂面的反力；dW 是微分单元的重力；q 为矸石体上表面作用载荷；θ 为滑裂面与水平面夹角；l 为预裂切缝长度；α 为预裂切缝面与竖直方向夹角；z 为顶板至底板之间的某一高度；dz 为微元高度；H 为整体结构高度；H_1 为切顶高度；H_2 为巷道高度；α 为切顶角度；θ 为滑裂面与水平面的夹角；q_1、q_2、q_3 为矸石体上的载荷；l 为预裂切缝长度；h 为矸石垮落高度；h_1 为顶板上方矸石垮落高度；dy 为微元厚度；y 为距离上覆岩层垮落到中间的某一位置

令

$$\zeta = \frac{1 + \tan\delta_1\tan\alpha - \tan\varphi\tan\theta - \tan\varphi\tan\delta_1\tan\alpha}{1 - \tan\varphi\cdot\tan\theta} - \tan\delta_1\tan\theta + \tan\alpha$$

则：

$$\frac{\mathrm{d}\sigma_{\mathrm{av}}}{\mathrm{d}y} = \gamma + \frac{\sigma_{\mathrm{av}}}{(H-y) - a_{\mathrm{m}}(H_1 - y)}(1 - \zeta K_{\mathrm{a}1}) \tag{3-31}$$

式中：$a_{\mathrm{m}} = \tan\alpha\tan\theta$，由边界条件 $\sigma_{\mathrm{av}} = q$，$y = 0$，解式(3-31)得

$$\sigma_{\mathrm{av}} = \frac{\gamma\left[(a_{\mathrm{m}} - 1)y + H - a_{\mathrm{m}}H_1\right]}{a_{\mathrm{m}} + \zeta K_{\mathrm{a}1} - 2} + \left[q - \frac{\gamma(H - a_{\mathrm{m}}H_1)}{a_{\mathrm{m}} + \zeta K_{\mathrm{a}1} - 2}\right]\left[\frac{(a_{\mathrm{m}} - 1)y + H - a_{\mathrm{m}}H_1}{H - a_{\mathrm{m}}H_1}\right]^{\frac{1 - \zeta K_{\mathrm{a}1}}{a_{\mathrm{m}} - 1}} \tag{3-32}$$

根据式(3-32)求得 $\overline{BE}$ 平面上作用的平均竖向载荷：

$$q_1 = \frac{\gamma(H - H_1)}{a_{\mathrm{m}} + \zeta K_{\mathrm{a}1} - 2} + \left[q - \frac{\gamma(H - a_{\mathrm{m}}H_1)}{a_{\mathrm{m}} + \zeta K_{\mathrm{a}1} - 2}\right]\left[\frac{(H - H_1)}{H - a_{\mathrm{m}}H_1}\right]^{\frac{1 - \zeta K_{\mathrm{a}1}}{a_{\mathrm{m}} - 1}} \tag{3-33}$$

接下来求解挡矸网侧向压力。建立挡矸网右侧微分单元分析模型，如图 3-12(c)所示。取距 $\overline{BE}$ 平面距离为 z 的厚度为 $\mathrm{d}z$ 的微分单元②。微分单元②受力分析如图 3-12(c)所示。实际上微分单元②属于微分单元①中的一种特殊情况，即 $\alpha = 0$，根据以上同理求得挡矸支护网结构右侧任意位置单元体平均竖向应力：

$$\sigma_{\mathrm{av}} = \left(q_1 - \frac{\gamma H_2}{\zeta_1 K_{\mathrm{a}2} - 2}\right)\left(\frac{H_2 - z}{H_2}\right)^{\zeta_1 K_{\mathrm{a}2} - 1} + \frac{\gamma(H_2 - z)}{\zeta_1 K_{\mathrm{a}2} - 2} \tag{3-34}$$

式中：$\zeta_1 = \dfrac{\sin\theta\cos(\theta - \varphi - \delta_2)}{\cos\theta\cos\delta_2\sin(\theta - \varphi)}$；$H_2$ 为巷道高度；$K_{\mathrm{a}2}$ 为挡矸网结构面主动侧压力系数，计算方法同 $K_{\mathrm{a}1}$。

又 $\sigma_{\mathrm{h}} = K_{\mathrm{a}2}\sigma_{\mathrm{av}}$，可得挡矸网任意位置侧向压力：

$$\sigma_{\mathrm{h}} = K_{\mathrm{a}2}\left[\left(q_1 - \frac{\gamma H_2}{\zeta_1 K_{\mathrm{a}2} - 2}\right)\left(\frac{H_2 - z}{H_2}\right)^{\zeta_1 K_{\mathrm{a}2} - 1} + \frac{\gamma(H_2 - z)}{\zeta_1 K_{\mathrm{a}2} - 2}\right] \tag{3-35}$$

作用在挡矸网上的总水平侧向压力为

$$P_{\mathrm{a}} = \int_0^{H_2}\sigma_{\mathrm{h}}\mathrm{d}z \tag{3-36}$$

由于碎石帮结构演化的三个关键阶段的顶板岩层作用在矸石体上表面的载荷 q 不相同，因此，不同阶段挡矸网受到的侧向压力也不相同。接下来考虑不同边界条件下碎石帮结构演化各阶段的侧向压力进行讨论。

1) 初期垮落阶段

假设初期垮落矸石堆积高度为 h，且 $H_2 \leqslant h \leqslant H$，矸石堆积高度超出 $\overline{BE}$ 平面高度 h_1。该阶段碎石帮侧向水平压力的大小与垮落矸石的堆积高度密切相关，堆积高度越高碎石帮侧向水平压力越大。初次跨落的矸石体未与顶板岩层接触，因此，矸石体上表面无附加载荷作用，即 $q = 0$，将 q 代入式(3-33)得到作用在 $\overline{BE}$ 平面上的平均竖向载荷：

$$q_{1a} = \frac{\gamma(h - h_1)}{a_m + \zeta K_{a1} - 2} + \left[\frac{\gamma(h - a_m h_1)}{-(a_m + \zeta K_{a1} - 2)} \right] \left[\frac{(h - h_1)}{h - a_m h_1} \right]^{\frac{1 - \zeta K_{a1}}{a_m - 1}} \tag{3-37}$$

则初期垮落阶段碎石帮任意位置的侧向压力为

$$\sigma_{h1} = K_{a2}\sigma_{av1} = K_{a2}\left[\left(q_{1a} - \frac{\gamma H_2}{\zeta_1 K_{a2} - 2} \right) \left(\frac{H_2 - z}{H_2} \right)^{\zeta_1 K_{a2} - 1} + \frac{\gamma(H_2 - z)}{\zeta_1 K_{a2} - 2} \right] \tag{3-38}$$

式中：σ_{av1} 为初期单元体顶面的平均竖向应力。

2）周期来压阶段

基本顶周期性来压时采空区顶板对矸石体上表面形成的载荷用以下经验公式估算：

$$q = 2 \times \frac{H_2}{K - 1}\gamma_1 \tag{3-39}$$

式中：K 为矸石碎胀系数；γ_1 为顶板岩层平均容重。将式（3-39）代入式（3-33）得到周期来压阶段 $\overline{BE}$ 平面上作用的竖向载荷：

$$q_{1b} = \frac{\gamma(H - H_1)}{a_m + \zeta K_{a1} - 2} + \left[2 \times \frac{H_2}{K - 1}\gamma_1 - \frac{\gamma(H - a_m H_1)}{a_m + \zeta K_{a1} - 2} \right] \left[\frac{(H - H_1)}{H - a_m H_1} \right]^{\frac{1 - \zeta K_{a1}}{a_m - 1}} \tag{3-40}$$

则周期来压阶段碎石帮任意位置的侧向压力为

$$\sigma_{h2} = K_{a2}\sigma_{av2} = K_{a2}\left[\left(q_{1b} - \frac{\gamma H_2}{\zeta_1 K_{a2} - 2} \right) \left(\frac{H_2 - z}{H_2} \right)^{\zeta_1 K_{a2} - 1} + \frac{\gamma(H_2 - z)}{\zeta_1 K_{a2} - 2} \right] \tag{3-41}$$

式中：σ_{av2} 为中期单元体顶面的平均竖向应力。

3）碎石帮稳定阶段

采空区顶板周期性跨落后围岩结构趋于稳定，顶板岩梁作用在矸石体上表面的载荷主要是由矸石体上覆岩层自重产生，因此：

$$q = \sum_{i=1}^{n} \gamma_i h_i \tag{3-42}$$

式中：γ_i 为第 i 层岩层的容重，矸石体直接接触的顶板岩层 $i=1$，从下往上依次递增；h_i 为第 i 层岩层的厚度。将式（3-42）代入式（3-33）得到碎石帮稳定阶段 $\overline{BE}$ 平面上作用的竖向载荷：

$$q_{1c} = \frac{\gamma(H - H_1)}{a_m + \zeta K_{a1} - 2} + \left[\sum_{i=1}^{n} \gamma_i h_i - \frac{\gamma(H - a_m H_1)}{a_m + \zeta K_{a1} - 2} \right] \left[\frac{(H - H_1)}{H - a_m H_1} \right]^{\frac{1 - \zeta K_{a1}}{a_m - 1}} \tag{3-43}$$

则碎石帮稳定阶段任意位置侧向压力为

$$\sigma_{h3} = K_{a2}\sigma_{av3} = K_{a2}\left[\left(q_{1c} - \frac{\gamma H_2}{\zeta_1 K_{a2} - 2} \right) \left(\frac{H_2 - z}{H_2} \right)^{\zeta_1 K_{a2} - 1} + \frac{\gamma(H_2 - z)}{\zeta_1 K_{a2} - 2} \right] \tag{3-44}$$

式中：σ_{av3} 为稳定阶段单元体顶面的平均竖向应力。

4. 实例分析

1）工程地质条件

以哈拉沟煤矿 12201 工作面为例，12201 工作面埋深 60～100m，煤层直接顶为均厚 1.84m 的粉砂岩，其上为均厚 1.56m 的 12$^\text{上}$煤层，12$^\text{上}$煤层上为均厚 1.35m 的泥岩；基本顶由均厚为 3.34m 的细粒砂岩和均厚为 4.05m 的粉砂岩组成；直接底为粉砂岩，均厚 3.67m，岩层分布详见工作面岩层分布图（图 3-13）。煤厚最大 2.3m，最小 0.8m，平均 1.92m。掘进断面巷高 3.0m，巷宽 4.4m，预裂切顶角度为 15°，预裂切缝孔深度 8m。采空区上覆岩层平均容重 25kN/m^3，垮落矸石平均容重 20kN/m^3。

柱状图	岩性	厚度/m	岩性描述
	中粒砂岩	6.11	灰白色成分以石英、长石为主，少量暗色矿物，分选中等，磨圆次棱角状，泥质胶结，含黄铁矿结核。局部地段为灰色砂质泥岩，水平层理，层状构造
	粉砂岩	4.05	灰色，含植物叶化石及黄铁矿结核
	细粒砂岩	3.34	灰色，泥质胶结，水平层理，夹薄层粉砂岩
	泥岩	1.35	灰色，泥质胶结，近水平层理发育，局部夹有薄层中砂岩
	12$^\text{上}$煤	1.56	12$^\text{上}$煤
	粉砂岩	1.84	灰色，泥质胶结，近水平层理发育，局部夹有薄层中砂岩
	12煤	1.92	12煤
	粉砂岩	3.67	青灰色，以长石为主，其次为石英，含云母，局部可见黄铁矿及炭化植物碎屑化石，水平层理
	细粒砂岩	4.23	灰色，泥质胶结，水平层理

图 3-13 哈拉沟煤矿 12201 工作面岩层分布图

2）理论值与现场监测值对比分析

选择距哈拉沟煤矿 12201 工作面开切眼处 302m（A 处）和 240m（B 处）位置为研究点，A、B 具体位置如图 3-14(a) 所示。为研究碎石帮侧向压力沿巷道高度方向的分布规律，分别沿 A、B 处挡矸高度方向均匀分布侧向压力监测点，从上至下依次编号，如图 3-14(b) 所示。工作面推进过程中对 A、B 处的侧向压力变化情况进行实时监测，监测结果如图 3-15 所示。同时，利用本章推导的碎石帮侧向压力计算公式对哈拉沟煤矿 12201 工作面碎石帮 A、B 处侧向压力进行理论计算，根据工程实况和经验，碎石帮各演化阶段监测点处理论计算相关参数汇总于表 3-1 中。将表 3-1 中参数代入碎石帮演化过程中各阶段侧向压力计算公式，得到监测位置 A、B 处侧向压力理论计算动态变化曲线以及各演化阶段某一时刻沿高度方向侧向压力分布规律，亦绘制于图 3-16。

由图 3-15 可知，理论计算与现场实测得到的碎石帮不同演化阶段的侧向压力变化规律基本一致。通过对碎石帮监测点 A-1 和监测点 B-1 不同阶段侧向压力变化曲线分析得到：从初期垮落-周期来压-稳定阶段，碎石帮侧向压力先增大后趋于平稳。初次垮落阶段侧向压力主要由矸石自重引起，随着矸石堆积高度增大而增大；周期来压阶段和稳定阶段碎石帮侧向压力大小取决于作用于矸石上表面的覆岩压力大小。周期来压-稳定阶段演化过程中覆岩离层带不断向上扩展，作用在矸石上表面的覆岩压力不断增大，侧向压力随之增大；稳定阶段覆岩运动停止，作用于矸石上表面的覆岩压力不变，侧向压力趋于恒定。以监测点 A-1 为例，初次垮落阶段矸石堆积高度为 7.67m，侧向压力理论值为 0.1MPa，现场监测值为 0.11MPa；周期

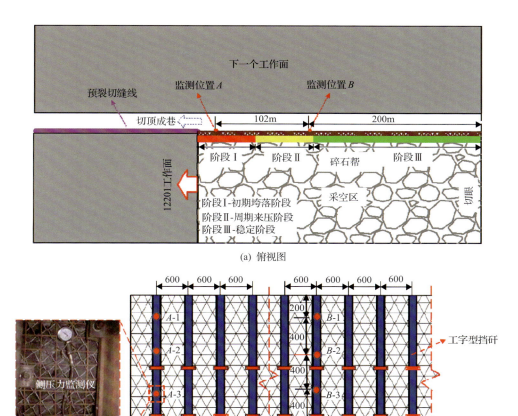

(a) 俯视图

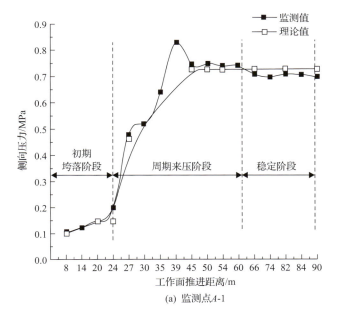

(b) 正视图

图 3-14　碎石帮侧向压力监测点布置

(a) 监测点 A-1

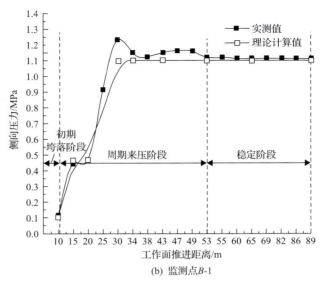

(b) 监测点 B-1

图 3-15　侧向压力随工作面推进变化规律

表 3-1　碎石帮侧向压力计算参数

阶段		相关参数											
		$\gamma/(kN/m^3)$	$\gamma_0/(kN/m^3)$	$\alpha/(°)$	$\varphi/(°)$	$\delta_1/(°)$	$\delta_2/(°)$	k	H_2/m	l/m	h_0/m	h_p/m	h_s/m
初期垮落阶段	A#	20	25	10	35	25	25	1.3	2	6	5.9	—	—
	B#	20	25	10	35	25	25	1.3	2	6	5.9	—	—
周期压实阶段	A#	20	25	10	35	20	25	1.3	2	6	—	13+9	—
	B#	20	25	10	35	20	25	1.3	2	6	—	13+21	—
稳定阶段	A#	20	25	10	35	20	25	1.3	2	6	—	—	22
	B#	20	25	10	35	20	25	1.3	2	6	—	—	34

注：γ 为岩石容重；γ_0 为初始容重；α 为碎石帮的倾斜角；φ 为碎石帮的内摩擦角；δ_1 为碎石帮在竖直方向的侧向压力方向修正角；δ_2 为碎石帮在水平方向的侧向压力方向修正角；k 为侧向压力系数修正参数；H_2 为碎石帮竖向高度；l 为碎石帮纵向延伸长度；h_0 为巷道底板到碎石帮底部的距离；h_p 为竖向应力扩散影响高度；h_s 为水平应力扩散影响高度。

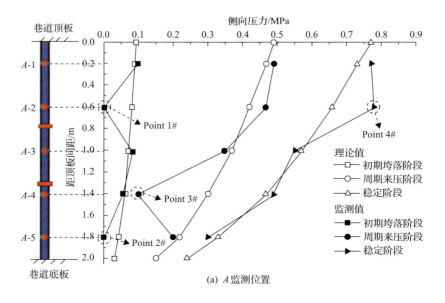

(a) A 监测位置

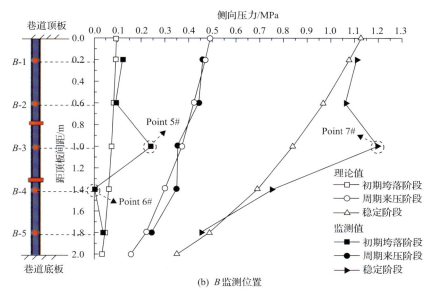

图 3-16　侧向压力沿巷道高度变化规律

来压阶段顶板出现两次大范围离层运动，第一次离层高度为 13m，现场实测侧向压力骤增到 0.48MPa，理论值为 0.47MPa。第二次离层高度为 9m，实测侧向压力 0.83MPa，理论值为 0.73MPa；两次离层运动后碎石帮侧向压力达到稳定值，实测稳定阶段侧向压力为 0.71MPa，理论值为 0.73MPa。通过以上分析，碎石帮不同阶段侧向压力理论值与监测值基本吻合。

由图 3-16 可知，碎石帮侧向压力沿巷道高度分布的理论值与监测值贴近。碎石帮沿巷道高度方向呈现以下规律：①距离顶板越近，侧向压力越大；即侧向压应力分布沿高度方向从上向下呈现依次递减趋势，最大位置点出现在顶板附近；②从初期垮落阶段-周期来压阶段-稳定阶段，侧向压力沿高度方向分布的变化幅度增大，这与第二章室内实验得到的结果是一致的。从理论值可以看出，初期垮落阶段碎石帮侧向压力最大值约为 0.1MPa，周期来压阶段最大值为 0.48MPa，稳定阶段最大值为 0.73MPa。出现侧向压力依次递减的原因是周期来压阶段和稳定阶段顶板旋转下沉及上覆岩层自重产生的附加载荷引起的竖向应力扩散，这种扩散效应导致距离载荷作用平面越远的位置竖向应力越小。而水平应力与竖向应力正相关，因此，碎石帮侧向水平压力亦呈现递减规律。通过对比分析可知，碎石帮演化过程中周期来压阶段碎石帮侧向压力最大、稳定性最差，应采取措施加强巷帮支护，提高碎石帮稳定性。

由图 3-16 可知，理论计算与现场监测得到的碎石帮侧向压力分布规律基本一致，侧向压力沿高度方向从上向下呈现递减的分布规律，侧向压力最大值出现在碎石帮临近巷道顶板位置。出现侧向压力依次递减的原因是覆岩自重对 $\overline{BE}$ 平面产生的附加载荷 q' 引起的竖向应力扩散，这种扩散效应导致距离 $\overline{BE}$ 平面越远的位置竖向应力越小。而水平应力与竖向应力正相关，因此，碎石帮侧向水平压力亦呈现递减规律。对比巷道不同高度处监测点侧向压力理论值和现场监测值，大部分点误差值较小，少部分点实际监测侧向压力出现较大偏差，如图 3-16 中标注的 point1#～point7#。根据监测点现场情况分析原因如下：由于局部区域矸石块体粒径较大，当大块度矸石与侧向压力监测仪出现集中点接触时，侧向压力偏大；当大块度矸石与侧向压力监测仪未完全接触或者未接触时，侧向压力偏小或者为 0。

3.3.2　碎石帮侧向支护技术

1. 薄煤层支护技术

在小于 1m 厚的薄煤层中，由于沿空巷道顶板受动压影响时间短、动压强度小，因此，在实际应用过程中巷旁支护一般采用"单体支柱+矿用工字钢+金属网"即可满足挡矸支护的要求[60]。

禾草沟二号煤矿 1105 工作面采用倾斜长壁采煤法，工作面走向长度为 120m，倾向长度为 1140m。该工作面主采煤层为 3#煤层，煤层厚度 0.72～0.84m，平均厚度 0.78m。3#煤层位于上三叠统瓦窑堡组，为全区可采薄煤层。煤层埋深为 56～232m，由东向西倾伏，煤层倾角 1°～3°。该煤层直接顶为 0～2.5m 的泥质粉砂岩，基本顶为 0～16m 的细砂岩，岩石硬度分别为 $f_泥$=4，$f_细$=5；煤层底板岩性除局部地段为砂岩，抗压强度较大，稳定性较好外，多以泥质粉砂岩、粉砂岩为主，抗压强度小，稳定性较差。挡矸支护采用"单体液压支柱+工字钢+钢筋网"，挡矸支护设计侧视图如图 3-17 所示。

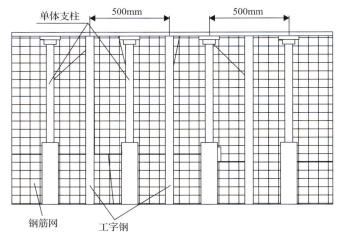

图 3-17　1105 工作面挡矸支护设计侧视图

　　经过现场试验，在薄煤层中，由于巷道顶板变形量小，巷旁支护采用的工字钢能够适应巷道顶底板的变形而不失稳，能够起到较好的挡矸效果[61]。现场挡矸效果如图 3-18 所示。

图 3-18　工字钢挡矸支护效果

　　2. 中厚煤层支护技术

　　中厚煤层 110 工法切顶巷道碎石帮横向力大，支护结构的选择要有足够的抗横向变形的能力。同时，由于支护结构在切缝侧附近，要协同基本顶回转变形，实现一定程度的纵向让位。根据城郊煤矿巷帮变形特征，提出采用可滑移 U 型钢进行挡矸支护。该挡矸结构由两节普通 U 型钢构件组成，通过卡揽紧固在一起，中部偏厚，具有极强的抗横向变形能力。此外，在纵向方向上上节 U 型钢和下节 U 型钢可实现相对滑移，滑移力大小根据顶板压力通过调整卡揽预紧实现。当顶板结构有大的来压时，让位滑移可保证支护构件不被压弯，提高重复利用率。因此，滑移式让位护帮结构不仅具有较好的抗弯曲性能，有效阻止碎石帮外鼓，而且具有让位让压功能，实现与顶板协同变形，防控效果良好。

　　城郊煤矿位于河南省永城市老城东侧，矿井核定生产能力为 500 万 t/a，主采二₂煤层，立井多水平上、下山开拓方式。21304 工作面为十三采区首采面，埋深为 835～915m，切眼长度为 180m，顺槽长度为 1460m，煤层厚度为 2.6～4.3m，平均厚度为 3m，煤层倾角 2°～7°，平均 4°。21304 工作面采用沿空自成巷无煤柱开采技术。工作面煤层直接顶为 1.5～5.0m 泥岩，平均厚度为 2.77m；基本顶由均厚为 3.76m 的细砂岩和均厚为 5.23m 的粉砂岩组成；直接底为 0～0.86m 砂质泥岩，平均厚度为 0.43m；老底由均厚 1.63m 的粉砂岩和均厚 11.22m 的细砂岩组成。

该面在成巷过程中，挡矸支护主要采用可滑移 U 型钢、钢筋网和铁丝网。施工过程中首先将钢筋网和顶网连接，钢筋网的网格尺寸为 80mm×80mm，然后在钢筋网外围铺设铁丝网，最后在铁丝网外围架设 U 型钢，U 型钢间距为 0.6m。挡矸支护设计侧视图如图 3-19 所示。

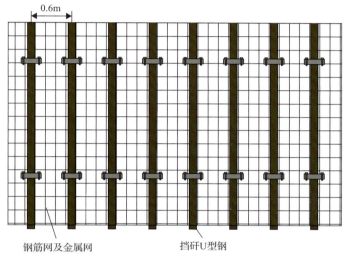

钢筋网及金属网　　　　挡矸U型钢

图 3-19　21304 工作面挡矸支护设计侧视图

经过现场试验，装有卡揽的 U 型钢能够随着巷道顶板的变形产生恒阻变形而不失稳，能够起到较好的挡矸效果[62]。

3. 厚或特厚煤层支护技术

在特厚煤层中，工作面回采后由于受采空区垮落矸石接顶时间长、动压影响时间长、动压剧烈、垮落矸石冲击巷旁支护体等因素的影响，沿空巷道顶板矿压显现强烈，原有的"单体液压支柱+U 型钢+金属网"的支护形式已不能满足成巷对巷道围岩变形控制的要求，常常导致单体液压支柱压弯、U 型钢滑移量过大等[63]。因此，针对厚或特厚煤层成巷过程中矿压显现规律，提出并设计研发了针对深部厚煤层 110 工法的墩式支架[图 3-20(a)]和针对厚或特厚煤层 110 工法巷旁支护简易单元支架[图 3-20(b)]。墩式支架和简易单元支架采用 2 柱式，沿空侧安装有侧挡板。侧挡板具有沿工作面方向的伸缩功能，当工作面回采后，

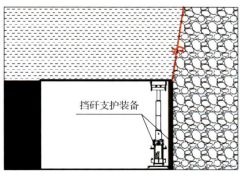

挡矸支护装备

(a) 墩式支架　　　　　　　　　(b) 简易单元支架示意图

图 3-20　切顶护帮支架

侧挡板伸长至 U 型钢，支架升柱至设计初撑力，防止采空区上覆岩层垮落冲倒和破坏巷旁挡矸装置。墩式支架和简易单元支架不仅能够在动压影响下保护巷道顶板的稳定性，且支架顶梁更能保证巷道顶板的完整性。

柠条塔煤矿 110 工法试验工作面为 S1201 工作面，该工作面所采煤层为中侏罗统延安组煤层，煤层厚度 3.85～4.11m，倾角 0°～2°，平均采高 4.1m。顶板岩石以中硬类砂岩为主，抗压强度一般大于 30MPa。该工作面采用一次采全高、走向长壁后退式、综合机械化采煤，全部垮落法管理顶板。根据现场情况，在该工作面试验 110 工法简易单元支架。

经过现场试验，使用 110 工法简易单元支架配合 U 型钢挡矸支护，不仅成帮效果好，而且在动压影响区内巷道顶板稳定性较高，对巷道顶板完整性的保护效果较好，能够起到较好的挡矸效果。现场支护效果如图 3-21 所示。

图 3-21　U 型钢挡矸现场支护效果

3.3.3　巷旁碎石帮封堵技术

对于高瓦斯矿井，为了减少采空区漏风，碎石帮稳定后需对其进行封堵。封堵除采用喷浆技术外，高分子封堵材料应用较多。

KA-GK 系列煤矿用快速密闭喷涂材料是一种双组分、多用途、气胶结合的改生复合材料。其技术指标迎合了当前煤矿安全的多项要求，且具有操作方便、提高工效、降低成本等特点。采用难燃、无毒、无味的无机复合材料配制而成，使用过程中无甲醛等毒气释放，不用酸作为催化剂，无强酸腐蚀；反应时间短，速度快，膨胀系数高 10～30 倍(以上参数可以根据不同的施工要求调节)，反应物黏结性好，完全克服了传统材料遇水剥落的缺点；固化后气密性好，有韧性、弹性，不开裂，不脱落，不粉化，因而可以承受一定的地质变化，能有效地防水防潮，防气体泄露；黏结能力强，密闭封堵，填充后无缝隙，密闭性强。KA-GK 系列煤矿用快速密闭喷涂材料产品如图 3-22 所示，其技术参数见表 3-2。

图 3-22　KA-GK 系列煤矿用快速密闭喷涂材料产品使用前后图

表 3-2　KA-GK 系列煤矿用快速密闭喷涂材料产品技术参数

技术参数	描述
外观	A 料为深灰色液体；B 料为深褐色液体
配比(质量比)	1:1
反应时间(23℃±2℃)/s	5~20，可调
最高反应温度/℃	<90
反应特性	根据不同的要求制得不同的发泡倍数的产品
最大抗压强度/MPa	>50
最大黏结强度/MPa	>5

阻燃特性：氧指数≥35，不可燃产品的技术指标检验结果见表 3-3。

表 3-3　不可燃产品的技术指标检验结果

序号	检验项目		技术指标	检验结果
1	最高反应温度/℃		≤95	50
2	膨胀倍数/倍		≥25	31
3	尺寸稳定性(70℃±2℃，48h)/%		≤0.1	0.03
4	抗压强度	压应变 10%/kPa	≥10	65
		压应变 30%/kPa	≥10	26
		压应变 70%/kPa	≥40	23
5	氧指数/%		≥35	38
6	阻燃性能	酒精喷灯燃烧试验 有焰燃烧时间/s	≤3	1.5
		无焰燃烧时间/s	≤10	0
		火焰扩展长度/mm	≤280	23
		酒精灯燃烧试验 有焰燃烧时间/s	≤6	0
		无焰燃烧时间/s	≤20	15
		火焰扩展长度/mm	≤250	180
7	表面电阻/Ω		≤3×10^8	6×10^6

待顶板垮落基本稳定后，对留巷侧采空区进行初次喷射矿用高分子材料，防止采空区瓦斯涌入巷道。现场应用示例如图 3-23 所示。

图 3-23　现场喷射矿用高分子材料效果图

3.4 110 工法矿山压力远程实时监控技术

3.4.1 110 工法矿压远程监控系统简介

为了掌握长壁开采 110 工法在现场应用过程中的巷道围岩及支护体矿压显现情况，专门研发了一套与长壁开采 110 工法配套的矿压远程监控系统。该系统以实用矿山压力理论为核心，将 NPR 锚索受力及位移、顶板离层、顶底板移近量、留巷段支护受力、煤体支承压力、工作面支架压力及下缩量等监测集一体，可实现对采场全方位一体化实时矿压监测及预警。

矿压远程监控系统的设备包括现场设备和室内设备。现场设备主要完成待监测量的自动感应、自动采集和向监控中心自动发送监控信息；室内设备主要完成现场远程数据的自动接收并把接收信号送入计算机进行自动处理，自动形成动态监控曲线，并依据动态监控曲线准确、及时地判断监测现场锚索受力变化情况，掌握巷道围岩的稳定状态。矿压远程监控系统能够自动、连续采集锚杆(索)载荷、巷道变形情况，监控计算机自动接收分析数据，接收不受距离限制。系统兼容性强，监测指标全面，设备运行稳定，为 110 工法的安全顺利实施及推广应用提供了全面的现场数据支撑。目前，该系统已在国家能源投资集团有限责任公司、中国中煤能源集团有限公司、川煤集团、陕西煤业化工集团有限责任公司等 110 工法施工现场成功应用。

3.4.2 110 工法矿压远程监控技术原理

110 工法矿压远程监控系统主要由现场采集系统和远程接收分析系统组成，通过压力传感器采集压力信号，远程传输数据，通过对监测信号信息化处理可判断、预测巷道稳定情况，监控原理如图 3-24 所示。

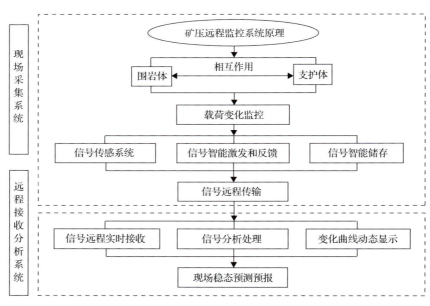

图 3-24　矿压远程监控系统原理图

110 工法采用矿压远程监控系统对锚索受力、单体液压支柱压力及下缩量、留巷顶板离层情况等进行实时监测。通过该系统，一方面可以掌握回采期间围岩应力在时间和空间上的动态分布规律，为沿空留巷支护设计和安全施工提供科学依据；另一方面可以掌握沿空护巷围岩应力与支护体的相互作用，研究应力变化与巷道变形、锚杆受力、顶板离层等关系，为检验支护结构、设计参数及施工工艺的合理性，修改、优化支护参数提供科学依据；同时还可以掌握巷道围岩各部分不同深度的位移、岩层弱化和破坏的范围(离层情况、塑性区和破碎区的分布等），并判断支护体与围岩之间是否发生脱离，锚杆应变是否超过极限应变量，为修改支护设计提供依据。部分监测设备如图 3-25 所示。

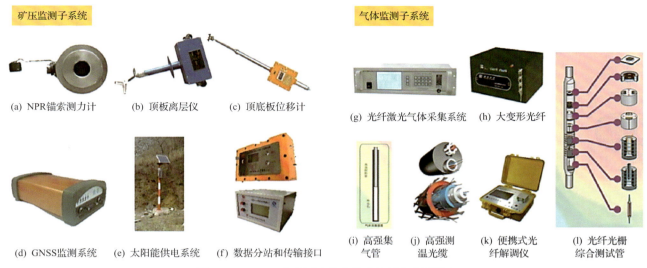

图 3-25　110 工法矿压远程监控系统部分监测设备

　　整套系统主要由四大部分组成，包括矿压监测子系统、气体监测子系统、温度监测子系统和数据传输处理子系统。系统链路结构如图 3-26 所示。

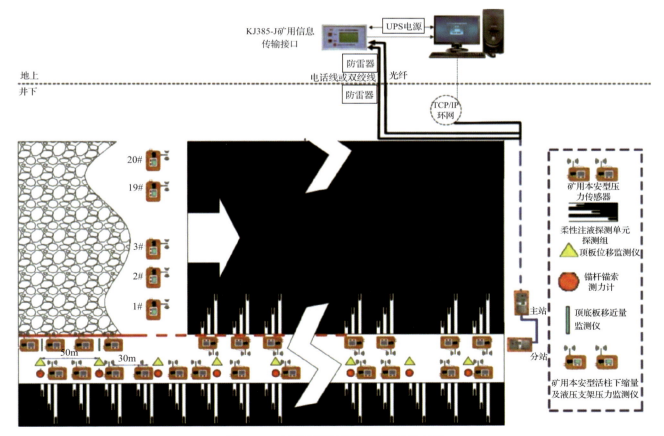

图 3-26　矿压远程监控系统监测设备布置

3.4.3　110 工法主要矿压监测内容

长壁开采 110 工法矿压监测的目的是保证巷道稳定性。由于在留巷过程中受到工作面采动影响、采空区垮落矸石动压等影响，实时了解巷道变形及受力情况，及时采取应对措施是保证留巷成功的重要条件。具体监测内容如下。

1. NPR 锚索受力和变形量监测

NPR 锚索承受载荷测试试验是巷道支护后锚索实际受力状态的一种原位测试方法，主要反映锚索和承托岩石物件对围岩的实际锚固力，是 110 工法巷道矿压监测的一项重要内容。通过对 NPR 锚索受力和变形量的监测，可分析服务期间锚索的载荷变化情况，监测锚索工作状态，为调整和优化支护参数提供基础数据，确定巷道围岩的变形运动规律，从而有针对性地采取支护措施。

2. 支架受力及下缩量监测

超前支架、过渡支架、切顶护帮支架和工作面支架受力及下缩量监测，对于采场支架与围岩相互作用关系，研究采场顶板运动规律具有重要影响，通过对采场支架立柱受力状况和位移量的监测，准确掌握采场顶板岩层运动规律，为沿空护巷支护设计提供矿山压力方面的指导。

3. 巷道表面位移监测

巷道表面位移监测主要在工作面后方的采空区留巷段的动压区，监测数据用来与巷道顶板离层、NPR 锚索受力一起分析，分析顶板岩层的运动、锚索受力及顶板离层的基本规律。巷道表面位移监测包括两帮移近量、顶底板移近量、顶板下沉量和底鼓量四项内容。

4. 巷道顶板离层监测

顶板失稳往往造成冒顶事故，顶板的稳定性是各类巷道围岩稳定性判定的核心，在锚网索支护巷道中更是如此。为此，在支护实施过程中，要及时掌握巷道顶板在锚固范围内与锚固范围外的离层情况，及早发现顶板失稳征兆，避免冒顶事故发生。

5. 采场和巷道温度湿度监测

矿井气候条件对井下工作人员的身体健康和劳动安全有重要影响。过高的温度或湿度会引发一系列疾病。温度过高还可能引发煤层自燃、煤尘爆炸等矿井灾害。因此，对井下关键位置的温度和湿度监测对于矿井的安全生产及工作人员的身心健康有重要意义。

110 工法矿压远程监控系统采用的分布式光纤温度在线检测系统是一种利用激光在光纤中传输时产生的背向拉曼散射信号，根据光时域反射原理和雷达工作原理来获取空间温度分布信息和空间定位信息的监控系统，是近几年发展起来的一种用于实时监控温度场的高新技术。它能够连续测量光纤沿线所在处的温度，可测量的最大距离为 60km，空间定位精度达到 1m，将一条数公里乃至数十公里长的光纤(光纤既是传输媒体，又是传感媒体)铺设到待测空间，可连续测量、准确定位整条光纤所处空间各点的温度，通过光纤上的温度变化来检测出光纤所处环境的变化，特别适用于需要大范围多点测量的应用场合。

分布式光纤测温装置可应用于采空区多参量在线监测系统、皮带输送机综合监测系统、电力设备状态在线监测系统等，如图 3-27、图 3-28 所示。其中矿用铠装测温光缆具有极强的抗冲击破坏能力，可抵挡各种恶劣环境，保证传输性能；密封设计，耐电化学腐蚀，阻水阻油，尤其适用于岩土施工、矿井、巷道、露天矿等高破坏环境温度感测。

图 3-27　矿用分布式光纤测温装置

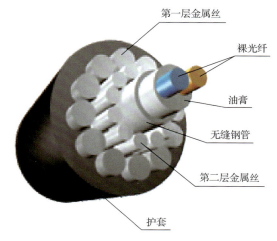

图 3-28　矿用铠装测温光缆

6. 采场和巷道气体成分监测

矿井空气中的有害气体对井下工作人员的生命安全危害极大。《煤矿安全规程》中对井下不同位置气体浓度有明确规定，当气体浓度不合规定时必须停止作业。有害气体(如瓦斯)浓度异常还会引起爆炸，通过对重点区域气体成分监测，可以提前预防，避免灾害发生。

110 工法气体监测系统采用的光谱吸收式传感器是分子振动吸收谱与光源发光光谱相结合的传感器。当光通过某种介质时，即使不发生反射、折射和衍射现象其传播情况也会发生变化。这是因为光频电磁波与组成介质的原子、分子发生作用，作用的结果使得光被吸收和散射而产生衰减。由于气体分子对光的散射很微弱，远小于气体的吸收光能，故衰减主要由吸收这一过程产生，散射可以忽略。利用介质对光吸收而使光产生衰减这一特性制成光谱吸收式传感器。

第4章 长壁开采110工法配套装备

4.1 110工法定向预裂切缝装备

顶板定向预裂切缝装备主要包括切缝钻机、双向聚能张拉爆破管和专用定向及固定装置等。

4.1.1 顶板定向预裂切缝双向聚能张拉爆破管

顶板定向预裂切缝必须采用双向聚能张拉爆破管进行施工，根据顶板围岩岩性和强度的不同，采用配套的双向聚能张拉爆破管。

结合具体地质条件，设计了三种类型的双向聚能张拉爆破管，即红色、绿色、蓝色。具体适用岩性如下：红色爆破管适用于砂岩，绿色爆破管适用于泥岩，蓝色爆破管适用于页岩，当顶板为复合岩层时，以主体岩层为准选择爆破管。

双向聚能张拉爆破管外径为42mm，内径为36.5mm。双向聚能张拉爆破管型号为BTC-1000型（长度为1000mm）和BTC-1500型（长度为1500mm），根据钻孔深度选择搭配方式，如图4-1(a)所示。双向聚能张拉爆破管总长度一般采用$L_J = H - 1.5$m确定，其中，H为钻孔深度。

(a) 双向聚能张拉爆破管   (b) 连接器

图4-1 双向聚能张拉爆破管及连接器

顶板定向预裂切缝须采用与双向聚能张拉爆破管配套的连接器和定向器进行施工，如图4-1(b)所示，利用专用定向器（ORI-5000型）将多个双向聚能张拉爆破管通过定向器连接。为防止双向聚能张拉爆破管装入爆破孔过程中转动，利用专用固定器（Fixer-42型）将双向聚能张拉爆破管固定在孔内。

4.1.2 DCA-45顶板定向预裂切缝钻机

1. 设备简介

顶板定向预裂切缝须采用切缝钻机进行钻孔施工，该钻机是根据切顶卸压技术要求和现场工程实际情况，专门研制的系列配套切缝钻机（DCA-45型系列钻机，图4-2），施工现场如图4-3所示。切缝钻机能够根据设计要求准确确定顶板预裂钻孔角度、钻孔间距和钻孔深度，做到快速、安全、高效施工。该钻机具有以下特点。

(1)结构合理紧凑、动作灵活，定位切缝孔时操作简单。该设备体积小，采用履带行走，具有良好的通过性。

(2)2部钻机可独立旋转，能够满足钻孔轴线与铅垂线夹角的要求；当液压钻车处于斜坡上时，通过摆动机构对钻机调整，可满足所有钻孔平行度的要求；可避免出现交叉孔、钻孔轴线与铅垂线夹角不符合要求等情况造成的顶板垮落不充分。

（3）侧向移动机构对钻机的驱使满足所有钻孔在一条直线，使顶板沿预裂切缝线切落后成巷质量较好。

（4）钻机配备大扭矩马达，可提高钻孔效率。钻机配备钻杆夹持机构、钻机支顶装置，能够方便钻杆装卸及钻杆导向，降低工作人员的劳动强度且成孔质量较好，易于装入双向聚能张拉爆破管。

图 4-2　自动成巷超前切缝钻机　　　　　　图 4-3　切缝钻机施工现场

2. 主要技术参数

切缝钻机主要技术参数见表 4-1。

表 4-1　切缝钻机主要技术参数

序号	项目	单位	参数
1	外形尺寸(长×宽×高)	mm	2400×700×2300
2	钻臂数量	个	2
3	机重	kg	4000(±5%)
4	运行状态最小转变半径	mm	2300
5	适应巷道高度	m	2.4～3.2
6	钻头直径	mm	48
7	钻孔深度	m	10～15
8	冲洗水压力	MPa	1.5～2
9	适应钎具		S29
10	钻臂中心距	mm	2400/2500
11	接地比压	MPa	0.1
12	离地间隙	mm	92
13	工作电压	V	660/1140
14	整机功率	kW	45
15	额定工作压力	MPa	18
16	额定转矩	N·m	300

序号	项目		单位	参数
17	额定转速		r/min	460
18	推进行程		mm	1470
19	钻臂沿机体侧向行程		mm	350
20	钻臂沿机体轴向行程		mm	100
21	钻臂沿机体侧向摆角		(°)	±30
22	钻臂沿机体轴向摆角		(°)	±10
23	行走速度		m/min	0~28
24	爬坡能力		(°)	±18
25	履带板宽度		mm	200
26	供水装置	额定压力	MPa	1.5~2
27		额定流量	L/min	40

3. 结构原理

钻车由驱动轮、张紧轮、履带、行走架等构成(图 4-4)。底架采用箱式结构，整个底盘小巧、轻便，便于运输。行走装置的每条履带都装有独立驱动的液压马达，液压马达驱动链轮带动履带旋转，使设备移动行走。机器转弯时，用操作手柄控制液压马达转向，方便灵活，可实现就地转弯或行走转弯(图 4-5)。机器转弯时应两行走马达同时供油且旋转方向相反，可实现就地 90° 转向，不允许一侧液压马达供油旋转，另一侧停止不动，机器则绕着此履带转向。

钻机部分由回转机构、升降油缸、链条油缸、夹持系统、动力组件、钻机横移等组成，此结构可以使钻机横向移动 350mm，回转±30°。所有组焊结构采用高强度结构钢板焊接而成，具有强度高、抗疲劳、抗冲击等优良性能。部件总成之间采用销轴连接，重要关节的轴套采用耐磨铜套，便于维修更换。

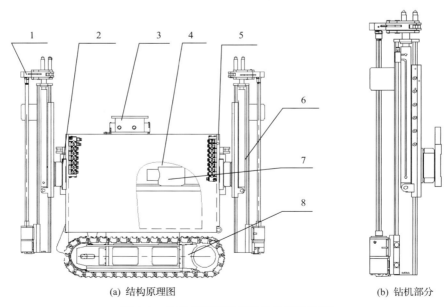

(a) 结构原理图　　　　　　　　　　(b) 钻机部分

图 4-4　自动成巷超前切缝钻机结构原理

1. 左锚杆钻机；2. 左立板组件；3. 电控系统；4. 主架体；5. 右立板组件；6. 右锚杆钻机；7. 液压泵站；8. 行走部

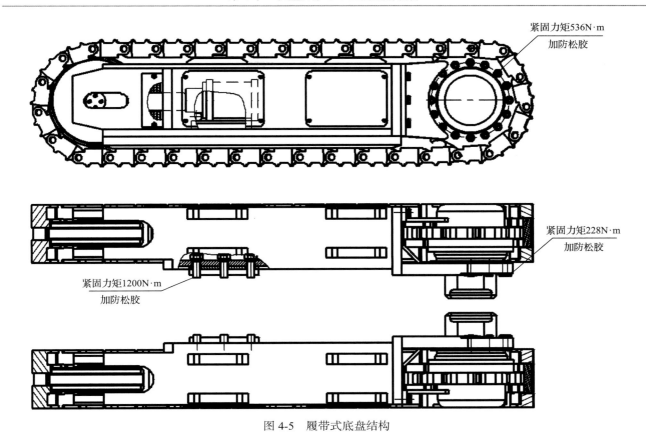

紧固力矩536N·m
加防松胶

紧固力矩228N·m
加防松胶

紧固力矩1200N·m
加防松胶

图 4-5　履带式底盘结构

4. 操作和使用方法

切缝钻机的切缝孔钻进操作步骤如下。

(1)手动操作八连阀中的左、右行走手柄，控制履带行走马达，推进设备，同时一名井下工人量出下一个孔的位置(可通过量出钻头距上一个孔的距离满足要求的孔间距，若打孔位置正处锚杆托盘处，可通过增大、减小孔间距或在托盘的里外侧钻孔，为躲避托盘)。切缝钻机处于工作位置上时，设备距切缝线距离应控制在平移油缸行程内(平移油缸行程为 351mm)，平移油缸可分别带动前后两部钻机寻找切缝线，以保证所有孔均在切缝线上。(注：行走马达分别由两组阀控制，设备会出现行走偏差；施工侧帮不齐的现象或躲避底板与侧帮连接处的 R 弧，设备处于下个工作位置时，应调整好两钻机距切缝线距离。)

(2)调整切缝钻机角度。观察立板角度盘是否指示零刻线，立板角度的调整可以保证所有切缝孔的平行度，尤其在设备处于上下坡的地段，避免出现两孔交叉的情况。若立板角度盘不指示零刻线，操作七连阀中的斜拉操作手柄，让立板角度盘指示零刻线。(注：每个工作循环，均要观察立板角度盘是否指示零刻线，保证所有孔与垂线平行，可调整角度≤10°。)观察钻机角度盘是否指示孔的要求角度，若角度盘的刻度不指示孔的要求角度，分别操作七连阀、八连阀的旋转手柄，使钻机底座指示所打孔的要求角度。

(3)所打孔成线调整。单独操作七、八连阀的平移手柄，两个平移油缸分别带动两部装有钻杆的钻机，使钻头位于切缝线上。(注：检查钻头是否准确地位于切缝线上，可操作七、八连阀的钻机手柄，钻机带动钻杆上下运动，检查定位是否准确，若定位偏差过大，可重新调整。)

(4)钻机撑顶。分别操作七、八连阀的滑架手柄，使两钻机的夹持器顶尖同时顶实巷道顶板。(注：两部钻机同时顶实巷道顶板，在钻机钻进过程中，设备的稳定性较好，成孔角度、质量较好，同时避免钻进时造成设备的震动及马达组件内的轴承损坏。)

(5)钻进。分别操作七、八连阀的夹持器手柄，夹持器夹紧钻杆后，略松夹持器开口，开口大小保证钻杆旋转钻进时顺畅；打开水阀供水；操作马达手柄，使马达正转；操作钻机手柄，推进马达钻孔，当钻杆推进深度达到 300～400mm，操作七、八连阀的夹持器手柄，使夹持器完全打开后，继续钻进，第一根钻杆完全钻进后，夹持器夹紧钻杆，操作钻机手柄，钻机马达退下；接另一根钻杆，直到钻眼深度满足要求；关闭水阀，关闭马达。（注：开始钻进时，夹持器开口略小，起到定位与导向作用；如果煤层为泥岩，当成孔深度达到要求后，需开启水阀，钻杆在钻孔中上下顺孔几个循环，保证钻孔中的煤泥顺水排出。）

（6）卸钻杆。分别操作七、八连阀的钻机手柄，钻杆随马达退到滑架最下部；再次操作七、八连阀的钻机手柄，马达上升 40～60mm，再将马达退回至滑架最下部，夹持器夹紧钻杆，马达反转，将钻杆卸下。（注：留有 40～60mm 的空间，为钻杆退出螺纹的旋合部分。）

（7）全部卸完钻杆后，进入下一个工作循环。

4.1.3　N00ZJ4515000 切缝钻机

钻机本身机构复杂，并且全部采用液压控制，因而在使用过程中必须保证每天检修班对钻机进行检修及保养工作。钻机液压系统要求工作油液具有很高的清洁度，钻机在使用及维修保养时必须保证其工作油液的清洁度达到说明书规定的要求。钻机操作人员熟悉该钻机在工作面的使用工艺流程及钻机各机构的功能，熟练掌握钻孔功能的操作，且必须是经过培训且考核合格后被授权的专职钻机操作者。当使用单钻臂作业时，另一钻臂必须要完全处于回收状态，并将另一臂遥控器关机，以免发生误操作引起事故。

1. 设备简介

1）设备特点

N00ZJ4515000 切缝钻机整机能够前后移动、前后摆动、左右移动、左右摆动、左右扭转等，可实现快速定位；钻机钻孔间距可调，可一次钻进四个孔；钻机还能够采集钻臂钻进时的数据，为分析顶板岩性提供科学依据。

钻机结构合理、机构紧凑、运转灵活、操作方便，在设计上具有以下特点。

（1）结构合理，零部件强度高、刚性好。
（2）采用遥控操作，方便快捷。
（3）能够前、后、左、右移动，前、后、左、右摆动，可实现快速定位。
（4）各动作的实现依靠液压系统，性能稳定、可靠性高。
（5）设有两套钻臂共四个钻箱，能同时钻进四个孔，提高工作效率。
（6）两钻臂及推进机构可独立或同时作业。
（7）钻孔间距可调，在一定范围内实现不同孔距的作业。
（8）安装有压力、倾角传感器，实时采集工作数据。
（9）回收设备工作时产生的废水集中处理。
N00ZJ4515000 切缝钻机如图 4-6 所示。

2）主要用途及适用范围
该钻机能够在硬度 $f=3\sim6$ 的煤岩内进行孔径 $\Phi40\sim50mm$、深度 0～15m 的钻孔作业。

3）使用环境条件
（1）海拔不超过 2000m。
（2）周围环境温度一般为 –5～40℃。
（3）周围空气相对湿度不大于 95%（25℃）。
（4）在含有瓦斯等爆炸性混合气体的矿井中可使用。
（5）在无破坏绝缘的气体或蒸汽的环境中可使用。
（6）在无长期连续滴水的地方可使用。

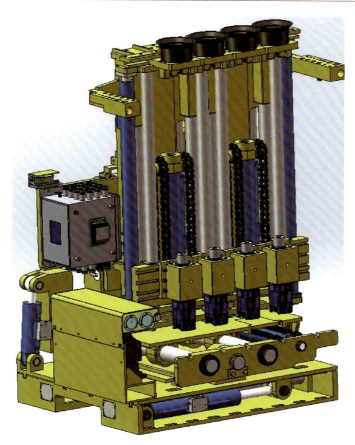

图 4-6　N00ZJ4515000 切缝钻机

4）产品名称和型号含义

名称：N00ZJ4515000

ZJ-钻机

45-钻孔孔径，孔径范围 Φ40～50mm

15-钻孔深度，孔深范围 0～15m

000-研发序号

5）产品执行标准

《煤矿用液压钻车通用技术条件》（MT/T 199—1996）

6）切缝钻机施工工艺流程

当配套液压支架移动、调整到位后，开始施工切缝孔。

首先按工法要求将钻机调整到位（前、后、左、右距离，前、后、左、右与顶板角度），将顶部支撑伸出将顶板撑住，上好钻杆，按下遥控器上面"钻进模式"按键开始钻孔，同时水阀打开，用水排屑；打钻机构行至终点时，卸开钻杆，打钻机构退至始点，接好钻杆继续钻孔；待钻孔深度达到预定要求，卸钻杆，降下顶部支撑。一次钻孔结束，用时约 50min。

注意：当配套液压支架移动或调整前，应将钻机的钻臂推进机构、支撑机构等机构全部收拢到产品规定的最小运行状态；当配套液压支架移动或调整时，切缝钻机请勿动作！

2. 切缝钻机主要技术参数

N00ZJ4515000 切缝钻机主要技术参数见表 4-2。

表 4-2　N00ZJ4515000 切缝钻机主要技术参数

基本性能	单位	主要参数
外形尺寸(长×宽×高)	mm	1643×1160×2100
操控方式		遥控
工作状态稳定方式		支撑
支撑高度	mm	3100
额定压力	MPa	26
钻臂数量	台	2
钻进机构	台	4
钻孔深度	m	0~15
钻孔直径	mm	Φ50
前后调整距离	mm	前：200，后：200
左右调整距离	mm	左：100，右：100
前后调整角度	(°)	前：5；后：5
左右调整角度	(°)	左：15，右：5
水压	MPa	1.0~1.5
水量	L/min	120
泵工作流量	L/min	320
钻机重量	t	约4.5
控制电压	V	127

整机（以上为整机部分）

左钻臂	单位	主要参数
支撑油缸行程	mm	1000
空载推进速度	m/min	6
钻进机构	台	2
钻进机构调整间距	mm	210~300
单个钻进机构推进力	kN	40
钻进马达额定转矩	N·m	460
钻进马达额定转速	r/min	460
钻进马达空载转速	r/min	500
钻进马达排量	mL/r	160
单个钻进马达工作流量	L/min	80
钻进机构行程	mm	2000

右钻臂	单位	主要参数
支撑油缸行程	mm	1000
空载推进速度	m/min	6
钻进机构	台	2
钻进机构调整间距	mm	210~300
单个钻进机构推进力	kN	40
钻进马达额定转矩	N·m	460
钻进马达额定转速	r/min	460
钻进马达空载转速	r/min	500
钻进马达排量	mL/r	160
单个钻进马达工作流量	L/min	80
钻进机构行程	mm	2000

3. 切缝钻机构成

切缝钻机主要组成：安装底座、前后滑移座、前后摆动座、左右滑移座、扭转座、左右摆动座、左钻臂、右钻臂、液压系统、水系统、数据采集系统、电气系统等。

1）安装底座

切缝钻机是 110 工法的关键设备，通过固定在特殊液压支架上面实现切缝钻机的定位，从而实现切缝孔的施工。切缝钻机通过安装底座连接在特殊液压支架上，如图 4-7 所示。

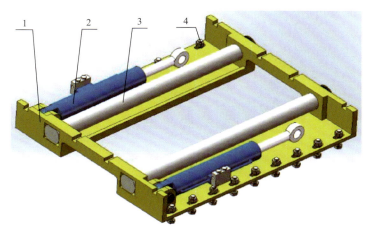

图 4-7　安装底座
1. 安装底座；2. 前后滑移油缸；3. 导轨（连接前后滑移座）；4. M24 高强度螺栓

安装底座通过 18 条 M24 高强度螺栓与特殊液压支架相连（M24 螺栓拧紧力矩为 990N·m），同时安装底座上面开有长条孔，可实现前后方向 25mm 的微调。

安装底座上安装有导轨，前后滑移座安装其上，同时，安装底座上还安装有前后滑移油缸，前后滑移油缸另一端与前后滑移座相连，可实现钻臂的前后移动。

2）前后滑移座

前后滑移座是实现钻臂前后滑移的重要部件，同时也是前后摆动座的支撑底座，前后摆动油缸一端装在此处，如图 4-8 所示。

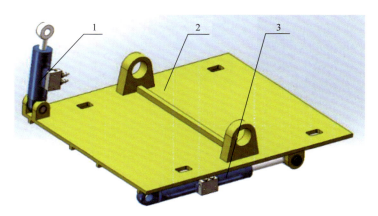

图 4-8　前后滑移座
1. 前后摆动油缸；2. 前后滑移座；3. 前后滑移油缸

前后滑移座安装在导轨上，通过前后滑移油缸的运动使其带动钻臂实现前 200mm、后 200mm 的移动。

3）前后摆动座

前后摆动座是实现钻臂前后摆动的重要部件，通过销轴与前后滑移座相连。并通过前后摆动油缸的运动实现钻臂的前后摆动，可向前摆动 5°，向后摆动 5°，如图 4-9 所示。

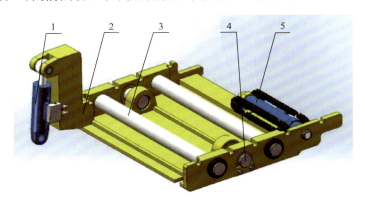

图 4-9　前后摆动座

1. 前后摆动油缸；2. 前后摆动座；3. 导轨（连接左右滑移座）；4. 销轴（连接前后滑移座）；5. 左右滑移油缸

前后摆动座上安装有导轨，左右滑移座安装其上，同时，前后摆动座上还安装有左右滑移油缸。左右滑移油缸通过链传动可带动左右滑移座移动，从而实现钻臂的左右移动。

4）左右滑移座

左右滑移座是实现钻臂左右滑移的重要部件，同时也是扭转座的支撑底座，扭转油缸一端装在此处，如图 4-10 所示。

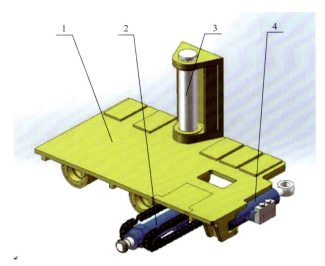

图 4-10　左右滑移座

1. 左右滑移座；2. 左右滑移油缸；3. 扭转销轴（连接扭转座）；4. 扭转油缸

左右滑移座安装在导轨上，经由左右滑移油缸通过链传动带动其左右移动，从而使其带动钻臂实现左 100mm、右 100mm 的移动。

5）扭转座

扭转座是钻臂实现左右扭转的重要部件，扭转油缸另一端装在此处，同时扭转座也是左右摆动座的支撑底座，左右摆动油缸的一端装在扭转座上，如图 4-11 所示。

扭转座通过扭转销轴与左右滑移座连接在一起，并以扭转销轴为中心，通过扭转油缸的运动使扭转座绕扭转销轴摆动，可向左扭转 5°，向右扭转 5°。

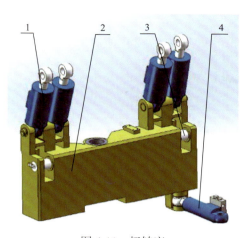

图 4-11　扭转座

1. 左右摆动油缸；2. 扭转座；3. 销轴(连接左右摆动座)；4. 扭转油缸

6）左右摆动座

左右摆动座是实现钻臂左右摆动的重要部件，左右摆动油缸的另一端装在此处，同时左右摆动座也是左、右钻臂的安装座，左、右钻臂通过 M20 高强度螺栓与左右摆动座连接在一起。另外，切缝钻机的电气控制箱也安装在此，如图 4-12、图 4-13 所示。

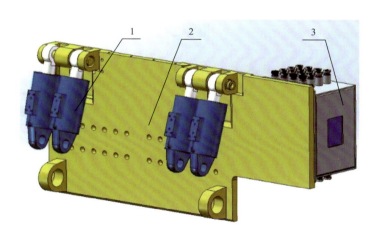

图 4-12　左右摆动座

1. 左右摆动油缸；2. 左右摆动座；3. 电气控制箱

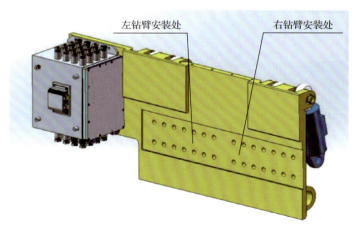

左钻臂安装处　　　　　　右钻臂安装处

图 4-13　左、右钻臂安装位置示意图

左右摆动座通过销轴与扭转座连接在一起，并以销轴为中心，通过左右摆动油缸的运动使左右摆动座绕销轴摆动，可向左摆动 15°，向右摆动 5°。

7) 左钻臂、右钻臂

左、右钻臂是切缝钻机进行切缝孔施工的核心机构，它通过支撑机构、推进机构、钻进机构的配合完成切缝孔的施工，如图 4-14～图 4-16 所示。

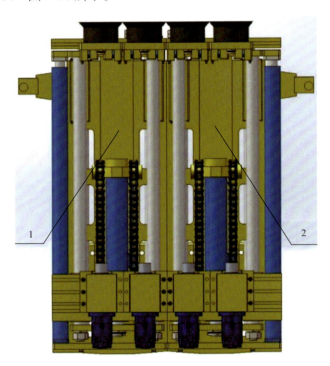

图 4-14　钻臂
1. 左推进结构；2. 右推进结构

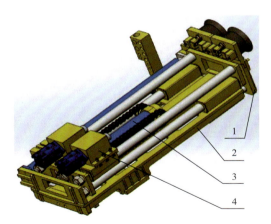

图 4-15　左钻臂

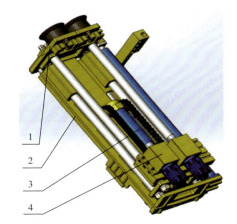

图 4-16　右钻臂

1. 支撑机构；2. 固定座；3. 推进机构；4. 钻进机构

结构上，左、右钻臂为对称结构，使操作更容易。

左、右钻臂可同时工作，也可单独工作。左、右钻臂同时工作时，可同时钻进 4 个孔；左、右钻臂单独工作时可选择钻 1 个孔或 2 个孔。

钻臂工作时，钻孔间距可调，孔间距为 210～300mm；当孔间距需要调整时，支撑机构和钻进机构处均需调整，如图 4-17～图 4-20 所示。

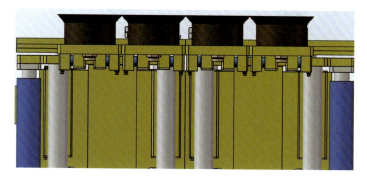

图 4-17　孔间距 210mm 示意图一

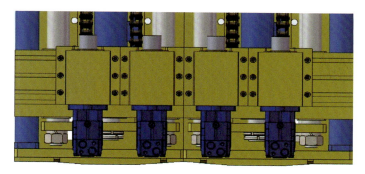

图 4-18　孔间距 210mm 示意图二

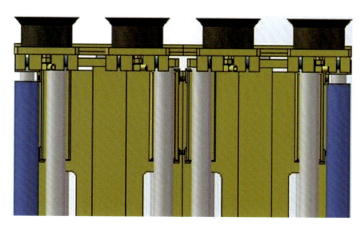

图 4-19　孔间距最大 300mm 示意图一

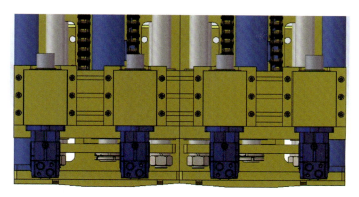

图 4-20　孔间距最大 300mm 示意图二

a.支撑机构

切缝钻机工作时，支撑机构与顶板接触，保证切缝钻机工作时的稳定性，同时，支撑机构上设置有废水回收装置，能有效地回收钻孔过程中产生的废水。

当施工过程中需要调节钻孔间距时，只需人工调节滑移座即可。支撑机构示意图如图 4-21 所示。

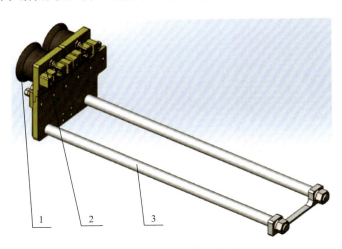

图 4-21　支撑机构示意图
1. 接水装置；2. 滑移座；3. 导轨

b.推进机构

推进机构主要由一级推进油缸、二级推进油缸、滑动架、钻进机构固定座等组成。工作时，一级推进油缸、二级推进油缸可同时工作也可单独工作。

钻进机构固定座采用"T 形槽"结构，并采用 T 形螺栓将钻箱固定，方便钻进机构调整钻孔间距。

c.钻进机构

钻进机构主要由马达、钻箱等组成。钻箱通过 T 形螺栓与固定座连接在一起，当施工过程中需要调节钻孔间距时，只需人工调节钻箱位置即可。钻进机构示意图如图 4-22 所示。

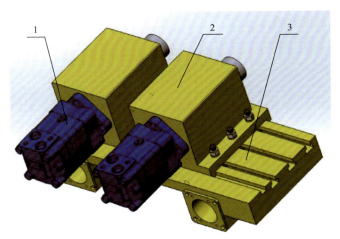

图 4-22　钻进机构示意图
1. 马达；2. 钻箱；3. 固定座

8) 液压系统

液压系统是由泵站、油缸、液压马达、阀组及相互连接的管路等组成，其中泵站为切缝钻机、锚索钻机、预裂设备等提供动力，有单独的泵站说明书阐述其结构和功能，这里不再阐述。

a.液压系统的功能

(1)钻臂位置的调整，可实现快速定位。

(2)实现支撑机构、推进机构的动作。

(3)提供打钻时所需的动力。

b.操作部分

切缝钻机的控制阀采用电磁阀，左、右钻臂各由一个电磁阀控制。左钻臂采用 11 连电磁阀，分别控制左钻臂和整机钻臂；右钻臂采用 6 连阀，控制右钻臂各执行机构的动作。

整机操作采用无线遥控操作，左、右钻臂各一个遥控器，单独操作，互不干扰。

9)水系统

切缝钻机水系统的功能是为钻进机构提供排屑和降尘用水，并将工作时产生的废水经废水管道流回污水箱。

水系统中设有外部水源接口，可直接从外部接入清水。在水系统进水主管路上设置有截止阀，可控制水路的通断。在截止阀后，水路一分为二，分别经水路电磁控制阀进入左、右钻臂钻进机构。在钻进机构钻孔过程中，水系统中的水一方面进行排屑并对钻头进行冷却，另一方面降低浮尘。

钻孔过程中产生的废水从废水收集装置经污水管流回污水箱，大大减少了废水对巷道底板的浸蚀。

10)数据采集系统

切缝钻机数据采集系统包括数据采集、数据存储、数据输出等，能够实时采集钻进数据，在马达转速一定的情况下采集钻进扭矩数据，在推进速度一定的情况下采集推进力数据，并将数据输出，为分析顶板的岩性提供数据依据。

该钻机配备有压力传感器和倾角传感器，将实时采集的信号传送、存储并显示在遥控器显示屏上，使带角度钻孔时定位方便、操作简单、角度准确。

压力传感器、倾角传感器技术参数见表 4-3。

表 4-3　传感器技术参数

参数	压力传感器	倾角传感器
工作温度	$-20\sim100℃$	$-20\sim100℃$
测量范围	$0\sim30MPa$	X: $+/-70°$；Y: $+/-70°$
供电电源	12V DC（7.5～14V DC）	12V DC（7.5～14V DC）
输出信号	4～20mA	4～20mA

11)电气系统

切缝钻机电气系统可实现钻臂调整、切缝孔施工、工况数据采集功能，可通过急停按钮控制油泵电机的起停。

电气附件包括：遥控器、工作区急停按钮、压力传感器、倾角传感器。

机构参数如下。

系统供电电压：127V

本安电源：U_o=12V DC，I_o=1300mA

4. 操作和使用方法

1)电气控制箱

电气控制箱由单独的启动器控制，即 ZBZ2.5/1140（660）M，矿用隔爆型变压器综合保护装置。按下绿色按钮启动，电气控制箱电源接通；按下红色按钮，电气控制箱电源断开。

电气控制箱上不设急停按钮，预留急停接点，将急停按钮安装在切缝钻机附近且操作人员易于操作的位置。

2) 遥控器

(1) 遥控器分为左、右两个，分别操作左、右两个钻臂，两遥控器互锁，不能串用。

(2) 信号强度通过信号格显示；电池电量通过电量格显示；超出距离时，信号格为空并有一个 x 号。

(3) 省电模式：长时间无操作时，背光熄灭；有按键按下，背光点亮。

(4) 遥控器显示内容为钻臂倾角、马达 1 转矩、马达 2 转矩、钻臂推进力，采用交替显示，部分内容会简化显示，比如"马达 1 转矩"显示为"转矩 1 xxx N·m"。

(5) 遥控器键膜为黑色底色，上部文字白色，下部文字蓝色，按键定义详见图 4-23 遥控器键膜示意图。

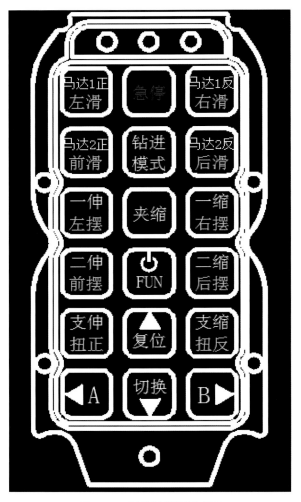

图 4-23　遥控器键膜示意图

3) 遥控器控制

(1) 有复选功能的按键，采用组合键方式。以"马达 1 正左滑"为例，按下"马达 1 正左滑"，马达 1 正转；松开"马达 1 正左滑"，马达 1 正转停止。按下"马达 1 正左滑"＋"切换"，钻臂左滑；松开"马达 1 正左滑"＋"切换"，钻臂左滑停止。

(2) 马达选择功能，可以通过按键"A"进行循环切换，对应状态在显示屏上显示(开机默认马达 1 和马达 2 同时，按下按键"A"切换为马达 1，再次按下按键"A"切换为马达 2)。

马达选择功能内容如下所示。

马达 1 和马达 2：按下"马达 1 正左滑"或"马达 2 正前滑"按键，马达 1、马达 2 同时正转；按下"马达 1 反右滑"或"马达 2 反后滑"按键，马达 1、马达 2 同时反转。

马达 1：按下"马达 1 正左滑"按键，马达 1 正转，按下"马达 2 正前滑"按键，无效；按下"马达 1 反右滑"按键，马达 1 反转，按下"马达 2 反后滑"按键，无效。

马达 2：按下"马达 2 正前滑"按键，马达 2 正转，按下"马达 1 正左滑"按键，无效；按下"马达 2 反后滑"按键，马达 2 反转，按下"马达 1 反右滑"按键，无效。

(3)"夹缩"按键：通电后，夹紧油缸对应的电磁阀处于打开状态，夹紧油缸处于夹紧工作；"夹缩"按键按下后(长按)，夹紧油缸对应的电磁阀断电，松开后，电磁阀重新通电。

4)钻进模式

(1)按下"钻进模式"按键 3s，执行钻进程序，再按一下停止钻进程序。

(2)执行钻进程序时，水阀先通电供水，夹紧油缸松开，延时 1s 后，马达正转(按照当前选择马达工作)、一级推进油缸伸、二级推进油缸伸动作。

(3)停止钻进程序时，水阀断电停水，马达正转(按照当前选择马达工作)、一级推进油缸伸、二级推进油缸伸停止，延时 0.5s，夹紧油缸夹紧。

5)其他动作执行按键

a.按键按下方法释义

长按：即手指一直按着，根据程序，对应的输出一直通电保持，松开手指，对应输出断电断开。

点动：在微调某个输出动作时，为了达到微调的效果，采取快速按键后释放按键的方式。

b.具体动作按键释义(分层释义)

第一层释义

马达 1 正：马达 1 正转。

马达 1 反：马达 1 反转。

马达 2 正：马达 2 正转。

马达 2 反：马达 2 反转。

一伸：一级推进油缸伸。

一缩：一级推进油缸缩。

二伸：二级推进油缸伸。

二缩：二级推进油缸缩。

支伸：支撑油缸伸。

支缩：支撑油缸缩。

第二层释义

左滑：钻臂向左滑。

右滑：钻臂向右滑。

前滑：钻臂向前滑。

后滑：钻臂向后滑。

左摆：钻臂向左摆。

右摆：钻臂向右摆。

前摆：钻臂向前摆。

后摆：钻臂向后摆。

扭正：钻臂向左扭。

扭反：钻臂向右扭。

6) 切缝钻机操作

现以左钻臂马达1、马达2同时工作为例，介绍切缝钻机操作过程及方法。

(1) 从接水碗上方插入一个钻头。

(2) 接通泵站电机电源。

(3) 接通电控箱电源，此时，"夹缩"按键自动启动，夹紧油缸将钻杆夹紧。

(4) 启动遥控器(若单个马达工作则需长按按键"A"切换为"马达1"，或者"马达2")。

(5) 按下"支伸"按键，将顶支撑伸出，使接水碗与顶板接触；将钻杆插入钻箱输出轴内，按下"二伸"按键，当钻杆头部行进至将要与钻头尾部接触时，松开"二伸"按键，点动"二伸"按键直至钻杆头部与钻头尾部接触，点动"马达1正左滑"或"马达2正前滑"使钻杆与钻头旋紧。

(6) 按一下"钻进模式"按键，水阀打开，夹紧油缸松开钻杆，延时1s，马达1正转、马达2正转，二级推进油缸伸、一级推进油缸伸，钻进开始；当二级推进油缸、一级推进油缸行至终点时，再按一下"钻进模式"按键，此时，水阀断电关闭停水，夹紧油缸夹紧钻杆，钻进结束。

(7) 按下"二缩""一缩"(可分别按，也可同时按)按键，将左马达1、左马达2退至始点，人工安装钻杆。

(8) 按下"二伸"按键，当新安装的钻杆头部公扣将要与前一个钻杆的尾部母扣接触时，松开"二伸"按键，点动"二伸"按键，使新安装的钻杆头部公扣与前一个钻杆的尾部母扣接触，同时点动"马达1正左滑""马达2正前滑"按键，使钻杆的母扣和公扣刚好连接上并旋紧。

(9) 重复工序(6)、(7)、(8)。

(10) 当最后一根钻杆钻进后，钻孔深度达到预定要求，开始卸钻杆工序。

(11) 按下"夹缩""马达1正左滑"或"马达2正前滑""一缩"按键至一级推进油缸至始点，松开上述按键，再按下"夹缩""马达1正左滑"或"马达2正前滑""二缩"按键，当退至二级推进油缸距始点120mm附近松开上述按键(此时倒数第一根钻杆已经完全退出孔，夹紧油缸已将倒数第二根钻杆尾部夹紧)，点动按下"马达1反右滑"或"马达2反后滑"按键，根据情况再点动按下"二缩"按键，卸开钻杆，点动按下"二缩"按键，退至始点，人工取下钻杆，放至预定位置。

(12) 按下"二伸"至终点，松开按键，再按下"一伸"按键，当行至将要与未卸下的钻杆尾部接触时，松开按键；点动"一伸"按键、"马达1正左滑"或"马达2正前滑"按键，使未卸下的钻杆插进钻箱输出轴。

(13) 重复工序(11)、(12)。

(14) 注意卸下的钻杆数量，当除最后一根钻杆未卸下，其余钻杆都卸下时，按下"夹缩""马达1正左滑"或"马达2正前滑""一缩"按键至一级推进油缸始点，再按下"夹缩""马达1正左滑"或"马达2正前滑""二缩"按键至最后一根钻杆退出接近3/4时，松开按键，按下"支缩"按键，将支撑油缸缩至始点，再次按下"夹缩""马达1正左滑"或"马达2正前滑""二缩"按键直至二级推进油缸缩至始点，此时，最后一个钻杆和钻头也已经退出钻孔，卸钻杆工序结束(检查钻头的磨损情况)。

(15) 切缝钻机所在的液压支架行进一个步距后，开始新的钻孔工序。

(16) 按下"一伸"按键，一级推进油缸行进至钻头将与顶板接触，再按下"支伸"按键，将顶支撑伸出，使接水碗与顶板接触。

(17) 重复工序(6)及以后工序。

备注：当需要更换钻头时，须将钻头夹紧，将最后一根钻杆卸下，将磨损的钻头从接水碗上方拿出来，再将新钻头从接水碗上方插进去。

4.1.4　液态定向切缝机

1. 设备简介

1）设备功能

液态定向切缝机是为适应 110/N00 工法而新研发的专用设备，对切缝孔实施定向造缝，以达到定向连通切缝孔的目的，具有定向造缝效率高、操作安全简单等特点，与特殊的液压支架配套使用，随液压支架一起移动。

2）总体构成

该液态定向切缝机主要由高压泵、输送装置、启动器、加砂装置、磨料射流造缝器以及高压胶管等组成（图 4-24）。

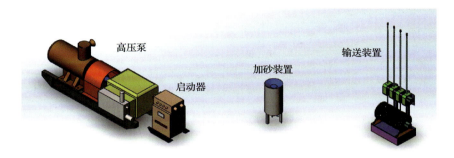

图 4-24　液态定向切缝机系统组成

高压泵主要为液态定向切割机提供液压动力源（高速高压流体），形成高压水射流。如图 4-25 所示，该泵系卧式五柱塞往复泵，由三相交流卧式四极防爆电动机驱动，经联轴器和一对斜齿圆柱齿轮减后带动五曲拐曲轴旋转，再经连杆滑块（十字头）使曲轴的旋转运动转变为柱塞的直线往复运动，使工作液体经吸、排液阀吸入和排出，从而使电能转换成液压能，输出高压液体。泵的高压排液出口处装有调整好的高压安全阀，从而保证液压系统工作的可靠性。

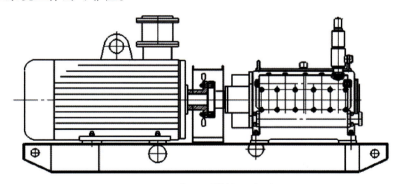

图 4-25　高压泵结构示意图

输送装置主要用于定向造缝过程中收放高压胶管、定向输送割缝器。如图 4-26 所示，高压胶管分为四组，可四组同时输送或分出两组输送，以适应顶板岩孔的数量。输送装置主要由卷绕机装置、排绳器装置、摩擦轮输送装置、升降定位装置等组成，以实现高压胶管的有效排列，以及速度快慢可控的收放功能。

启动器主要用于控制高压泵的启动与停止。该启动器适用于煤矿井下及其周围介质中有甲烷、煤尘等爆炸性混合物气体的环境。在交流 50Hz，电压 380V、660V 或 1140V，额定电流至 400A 的电路中，直接或远距离控制矿用隔爆型三相鼠笼式异步电动机的启动、停止，并可在被控电动机停止时进行换向。

加砂装置主要用于储存并向高速水流中混入磨料粒子，形成高压磨料水射流。

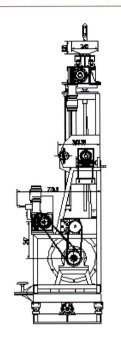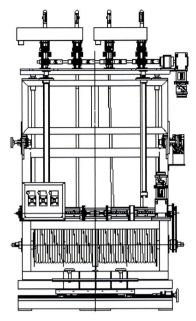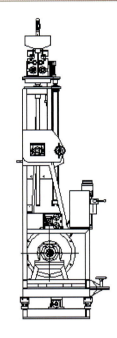

图 4-26　输送装置结构示意图

3）工作原理

采用高压水射流定向切割岩石形成定向连通缝槽，切缝时使用液态定向切缝机及其配套设备施工。施工时，选用南京六合煤矿机械有限责任公司制造的 BZW200 型高压泵提供动力源，经加砂装置混入磨料，通过高压胶管、高压密封钻杆输送高压流体，利用输送装置实现高压密封钻杆的定向输送，由造缝器（喷嘴）完成切缝，实现定向造缝，废水由回收装置收集汇入井下污水箱。如图 4-27 所示，具体工作原理为：首先在顶板岩层中预先钻进 4 个钻孔，形成定向造缝的切缝孔（由切缝钻机施工），然后通过输送装置及高压密封钻杆在切缝孔中定向安装造缝器（喷嘴），利用高压水射流分别沿 4 个切缝孔的径向向相邻钻孔造缝，

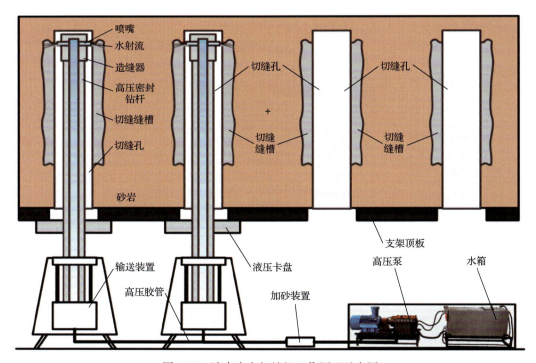

图 4-27　液态定向切缝机工作原理示意图

定向连通所有切缝孔，形成定向裂缝面。

2. 主要技术特征

(1)在规定时间(50min)内定向连通 4 个切缝孔(切缝孔孔径为 50mm；切缝孔间距为 210mm；切缝孔深度为 10000mm)。

(2)单缝切割深度≥80mm，单缝长度为 7000～8000mm。

(3)系统最高工作压力为 50MPa，最大工作流量为 180L/min。

(4)废水收集汇入井下现有污水箱，回收比率 80%以上。

(5)高压胶管的送进、退回移动速度为 0.5～2m/min。

(6)左右移动行程为 0～500mm，可调。

(7)前后偏转角度为–15°～15°，可调。

(8)水平回转角度为–25°～25°，可调。

(9)驱动液压马达型号为 OMZ-80；转速为 30～600r/min，可调；压力为 12MPa。

(10)摩擦轮输送组件及导向管组件升降行程为 700mm。

(11)液压源压力为 20MPa，流量为 80L/min。

(12)设备外形尺寸约 1400(+212)mm×665(+160)mm×2565(+700)mm。

(13)设备总质量约 850kg。

3. 操作和使用方法

1)高压泵的操作和使用方法

a.启动前检查

新泵或较长时间停车的泵，应首先检查各零部件有无损伤、冰冻与锈蚀等现象，密封是否完好，安装是否正确，检查时应做到仔细认真。

曲轴箱内是否有润滑油，其油位应在油标中上部。

柱塞腔上滴油槽内是否有足量的润滑油。

所有通液管路开关是否开启，并保证水源充足。

用手盘动联轴器，应转动灵活，无反常卡死现象。

所有关键螺纹连接均需检查一遍(液力端螺钉、缸套锁紧螺母等)。

b.试车

检查电机转向：点动开关，观察电机转向应与泵上箭头标记一致，否则应进行更正。

空载运转：点动开关，确认电机转向正确后，使泵空载运转(旋松溢流阀的调节螺套)，打开放气螺堵，放尽高压腔内的空气，直到出现恒定流量为止。

负荷运转：继续使泵空转 5～10min，然后逐级加载，每 20min 升高额定压力的 25%，直至额定压力。同时调整好安全阀。在升温正常，无泄漏、无抖动等异常现象后，方可投入使用，泵的油温不得超过 85℃。

注：地面试验的带压运转时，可用高压出口球阀短时间加压，以检测安全阀性能，但高压出液不宜直接回液箱。用球阀加载长时间运行会使球阀和胶管冲坏，液箱温度也较高。

2)启动器的操作和使用方法

a.使用前的准备和检查

使用前应检查各电器元件是否在运输途中受振损坏、脱落和受潮等；如有上述情况发生，需经处理后方可使用。

电源线与接线柱是否可靠固定，并保持规定的电气间隙和爬电距离。

b.使用与操作方法

按电气原理图或接线腔接线图连接好电源线、控制线以及相关配件。按电气原理图或接线腔接线图检查连接线是否正确，确保无误后可送电。给启动器送电后，再合上外壳右侧中部的隔离开关，合上隔离开关后观察窗就有相应的显示，如没有故障显示，就可以进行启动、停止操作；若有故障见故障分析表，排除故障后再进行启动、停止操作。

3）输送装置的操作和使用方法

a.前期准备

检查设备的水、电、气是否供应正常，有无泄漏等现象。检查安全阀、压力表是否灵敏、正确；并检查各种连接件是否连接牢固。根据需要的高压胶管输送速度，调节好卷绕机转速、摩擦轮转速、液压缸运行速度，使三者速度匹配，协调一致。调整是通过各自系统的单向节流阀进行的，调整好后锁定。注意马达正反转、液压缸伸缩应分别对应调整一致。调整好后待用。

b.设备调整准备

设备调整是指通过设备的多位置多角度调整，使高压胶管与切缝孔位置、方向、距离基本适应。可通过左右移动、水平回转、前后偏转等调整实现。完成后固定待用。调整好高压流体供给系统，备用。

c.循环作业

利用高压胶管输送装置将切割头定向输送至切缝孔孔底；开启高压泵，并将压力迅速升高至 20～30MPa，开启加砂装置的开关，迅速将泵压升高至 40～50MPa（视具体岩石强度定），利用高压胶管输送装置将切割头切割速度控制在 0.5～1m/min（根据具体情况定）下行切缝；保持压力和切割速度不变，直至预定切割长度；降低泵压至 5MPa，关闭加沙装置，将切割头退至距切缝孔孔口约 2m 处，关闭高压泵，关闭电源及切断水源；退出切割头。具体操作执行过程如下。

（输送放管）开启卷绕机运行→液压缸伸出→液压缸到位→摩擦轮运行→输送到位（计数器显示）→摩擦轮停止→卷绕机停止→切割流体开启→（高压胶管收回切割工作开始）→摩擦轮反向运行→卷绕机反向运行→切割到位（停止高压流体）→摩擦轮停止同时液压缸收回→液压缸及卷绕机均停止→完成一个工作过程。

注意：输送装置操作执行过程比较简单，但应按顺序果断迅速操作，因控制系统未设置联锁及顺序控制功能。换向时（正反转）应使各执行器停止运行后进行。

4. 装置润滑明细

装置润滑明细见表4-4。

表4-4　装置润滑明细

序号	名称	规格型号	件数	使用部位	润滑要求
1	直线导轨	HGW25CA	2	左右移动装置	脂润滑
2	直线轴承	$\phi 20$	2	排绳器	脂润滑
3	滚珠丝杆	2510	1	左右移动装置	脂润滑
4	直线轴承	$\phi 30$	2	直线推送装置	脂润滑
5	滚珠丝杆	2520	2	排绳器装置	脂润滑
6	普通丝杆	32×4	4	工作台升降	脂润滑
7	齿轮箱	齿轮	1	摩擦带轮装置	脂润滑

续表

序号	名称	规格型号	件数	使用部位	润滑要求
8	链轮链条	多种	6	主机传动	脂润滑
9	涡轮蜗杆减速机	075、063	3	主机	定期加齿轮油
10	角接触球轴承	7204AC	2	2510 丝杆用	脂润滑
11	深沟球轴承	6204-2Z	1	2510 丝杆用	含油密封轴承
12	深沟球轴承	6214-2Z	2	卷绕筒轴承座	含油密封轴承
13	球面球轴承	UCF204	4	排绳器装置	含油密封轴承
14	深沟球轴承	61906-2LS	4	偏转装置	含油密封轴承
15	深沟球轴承	6006-2Z	4	偏转齿轮箱	含油密封轴承
16	深沟球轴承	6002-2LS	16	排绳器装配	含油密封轴承
17	深沟球轴承	61904-2Z	32	摩擦轮装置	含油密封轴承

4.1.5　液态水切割机

1. 设备简介

1）概述

QSM-8-90-B-M3 型液态水切割机，为煤矿领域实施作业的水切割设备。该设备可切割厚度在 0～40mm 的任何材质（除玻璃钢、金刚石及特种硬质合金外），应用于矿下设备拆除、维修过程中的切割作业。

注：QSM-8-90-B-M3 型液态水切割机，属主机部分，它需要辅助切割器（如切割工装、割枪总成）协助其完成切割作业。

2）总体构成

a.设备组成及功能原理

液态水切割设备主要由液态水切割机、磨料混合装置、割枪总成及其高压软管等组成，见表 4-5。

表 4-5　液态水切割设备组成表

序号	产品名称	产品型号	产品规格	数量
1	液态水切割机	QSM-8-90-B-M3	70MPa，60L/min	1 台
2	磨料混合装置	RX-MG730-4	30L	2 套
3	启动器		400A	1 件
4	高压软管	BH-GZ10	100MPa	2 套
5	送管机	BH-SG01		1 套
6	液压控制台	YT-0918-1		1 套
7	割枪总成	QZ-W6		1 套

b.液态水切割机组成

QSM-8-90-B-M3 型液态水切割机，主要由过滤器、高压水泵、安全阀、防爆电机、调压阀、压力表、动力系统及水循环系统构成，如图 4-28 所示。

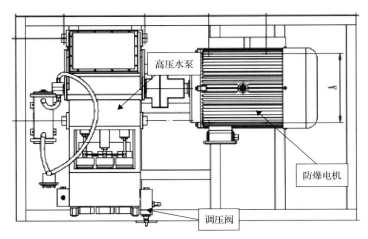

图 4-28　液态水切割机的结构示意图

2. 工作原理

工作介质经过滤器过滤后流入高压水泵，高压水泵将工作介质加压，高压水流经高压软管进入磨料混合装置，与磨料充分混合，并带动磨料加速，通过高压软管传输，最后通过割枪枪嘴，形成高压磨料射流，在送管机(液压驱动)带动下，进行切割作业。安全阀通过溢流作用，实现超压保护；单向阀可以防止水沙回流，进一步确保系统的安全性能，如图 4-29 所示。

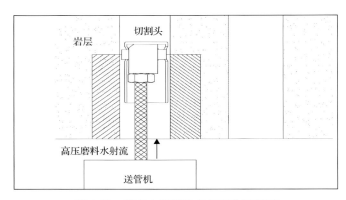

图 4-29　液态水切割设备的工作原理图

3. 主要技术特征

1)产品型号的组成及意义

QSM-8-90-B-M3A 型液态水切割机型号表示方法如下：

2)使用条件

a.环境要求

使用环境：煤矿井下。

环境温度：0～35℃。

空气湿度：不超过 95%（温度为 25℃时）。

海拔：不超过 1000m。

b.动力要求

电力：电压为 380/660V；功率为 50Hz。

液压源：9MPa，18L/min。

c.工作介质要求

系统使用的介质为清洁水；不允许使用酸性、碱性或腐蚀性的液体。

具体的水质要求见表 4-6。

表 4-6　水质要求

参数	限值	参数	限值
铁/(mg/L)	0.1～0.2	可溶性固体/(mg/L)	100～200
氧气/(mg/L)	1～2	$CaCO_3$ 总硬度/(mg/L)	450
pH	6.5～8.5	散射浊度/NTU	5

d.进水要求

进水温度：0～45℃。

进水压力：0.1～0.3MPa，流量＞90L/min。

e.磨料要求

生产公司提供或指定的磨料，磨料规格 70～80 目。

3）基本性能参数

产品的基本性能参数见表 4-7。

表 4-7　产品的基本性能参数

项目			单位	参数
工作压力			MPa	70
枪嘴直径（双枪嘴）			mm	1.0
水泵流量			L/min	60
设备质量			kg	1500
外形尺寸			mm	2100×1500×800
磨料混合装置（两套）	容积		L	30×2
	磨料粒度		目	80
	磨料流量		kg/min	4.0
	外形尺寸		mm	500×500×1100
送管机	液压源	压力	MPa	9
		流量	L/min	18
	传输速度		mm/min	500～1500
	质量		kg	70
	外形尺寸		mm	416×400×1650

4. 操作和使用方法

1）使用前的准备

设备调试正常后，方可进行切割作业。作业前需佩戴护目镜等防护用具。

为确保安全，切割时需要两名操作人员，一名负责切割，另一名负责观察主机运行状况。

2）设备的启动

(1) 开启防爆启动器，调节泵端调压阀至系统压力为 70MPa。

(2) 加砂：将磨料控制阀左旋 90°，开启磨料。

(3) 开启液压控制台，使高压软管按设定速度向下带动割枪总成进行切割作业。

(4) 当割枪总成到达切缝底端位置时，作业完成。

3）设备的关闭

(1) 切割作业完成后，首先关闭磨料控制阀（将控沙阀手柄扳回原来的位置），设备再运行几秒，排尽高压软管中的剩余磨料。

(2) 关闭液压源。

(3) 将压力调节阀打开，使泵压降至零，关闭防爆启动器，停止水切割机的运行。

4）设备的拆除与清理

(1) 拆除连接设备与辅机的高、低压软管，并将两头接头用堵头堵上。

(2) 拆除辅机，并清洗干净。

注意事项：若设备不经常使用，需将磨料罐中的磨料排净；管接头处注意防尘，用堵头堵上。

4.1.6 链臂锯切顶机

除采用预裂钻孔方式进行切顶外，可采用机械式链臂锯对顶板进行切割（图 4-30）。用链臂锯切顶，切缝贯通率可达 100%，并且切面光滑，沿空侧侧向悬顶给巷内支护产生的附加作用力较小，大大降低了沿空巷道顶板压力。

图 4-30　链臂锯切顶机

采用链臂锯进行预裂切顶可实现裂缝完全贯通，但该机具体积庞大，对于断面尺寸较小的巷道难以适应。对于采高较大、切顶要求高的地质条件，切割效率有待进一步提高。

4.2 110 工法 NPR 锚索及其安装设备

4.2.1 NPR 锚索独特性能

1. NPR 锚索负泊松效应

NPR 锚索在拉伸过程中具有径向变粗的负泊松效应，测量直径时用十字法测量 $a—a'$、$b—b'$ 两个垂直方向的直径，标注方法如图 4-31 所示。图 4-32 为拉伸实验不同方向的直径变形量，两个方向的直径均增加，验证了 NPR 锚索的负泊松效应。

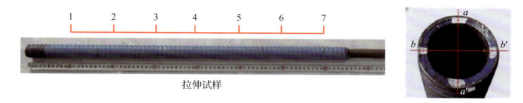

图 4-31 NPR 锚索径向标注示意图

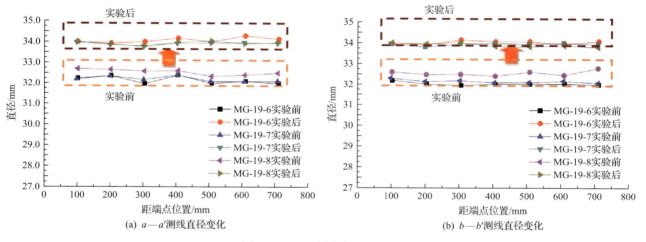

(a) $a—a'$测线直径变化　　(b) $b—b'$测线直径变化

图 4-32 NPR 锚索负泊松效应

2. NPR 锚索恒阻特性

为了检验 NPR 锚索的最大静力拉伸长度及恒阻值，深部岩土力学与地下工程国家重点实验室自主研发的 NPR 锚索拉力实验系统，如图 4-33 所示。

(a) 系统主体框架

(b) 试样夹持装置　　　　　　　　(c) 拉伸加载系统

图 4-33　NPR 锚索静力拉伸实验系统

实验系统的基本参数如下。

最大载荷：500kN。

最大量程：1100mm。

加荷速率：0.1～20kN/min。

位移速率：0.5～100mm/min。

通过实验系统，采用位移控制的方法，对 4 组 NPR 锚索进行静力拉伸实验，以测试其最大拉伸量及恒阻值保持情况。通过实验得到其最大拉伸量在 386.37～482.83mm，满足设计值，恒阻值平均值为 350kN，表明其恒定阻力性能良好。实验结果见表 4-8，实验结果曲线如图 4-34 所示。

表 4-8　静力拉伸实验 NPR 锚索参数

编号	锚索长度/mm	最大拉伸力/kN	最大拉伸量/mm	恒阻值范围/kN
MS3-2-1	1500	363.2	405.38	330～360
MS3-2-2	1500	388.0	386.37	330～360
MS3-2-3	1500	388.0	476.34	335～370
MS3-2-4	1500	388.0	482.83	325～375

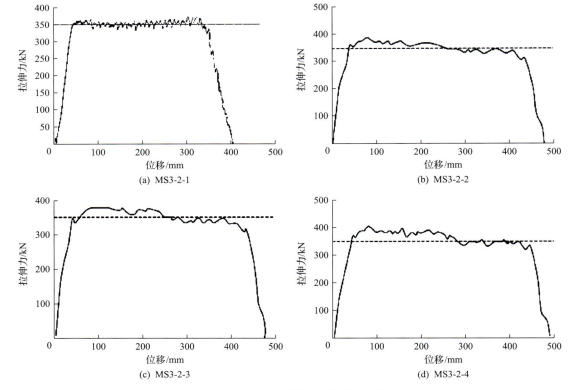

(a) MS3-2-1　　　　　　　　　　　　　(b) MS3-2-2

(c) MS3-2-3　　　　　　　　　　　　　(d) MS3-2-4

图 4-34　NPR 锚索静力拉伸实验结果

3. NPR 锚索防冲力学特性

1) 室内实验

NPR 锚索动力冲击实验采用 NPR 锚索动力冲击实验系统(图 4-35)。该实验系统可以检验 NPR 锚索抵抗和吸收冲击能量的性能，并且测量出每次冲击后锚索自身的伸长量和径向变形量。

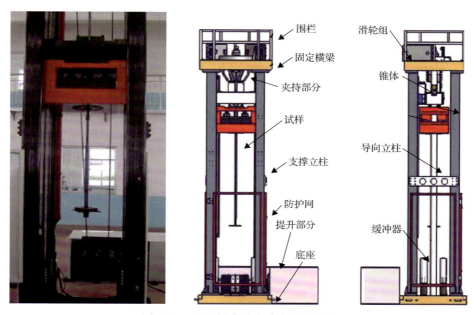

图 4-35　NPR 锚索动力冲击实验系统

NPR 锚索动力冲击实验系统由主机和控制系统组成，基本参数如下。

最大冲击能量：15000J。

有效冲击高度：0～1500mm。

提升速度：0～3m/min，无级变速。

垂体质量：840kg、880kg、920kg、960kg 和 1000kg 五个等级。

适应该实验系统的杆体直径为 34mm 和 22mm，长度为 1500～2500mm。

利用 NPR 锚索动力冲击实验系统，对 NPR 锚索进行动力冲击实验，测试锚索动载荷条件下能量吸收能力大小和均衡性。实验结果表明，NPR 锚索通过变形吸收冲击能量，能够在恒定支护阻力下承受多次冲击而不断，满足大变形塌方及岩爆、爆炸冲击控制要求，其特性曲线如图 4-36 所示。

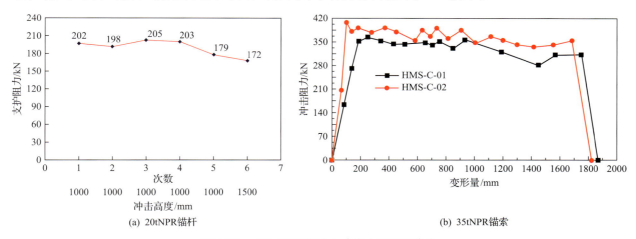

(a) 20tNPR 锚杆　　　(b) 35tNPR 锚索

图 4-36　NPR 锚杆/索动力冲击力学特性曲线

2) 现场试验

为了进一步验证 NPR 锚索的防冲力学特性，在红阳三矿北一 1213 回风联络巷选择试验段进行试验，对比分析普通锚索和 NPR 锚索的防冲效果。两次爆破的装药量均为 10.0kg，一次爆破，爆破前后效果如图 4-37 所示。

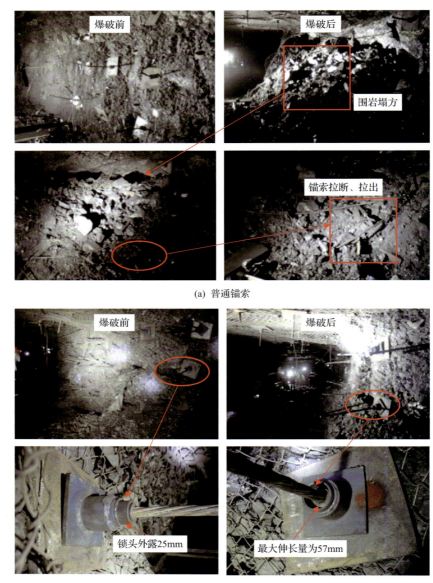

(a) 普通锚索

(b) NPR 锚索

图 4-37　普通锚索和 NPR 锚索现场防冲实验

可见，普通锚索支护作用区域，炸药爆破后，巷道围岩坍塌，锚索出现拉出、拉断现象，而在 NPR 锚索作用下，巷道围岩完整，恒阻器出现了明显的内缩现象，实现恒阻吸能，锚索完整性较好，现场试验进一步验证了 NPR 锚索独特的抗冲击特性。

4. NPR 锚杆吸能特性

利用 NPR 锚索静力拉伸实验系统，进行 NPR 锚杆拉伸实验，如图 4-38 所示。实验过程中采用红外记录仪记录锚杆的温度变化情况。温度变化可反映锚杆内的能量变化。

拉伸过程中 NPR 锚杆的红外变化如图 4-39 所示。可见，随着拉伸活动的进行，前段部分能很好地吸收能量而保持不断，拉至最后时，杆体内部均有吸收能量的体现，验证了锚杆的拉伸吸能特性。

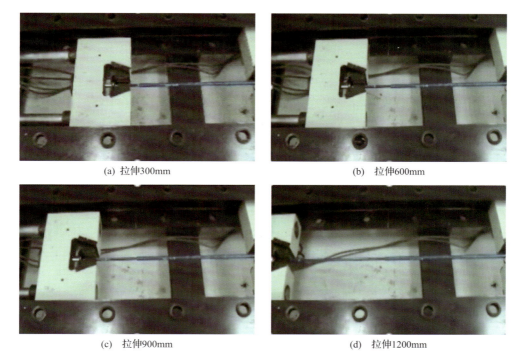

(a) 拉伸300mm　　(b) 拉伸600mm

(c) 拉伸900mm　　(d) 拉伸1200mm

图 4-38　NPR 锚杆拉伸过程

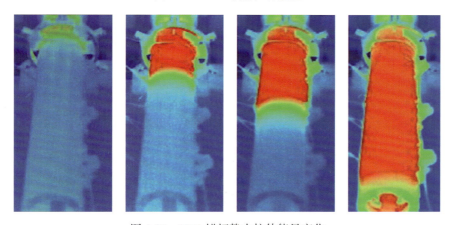

图 4-39　NPR 锚杆静力拉伸能量变化

4.2.2　NPR 锚索安装设备

1. 设备简介

1) 概述

110 工法智能锚索钻机是配套 110 工法中锚固支护的关键设备，主要应用于端头架处顶板及煤帮的支护、锚固。根据工法的施工要求，为了配合三机一架的工作步伐及减小端头架处的空顶面积，需在端头架的架下设置 3 台锚索钻机并在端头架后方设置 2 台锚索钻机，煤帮侧设置 1 台煤帮锚杆钻机。

110 工法智能锚索钻机需与端头架配合动作，在端头架推移并支撑顶板后，调整 110 工法智能锚索钻机(前部)通过平移及角度调整机构对顶板进行钻孔、锚固作业。110 工法智能锚索钻机(后部)通过平移及角度调整机构调整钻机状态后顶紧顶板进行钻孔、锚固作业。110 工法智能锚杆钻机在支架撑紧后，立柱顶紧顶板稳固钻机，通过调整钻机高度及角度找正钻孔位置，实现钻进及锚固。

2) 产品型号

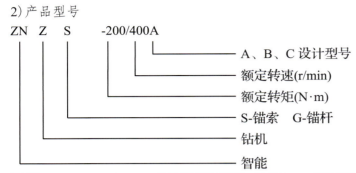

示例：ZNZS-200/400A 表示额定转矩为 200N·m、额定转速为 400r/min 的 A 型智能锚索钻机。

3) 产品结构

a.ZNZS-200/400A N00 大扭矩智能化锚索钻机(后部)结构

ZNZS-200/400A N00 大扭矩智能化锚索钻机(后部)主要由主机总成和操纵台两大部分构成，各部件之间通过螺栓和液压管路连接，并配有遥控发送、接收器，可实现遥控、手动控制，结构紧凑，可靠性强，属于以液压为动力的大扭矩智能化锚索钻机。

主机总成主要由滑移底座、钻机主体、液压卡盘、锚索输送器、收水装置五部分构成(图 4-40～图 4-42)，各部件之间通过螺栓连接，结构紧凑。滑移底座位于主机总成的最下方，通过螺栓将主机总成与操纵台连接起来，使之固定，同时通过平移油缸的伸缩实现主机的前后移动。钻机主体位于主机中部，是该钻机的主体工作部分，通过回转式减速器实现主机调角，调整钻孔位置；由辅助顶紧油缸推动钻机上部各装置，顶紧巷道顶板稳固主机；由导轨进给油缸带动导轨进给，由链条进给油缸两端连接链条、链轮带动回转机构，沿机身导轨往复运动，实现钻具的进给和起拔，同时有效进给行程 2.3m，可满足 2m 钻杆的安装和钻进过程；锚索输送器、液压卡盘、收水装置位于主机最上方，锚索输送器可实现锚索输送和锚索夹紧，便于输送锚索，节省时间，同时液压卡盘夹紧钻杆，与马达反转相互配合实现拆卸钻杆，收水装置中通过过滤毛刷作用将排水导入排水管中，排入污水处理装置中，沉淀排污。

注意：钻进作业时，必须先展开辅助顶紧油缸，待主机顶紧巷道后方可打钻作业；打钻作业时必须按照先导轨进给、后链条进给的顺序进行。

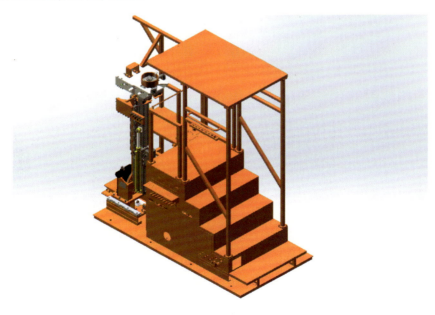

图 4-40　底座及工作区域

图 4-41　钻机主体

　　掩护式工作平台是钻机的控制中心,放置在钻机后方,操作时远离孔口,保障操作者安全。操纵台上设置马达回转、导轨进给、链条进给、锚索输送、锚索夹紧、卡盘夹紧、辅助顶紧、主机平移、主机调角 9 个操纵手把;系统压力表、回油压力表、链条进给压力表、导轨进给压力表、辅助顶紧压力表 5 只压力表。同时操纵者也可站在工作平台上,手持遥控器控制钻机工作。

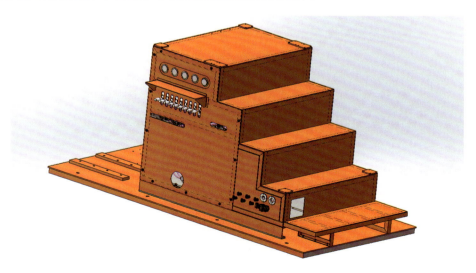

图 4-42　钻机工作平台

b.ZNZS-200/400B N00 大扭矩智能化锚索钻机(前部)结构

ZNZS-200/400B N00 大扭矩智能化锚索钻机(前部)主要由主机总成、操纵台和操作平台三大部分构成(图 4-43),各部件之间通过螺栓和液压管路连接,并配有遥控发送、接收器,可实现遥控、手动控制,结构紧凑,可靠性强,属于以液压为动力的大扭矩智能化锚索钻机。

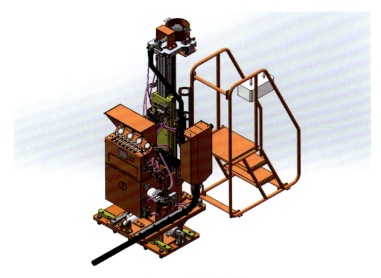

图 4-43   钻机(前部)

主机总成主要由前后滑移底座、左右滑移底座、钻机主体、液压卡盘、收水装置五部分构成(图 4-44),各部件之间通过螺栓连接,结构紧凑。滑移底座位于主机总成的最下方,通过螺栓将主机总成与操纵台连接起来,使之固定,同时通过平移油缸的伸缩实现主机的前后、左右移动。钻机主体位于主机中部,是该钻机的主体工作部分,通过回转式减速器实现主机调角,调整钻孔位置;由辅助顶紧油缸推动钻机上部各装置,顶紧巷道顶板稳固主机;由链条进给油缸两端连接链条、链轮带动回转机构,沿机身导轨往复运动,

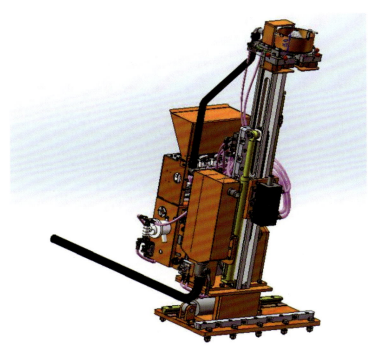

图 4-44   主机总成

实现钻具的进给和起拔，同时有效进给行程 1.34m，可满足 1m 钻杆的安装和钻进过程；液压卡盘、收水装置位于主机最上方，液压卡盘夹紧钻杆，与马达反转相互配合实现拆卸钻杆，收水装置中通过过滤毛刷作用将排水导入排水管中，排入污水处理装置中，沉淀排污。

注意：钻进作业时，必须先展开辅助顶紧油缸，待主机顶紧巷道后方可打钻作业。

操纵台是钻机的控制中心，位于钻机主体后方，操作时远离孔口，保障操作者安全(图 4-45)。操纵台上设置马达回转、链条进给、卡盘夹紧、辅助顶紧、主机平移、左右平移、主机调角 7 个操纵手把；系统压力表、回油压力表、链条进给压力表、辅助顶紧压力表 4 只压力表。

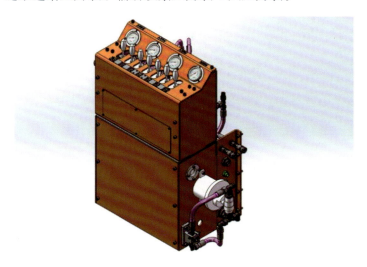

图 4-45　操纵台

操作平台置于主机总成的后部，打钻时操作者站在操作平台上装卸钻杆及其他相关操作，操作平台上配有钻杆放置装置(图 4-46)，便于操作者放置钻杆。

图 4-46　钻杆放置装置

c. ZNZG-200/400 N00 智能化煤帮锚杆钻机结构

ZNZG-200/400 N00 智能化煤帮锚杆钻机主要由主机总成、操纵台和升降平台三大部分构成(图 4-47)，各部件之间通过螺栓和液压管路连接，并配有遥控发送、接收器，可实现遥控、手动控制，结构紧凑，可靠性强，属于以液压为动力的智能化锚杆钻机。

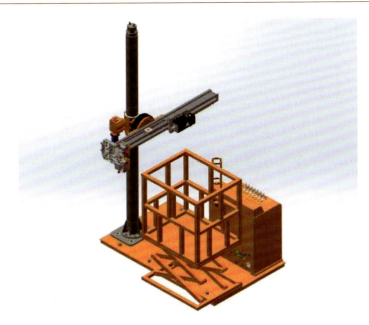

图 4-47　锚杆钻机结构

主机总成主要由立柱、主机、减速器总成、导向套总成等组成。

(1)立柱主要由外立柱、内导管及顶紧油缸组成,整体调节高度(配套支架底板)为 3425～3975mm。

(2)主机主要由回转马达、液压卡盘、滑轨、链条油缸组成(图 4-48),链条油缸采用链条行程倍增机构,极大缩短了导轨的长度,液压卡盘可以实现自动卸钻杆的工作,减轻工人的劳动强度。

(3)减速器总成控制主机的升降,以保证在不同高度范围内打孔。

(4)导向套总成可以调节主机在±45°范围内打孔角度。

各部件之间通过螺栓连接,结构紧凑。立柱的最下方通过螺栓将主机总成与底板连接起来,使之固定,同时通过顶紧油缸的伸缩实现整体打钻时顶天立地。

图 4-48　锚杆钻机主机

注意：钻进作业时，必须先展开顶紧油缸，待立柱顶紧巷道后方可打钻作业。

操纵台是钻机的控制中心，连接在底板上，操作时远离孔口，保障操作者安全(图 4-49)。操纵台上设置马达回转、链条进给、辅助顶紧、卡盘夹紧、主机调角、主机升降、平台升降 7 个操作手柄；系统压力表、回油压力表、链条进给压力表、顶紧压力表 4 只压力表。

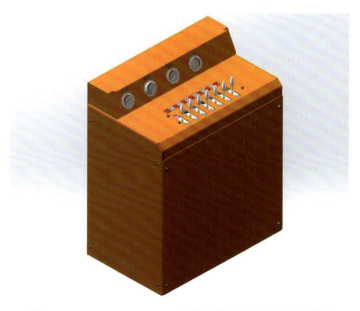

图 4-49　ZNZG-200/400 N00 智能化煤帮锚杆钻机的操纵台

升降平台是由液压系统控制的自动升降平台，置于主机总成的后部，打钻时操作者站在升降平台上装卸钻杆及其他相关操作，升降平台上配有钻杆放置装置，便于操作者放置钻杆(图 4-50)。

图 4-50　液压系统控制自动升降平台

2. 主要技术特征

ZNZS-200/400A N00 大扭矩智能化锚索钻机(后部)主要性能参数见表 4-9。

表 4-9　ZNZS-200/400A N00 大扭矩智能化锚索钻机(后部)主要性能参数

基本性能参数	单位	参数
机身外形尺寸(长×宽×高)	mm	3050×1500×3350
机重	kg	2500
额定转速	r/min	400
额定转矩	N·m	200
工作压力	MPa	16
主机平移行程	mm	300
主机摆角	(°)	±10
推进行程	mm	2300
推进力	kN	14.7
顶紧行程	mm	970
顶紧力	kN	10
适用冲洗水压力	MPa	1～14.5
钻孔直径	mm	36
钻孔深度	m	10
适用钻杆	mm	B22

ZNZS-200/400B N00 大扭矩智能化锚索钻机(前部)主要性能参数见表 4-10。

表 4-10　ZNZS-200/400B N00 大扭矩智能化锚索钻机(前部)主要性能参数

基本性能参数	单位	参数
主机外形尺寸(长×宽×高)	mm	1032×950×2642
机重	kg	1600
额定转速	r/min	400
额定转矩	N·m	200
工作压力	MPa	16
主机前后平移行程	mm	450
主机左右平移行程	mm	200
主机摆角	(°)	±10
推进行程	mm	1340
推进力	kN	14.7
顶紧行程	mm	970
顶紧力	kN	10
适用冲洗水压力	MPa	1～14.5
钻孔直径	mm	36
钻孔深度	m	10
适用钻杆	mm	B22

ZNZS-200/400C N00 大扭矩智能化锚索钻机(前部)主要性能参数见表 4-11。

表 4-11　ZNZS-200/400C N00 大扭矩智能化锚索钻机(前部)主要性能参数

基本性能参数	单位	参数
主机外形尺寸(长×宽×高)	mm	1091×784.5×2704
机重	kg	1517
额定转速	r/min	400
额定转矩	N·m	200
工作压力	MPa	16
主机平移行程	mm	450
主机摆角	(°)	±10
推进行程	mm	2300
推进力	kN	14.7
顶紧行程	mm	970
顶紧力	kN	10
适用冲洗水压力	MPa	1~14.5
钻孔直径	mm	36
钻孔深度	m	10
适用钻杆	mm	B22

ZNZG-200/400C N00 大扭矩智能化煤帮锚杆钻机主要性能参数见表 4-12。

表 4-12　ZNZG-200/400C N00 大扭矩智能化煤帮锚杆钻机主要性能参数

基本性能参数	单位	参数
主机外形尺寸(长×宽×高)	mm	3425×2050×1905
机重	kg	1515
额定转速	r/min	400
额定转矩	N·m	200
工作压力	MPa	16
主机摆角	(°)	±10
推进行程	mm	1200
推进力	kN	14.7
顶紧行程	mm	550
顶紧力	kN	10
适用冲洗水压力	MPa	1~14.5
钻孔直径	mm	36
钻孔深度	m	4
适用钻杆	mm	B22

3. 操作和使用方法

1) ZNZS-200/400A N00 大扭矩智能化锚索钻机(后部)操作说明

a.开机准备

(1)检查钻机各部分紧固件是否牢固。

(2)给需要润滑的部分加注润滑油或润滑脂。

(3)检查各操作手柄均置于中位,调压阀、节流阀调至压力最小位置。

b.启动和试运转

(1)接通电源后,按下遥控器的电源开关,开启电源。

(2)马达正转、反转双向试验,运转应平稳,无杂音,最低转速时系统压力表读数应≤4MPa。

(3)反复试验回转马达、顶紧油缸、平移油缸的前进、后退,以排除油缸中的空气,直至运转平稳为止,此时系统压力不应超过 2.5MPa。

(4)试验主机调角,开关要灵活,动作要可靠。

(5)试验液压卡盘、锚索输送器,开闭要灵活,动作要可靠。

(6)以上各项试运转过程中,各部分应无漏油现象,如发现应及时排除。

c.稳固机身与机身调角

(1)将钻机与底板固定好,检查紧固件是否紧固。

(2)反复调节主机平移与主机调角操纵手柄调整钻孔中心位置,必要时手拖拽胶管,防止胶管挤伤。

(3)将辅助顶紧操纵手柄扳到进给位,伸开顶紧油缸,顶紧顶板,待机身稳固后,将辅助顶紧操纵手柄扳至中位,调节过程中必要时手拖拽胶管,防止胶管挤伤。

d.开孔钻进

(1)从导向块上方插入第一根钻杆(长 1m,带钻头),将链条进给手柄扳至进给位,调整马达与钻杆的相对位置,待位置合适后,将链条进给手柄扳至中位,将钻杆装入主轴中,安装牢固,将马达回转操纵手柄扳至正转位,开启马达回转。

(2)将导轨进给操纵手柄扳至进给位,开始打钻,待进给油缸全部伸开后,将导轨进给操纵手柄扳至中位,链条进给操纵手柄扳至进给位,继续打钻。

(3)打完第一根钻杆后,将马达回转操纵手柄、链条进给操纵手柄扳至中位,卡盘夹紧操纵手柄扳至夹紧位,夹紧钻杆,然后将盘夹紧操纵手柄扳至中位。

(4)将链条进给操纵手柄扳至起拔位,待链条进给油缸全部收回后,将链条进给操纵手柄扳至中位,导轨进给操纵手柄扳至起拔位,待导轨进给油缸全部收回后,将导轨进给操纵手柄扳至中位,此时马达退回至最低处。

注意:进行钻孔作业时,必须按照先导轨进给、后链条进给的顺序进行,并且导轨进给完成后,必须先将导轨进给操纵手柄扳至中位后,才可进行链条进给。

e.加杆

(1)从导向块下方插入下一根钻杆,装入主轴中,安装牢固,将导轨进给操纵手柄扳至进给位,将钻杆调整至合适位置后再将导轨进给操纵手柄扳至中位,将该钻杆与上一根钻杆连接好后,将马达回转操纵手柄扳至正转位,开启马达回转。

(2)重复 d 步骤继续打钻,直至钻孔完成。

(3)需打扩孔时,将导向块拔起,旋转 180° 后放下,固定好后再将带扩孔钻头的钻杆装入主轴中,继续按上述步骤打钻。

f.起钻

(1)打钻完成后(打进去最后一根钻杆时),将链条进给操纵手柄扳至中位,几秒钟后,再将链条进给操纵手柄扳至起拔位(此时马达回转处于正转状态)。

（2）待链条进给油缸全部收回后，将链条进给操纵手柄扳至中位，马达回转操纵手柄扳至中位，几秒钟后待马达回转停止后，再将卡盘夹紧操纵手柄扳至夹紧位，待液压卡盘夹紧钻杆后，马达回转操纵手柄扳至反转位，配合扳手卸开钻杆。

（3）卸开钻杆后，将马达回转操纵手柄扳至中位，取下已卸开的钻杆后，将链条进给操纵手柄扳至进给位，将马达调至合适位置，对好钻杆与主轴位置，将链条进给操纵手柄扳至中位，卡盘夹紧操纵手柄扳至张开位，待液压卡盘全部张开后，将卡盘夹紧操纵手柄扳至中位，马达回转操纵手柄扳至正转位，链条进给操纵手柄扳至起拔位，继续撤钻杆，重复步骤（2），直至卸钻杆完成。

（4）卸钻完成后将导轨进给操纵手柄扳至起拔位，待导轨进给油缸全部收回后，将导轨进给操纵手柄扳至中位。

g.输送锚索与张拉

（1）将辅助顶紧操纵手柄扳至起拔位，待辅助顶紧油缸全部收回后，将辅助顶紧操纵手柄扳至中位，此时将药包导向工装安装在收水器上方，安装牢固。

（2）①将辅助顶紧操纵手柄扳至进给位，将药包导向工装装进钻孔中，顶紧后将辅助顶紧操纵手柄扳至中位，然后将锚固剂置于锚索上方沿液压卡盘导向孔穿过锚索输送器，待锚固剂完全伸入 $\Phi36$ 孔后，将辅助顶紧手柄扳至松开位，使顶紧油缸回退至初始位置，此时将药包导向工装从孔中卸下。②将辅助顶紧手柄扳至进给位，使顶板支架顶住顶板，再将辅助顶紧手柄扳至中位，将锚索夹紧手柄扳至夹紧位，将锚索输送手柄扳至送入位，输送锚索至锚索螺母处停止。③将锚索夹紧手柄扳至张开位，再将锚索搅拌工装一端装入回转器的主轴中，调节导轨进给及链条进给手柄使回转器进至锚索尾部，将锚索尾部装入搅拌工装，将马达回转手柄扳至正转位，搅拌锚固剂。④将辅助顶紧手柄扳至松开位，使顶紧油缸回退至初始位置；将横阻器安装到先前扩好的 $\Phi95$ 孔内，再使用千斤顶将锚索向外张拉至 63MPa，并拧紧螺母。

2）ZNZS-200/400B N00 大扭矩智能化锚索钻机（前部）操作说明

a.开机准备

（1）检查钻机各部分紧固件是否牢固。

（2）给需要润滑的部分加注润滑油或润滑脂。

（3）检查各操作手柄均置于中位，调压阀、节流阀调至压力最小位置。

b.启动和试运转

（1）接通电源后，按下遥控器的电源开关，开启电源。

（2）马达正转、反转双向试验，运转应平稳，无杂音，最低转速时系统压力表读数应≤4MPa。

（3）反复试验回转马达、顶紧油缸、平移油缸的前进、后退，以排除油缸中的空气，直至运转平稳为止，此时系统压力不应超过 2.5MPa。

（4）试验主机调角，开关要灵活，动作要可靠。

（5）试验液压卡盘，开闭要灵活，动作要可靠。

（6）以上各项试运转过程中，各部分应无漏油现象，如发现应及时排除。

c.稳固机身与机身调角

（1）将钻机与底板固定好，检查紧固件是否紧固。

（2）反复调节主机平移、左右平移与主机调角操纵手柄调整钻孔中心位置，必要时手拖拽胶管，防止胶管挤伤。

（3）将辅助顶紧操纵手柄扳到进给位，伸开顶紧油缸，顶紧顶板，待机身稳固后，将辅助顶紧操纵手柄扳至中位，调节过程中，必要时手拖拽胶管，防止胶管挤伤。

d.导向装置的使用

打开导向装置定位销，调节侧面导向块，装入钻杆后，将导向块夹紧闭合，再用定位销卡住导向块，实现钻杆的导向。

e.开孔钻进

(1)通过导向装置装入第一根钻杆，将链条进给手柄扳至进给位，调整马达与钻杆的相对位置，待位置合适后，将链条进给手柄扳至中位，将钻杆装入主轴中，安装牢固。

(2)将马达回转操纵手柄扳至正转位，开启马达回转。将链条进给操纵手柄扳至进给位，并打开电磁水阀通水，开始打钻。打钻过程中，从开的孔中流下的水及煤泥将会顺着钻杆沿毛刷流入收水装置的上端部分，随后水及煤泥会透过网板流入收水装置的下端部分，并由下端的排水管汇入总的污水管道系统，从而实现收水功能。此外，下端部分采用 S 型排水方式，有效防止煤泥沉积。

(3)打完第一根钻杆后，关闭电磁水阀，将马达回转操纵手柄、链条进给操纵手柄扳至中位，卡盘夹紧操纵手柄扳至夹紧位，夹紧钻杆，然后将卡盘夹紧操纵手柄扳至中位。

(4)将链条进给操纵手柄扳至起拔位，待链条进给油缸全部收回后，将链条进给操纵手柄扳至中位，此时马达退回至最低处。

f.加杆

(1)通过导向装置装入下一根钻杆，装入主轴中，安装牢固，将链条进给操纵手柄扳至进给位，将钻杆调整至合适位置后再将链条进给操纵手柄扳至中位，将该钻杆与上一根钻杆连接好。

(2)重复 e 步骤继续打钻，直至钻孔完成。

(3)需打扩孔时，将前面定位销抽出，调节侧面定位块，调好位置后固定好后再将带扩孔钻头的钻杆装入主轴中，继续按上述步骤打钻。

g.起钻

(1)打钻完成后(打进去最后一根钻杆时)，将链条进给操纵手柄扳至中位，几秒钟后，再将链条进给操纵手柄扳至起拔位(此时马达回转处于正转状态)。

(2)待链条进给油缸全部收回后，将链条进给操纵手柄扳至中位，马达回转操纵手柄扳至中位，几秒钟后待马达回转停止后，再将卡盘夹紧操纵手柄扳至夹紧位，待液压卡盘夹紧钻杆后，马达回转操纵手柄扳至反转位，配合扳手卸开钻杆。

(3)卸开钻杆后，将马达回转操纵手柄扳至中位，取下已卸开的钻杆后，将链条进给操纵手柄扳至进给位，将马达调至合适位置，对好钻杆与主轴位置，将链条进给操纵手柄扳至中位，卡盘夹紧操纵手柄扳至张开位，待液压卡盘全部张开后，将卡盘夹紧操纵手柄扳至中位，马达回转操纵手柄扳至正转位，链条进给操纵手柄扳至起拔位，继续撤钻杆，重复步骤(2)，直至卸钻杆完成。

h.输送锚索与张拉

(1)将辅助顶紧操纵手柄扳至起拔位，待辅助顶紧油缸全部收回后，将辅助顶紧操纵手柄扳至中位，此时将药包导向工装安装在收水器上方，安装牢固。

(2)①将辅助顶紧操纵手柄扳至进给位，将药包导向工装装进钻孔中，顶紧后将辅助顶紧操纵手柄扳至中位，然后将锚固剂置于锚索上方沿液压卡盘导向孔穿过锚索输送器，待锚固剂完全伸入$\Phi 36$孔后，将辅助顶紧手柄扳至松开位，使顶紧油缸回退至初始位置，此时将药包导向工装从孔中卸下。②将辅助顶紧手柄扳至进给位，使顶板支架顶住顶板，再将辅助顶紧手柄扳至中位，将锚索夹紧手柄扳至夹紧位，将锚索输送手柄扳至送入位，输送锚索至锚索螺母处停止。③将锚索夹紧手柄扳至张开位，再将锚索搅拌工装一端装入回转器的主轴中，调节导轨进给及链条进给手柄使回转器进至锚索尾部，将锚索尾部装入搅拌工装，将马达回转手柄扳至正转位，搅拌锚固剂。④将辅助顶紧手柄扳至松开位，使顶紧油缸回退至初始位置；将横阻器安装到先前扩好的$\Phi 95mm$孔内，再使用千斤顶将锚索向外张拉至 63MPa，并拧紧螺母。

3)ZNZS-200/400C N00 大扭矩智能化锚索钻机(前部)操作说明

a.开机准备

(1)检查钻机各部分紧固件是否牢固。

(2)给需要润滑的部分加注润滑油或润滑脂。

(3)检查各操作手柄均置于中位，调压阀、节流阀调至压力最小位置。

b.启动和试运转

(1)接通电源后，按下遥控器电源开关，开启电源。

(2)马达正转、反转双向试验，运转应平稳，无杂音，最低转速时系统压力表读数应≤4MPa。

(3)反复试验回转马达、顶紧油缸、平移油缸的前进、后退，以排除油缸中的空气，直至运转平稳为止，此时系统压力不应超过 2.5MPa。

(4)试验主机调角，开关要灵活，动作要可靠。

(5)试验液压卡盘、锚索输送器，开闭要灵活，动作要可靠。

(6)以上各项试运转过程中，各部分应无漏油现象，如发现应及时排除。

c.稳固机身与机身调角

(1)将钻机与底板固定好，检查紧固件是否紧固。

(2)反复调节主机平移与主机调角操纵手柄调整钻孔中心位置，必要时手拖拽胶管，防止胶管挤伤。

(3)将辅助顶紧操纵手柄扳到进给位，伸开顶紧油缸，顶紧顶板，待机身稳固后，将辅助顶紧操纵手柄扳至中位，调节过程中，必要时手拖拽胶管，防止胶管挤伤。

d.开孔钻进

(1)从导向块上方插入第一根钻杆(长 1m，带钻头)，将链条进给手柄扳至进给位，调整马达与钻杆的相对位置，待位置合适后，将链条进给手柄扳至中位，将钻杆装入主轴中，安装牢固。

(2)将马达回转操纵手柄扳至正转位，开启马达回转。导轨进给操纵手柄扳至进给位，并打开电磁水阀通水，开始打钻。待进给油缸全部伸开后，将导轨进给操纵手柄扳至中位，链条进给操纵手柄扳至进给位，继续打钻，打钻过程中，从开的孔中流下的水及煤泥将会顺着钻杆沿毛刷流入收水装置的上端部分，随后水及煤泥会透过网板流入收水装置的下端部分，并由下端的排水管汇入总的污水管道系统，从而实现收水功能。此外，下端部分采用 S 型排水方式，有效防止煤泥沉积。

(3)打完第一根钻杆后，关闭电磁水阀，将马达回转操纵手柄、链条进给操纵手柄扳至中位，卡盘夹紧操纵手柄扳至夹紧位，夹紧钻杆，然后将卡盘夹紧操纵手柄扳至中位。

(4)将链条进给操纵手柄扳至起拔位，待链条进给油缸全部收回后，将链条进给操纵手柄扳至中位，导轨进给操纵手柄扳至起拔位，待导轨进给油缸全部收回后，将导轨进给操纵手柄扳至中位，此时马达退回至最低处。

注意：进行钻孔作业时，必须按照先导轨进给后链条进给的顺序进行，并且导轨进给完成后，必须先将导轨进给操纵手柄扳至中位后，才可进行链条进给。

e.加杆

(1)从导向块下方插入下一根钻杆，装入主轴中，安装牢固，将导轨进给操纵手柄扳至进给位，将钻杆调整至合适位置后再将导轨进给操纵手柄扳至中位，将该钻杆与上一根钻杆连接好。

(2)重复 d 步骤继续打钻，直至钻孔完成。

(3)需打扩孔时，将导向块拔起，旋转 180°后放下，固定好后再将带扩孔钻头的钻杆装入主轴中，继续按上述步骤打钻。

f.起钻

(1)打钻完成后(打进去最后一根钻杆时)，将链条进给操纵手柄扳至中位，几秒钟后，再将链条进给操纵手柄扳至起拔位(此时马达回转处于正转状态)。

(2)待链条进给油缸全部收回后，将链条进给操纵手柄扳至中位，马达回转操纵手柄扳至中位，几秒钟后待马达回转停止后，再将卡盘夹紧操纵手柄扳至夹紧位，待液压卡盘夹紧钻杆后，马达回转操纵手柄扳至反转位，配合扳手卸开钻杆。

(3)卸开钻杆后，将马达回转操纵手柄扳至中位，取下已卸开的钻杆后，将链条进给操纵手柄扳至进给位，将马达调至合适位置，对好钻杆与主轴的位置，将链条进给操纵手柄扳至中位，卡盘夹紧操纵手柄扳至张开位，待液压卡盘全部张开后，将卡盘夹紧操纵手柄扳至中位，马达回转操纵手柄扳至正转位，链条进给操纵手柄扳至起拔位，继续撤钻杆，重复步骤(2)，直至卸钻杆完成。

(4)卸钻完成后(马达回转处于中位，链条进给油缸处于中位)，将导轨进给操纵手柄扳至起拔位，待导轨进给油缸全部收回后，将导轨进给操纵手柄扳至中位。

g.输送锚索与张拉

(1)将辅助顶紧操纵手柄扳至起拔位，待辅助顶紧油缸全部收回后，将辅助顶紧操纵手柄扳至中位，此时将药包导向工装安装在收水器上方，安装牢固。

(2)①将辅助顶紧操纵手柄扳至进给位，将药包导向工装装进钻孔中，顶紧后将辅助顶紧操纵手柄扳至中位，然后将锚固剂置于锚索上方沿液压卡盘导向孔穿过锚索输送器，待锚固剂完全伸入Φ36孔后，将辅助顶紧手柄扳至松开位，使顶紧油缸回退至初始位置，此时将药包导向工装从孔中卸下。②将辅助顶紧手柄扳至进给位，使顶板支架顶住顶板，再将辅助顶紧手柄扳至中位，将锚索夹紧手柄扳至夹紧位，将锚索输送手柄扳至送入位，输送锚索至锚索螺母处停止。③将锚索夹紧手柄扳至张开位，再将锚索搅拌工装一端装入回转器的主轴中，调节导轨进给及链条进给手柄使回转器进至锚索尾部，将锚索尾部装入搅拌工装，将马达回转手柄扳至正转位，搅拌锚固剂。④将辅助顶紧手柄扳至松开位，使顶紧油缸回退至初始位置；将横阻器安装到先前扩好的Φ95mm孔内，再使用千斤顶将锚索向外张拉至63MPa，并拧紧螺母。

4)ZNZG-200/400 N00 智能化煤帮锚杆钻机操作说明

a.开机准备

(1)检查钻机各部分紧固件是否牢固。

(2)给需要润滑的部分加注润滑油或润滑脂。

(3)检查各操作手柄均置于中位。

b.启动和试运转

(1)接通电源后，按下遥控器电源开关，开启电源。

(2)马达正转、反转双向试验，运转应平稳，无杂音，最低转速时系统压力表读数应≤4MPa。

(3)反复试验回转马达、顶紧油缸以排除油缸中的空气，直至运转平稳为止，此时系统压力不应超过2.5MPa。

(4)试验主机调角，开关要灵活，动作要可靠。

(5)试验液压卡盘，开闭要灵活，动作要可靠。

(6)以上各项试运转过程中，各部分应无漏油现象，如发现应及时排除。

c.稳固机身与机身调角

(1)将钻机与底板固定好，检查紧固件是否紧固。

(2)反复调节主机升降与主机调角操纵手柄调整钻孔中心位置，必要时手拖拽胶管，防止胶管挤伤。

(3)将辅助顶紧操纵手柄扳到进给位，伸开顶紧油缸，顶紧顶板，待机身稳固后，将辅助顶紧操纵手柄扳至中位，调节过程中，必要时手拖拽胶管，防止胶管挤伤。

d.开孔钻进

(1)将导向装置打，开使导向装置张开，将第一根钻杆(带钻头)装入回转马达的主轴，并安装牢固，将链条进给手柄扳至进给位，使钻杆前进至钻头穿过导向装置，调整导向装置手柄，闭合导向装置。

(2)将马达回转操纵手柄扳至正转位，开启马达回转，将链条进给操纵手柄扳至进给位，并打开电磁水阀通水，开始打钻。

(3)打完第一根钻杆后，关闭电磁水阀，将马达回转操纵手柄、链条进给操纵手柄扳至中位，卡盘夹紧操纵手柄扳至夹紧位，夹紧钻杆，然后将卡盘夹紧操纵手柄扳至中位。

(4)将链条进给操纵手柄扳至起拔位，待链条进给油缸全部收回后，将链条进给操纵手柄扳至中位，此时马达退回至最低处。

e.加杆

(1)从导向装置后方插入下一根钻杆，装入主轴中，安装牢固。将链条进给操纵手柄扳至进给位，将钻杆调整至合适位置后再将链条进给操纵手柄扳至中位，将该钻杆与上一根钻杆连接好。

(2)重复 d 步骤继续打钻，直至钻孔完成，之后关闭电磁水阀。

f.起钻

(1)打钻完成后(打进去最后一根钻杆时)，将链条进给操纵手柄扳至中位，几秒钟后，再将链条进给操纵手柄扳至起拔位(此时马达回转处于正转状态)。

(2)待链条进给油缸全部收回后，将链条进给操纵手柄扳至中位，马达回转操纵手柄扳至中位，几秒钟后待马达回转停止后，再将卡盘夹紧操纵手柄扳至夹紧位，待液压卡盘夹紧钻杆后，马达回转操纵手柄扳至反转位，配合扳手卸开钻杆。

(3)卸开钻杆后，将马达回转操纵手柄扳至中位，取下已卸开的钻杆后，将链条进给操纵手柄扳至进给位，将马达调至合适位置，对好钻杆与主轴的位置，将链条进给操纵手柄扳至中位，卡盘夹紧操纵手柄扳至张开位，待液压卡盘全部张开后，将卡盘夹紧操纵手柄扳至中位，马达回转操纵手柄扳至正转位，链条进给操纵手柄扳至起拔位，继续撤钻杆，重复步骤(2)，直至卸钻杆完成(注：卸最后一根带钻头钻杆时要将导向装置张开)。

(4)卸钻完成后(马达回转处于中位)，将链条进给手柄扳至起拔位，待链条油缸全部收回后，将链条油缸进给操纵手柄扳至中位。

g.输送锚杆与张紧

(1)先将锚固剂塞入打好的孔内，再将锚杆顶住锚固剂装入打好的孔内。

(2)根据锚杆使用的不同规格型号的螺母，选取相应的螺母扳手。

(3)将链条进给手柄扳至起拔位，使链条油缸回退至合适位置，将导向装置打开，将一根钻杆装入回转马达的主轴内，安装牢固，然后将螺母扳手装在钻杆的另一端，安装牢固，将链条进给手柄扳至进给位，使螺母扳手套在锚杆螺母上，将马达回转操纵手柄扳至正转位，搅拌锚固剂，上紧螺母。

4.3　110 工法挡矸结构和护帮锚杆

挡矸支护是保证 110 工法成功的关键。采高不同或矸石垮落规律不同，挡矸难易程度也会有所差别。一般而言，采高越大、碎石矸块度越大，挡矸越困难。当采高较大时，矸石从高势能位置向低势能位置运动，会伴随能量释放和冲击能的增加。顶板岩体垮落时，首先是矸石势能转化为冲击动能，巷旁的矸石与挡矸设备发生碰撞时，矸石动能一部分会再次转化为横向变形能，因此挡矸结构的设计和选择至关重要。

4.3.1　U 型钢挡矸结构

U 型钢是一种有效的挡矸材料，两节 U 型钢通过卡揽连接后，其抗弯性能良好，且具有一定的伸缩性，能适应巷道顶板下沉变形。该挡矸结构由两节普通 U 型钢构件组成，通过卡揽紧固在一起，具有极强的抗横向变形能力。此外，纵向方向 U 型钢Ⅰ和 U 型钢Ⅱ可实现相对滑移，结构如图 4-51 所示。

现场支护过程发现，扭矩力大小对 U 型钢支护效果有重要影响。若扭矩力过小，U 型钢挡矸效果差，容易出现帮鼓及巷帮大变形现象，起不到应有的挡矸效果；若扭矩力过大，U 型钢让压功能受到限制，容易出现弯曲现象，因此有必要探究扭矩力、滑移量及压力的作用关系。

图 4-52 为不同扭矩力条件下，两端加载力与钢体滑移量之间的关系曲线。

可以发现，不同扭矩力条件下，加载力峰值差别较大，整体趋势是随着扭矩力增大，最大加载力增大。此外，可将 U 型钢压力加载曲线大致分为 5 个阶段：压力缓慢增加阶段、压力不变阶段、压力快速增加阶段、似恒阻阶段和压力卸载阶段。以扭矩力为 500kN 为例，起始加载阶段相对滑移量在 0～1mm 时，加载力缓慢增加，增加至 20kN，进入第二阶段，保持 20kN 几乎不变；而后加载力与滑移量近乎直线快速

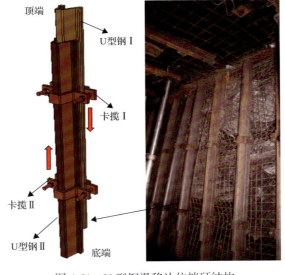

图 4-51　U 型钢滑移让位挡矸结构

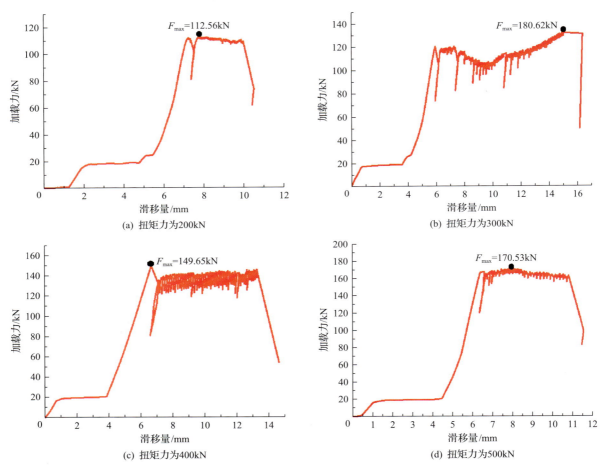

图 4-52　不同扭矩力条件下 U 型钢的加载力与钢体滑移量曲线

增加，增加至 170kN 左右进入第四阶段，U 型钢的上下段相对滑移（滑移量增加）但加载力波动范围小，进入似恒阻状态，随着滑移量继续增加，加载力出现骤降现象。

可见，U 型钢在顶板压力作用下，不仅有挡矸作用，而且能够起到一定的让压作用，因此 U 型钢不易弯曲。

4.3.2　多托盘锚杆

采用 110 工法的巷道，其帮部为跨落的矸石，由于矸石间有空隙，普通锚杆打入后锚固效果很差。110 工法护帮锚杆是新型锚杆，主要用于控制巷道沿空侧巷帮。不同地质条件下采空区顶板垮落及时程度、碎石帮横向力大小及动压现场程度不同，因此针对矿区不同特性，发明多种护帮锚杆。

护帮锚杆的原理为挡土墙理论，墙体锚固有利于减少横向位移和提高墙体抗变形能力。可将碎石帮近似看作挡土墙，运用多阻护帮锚杆将靠近巷道垮落的矸石锚固成一个整体，提高整体承载和抗变形能力。

1. 结构原理

多托盘锚杆是在托盘尾部区域加入多个托盘(包括三角托盘及小托盘等)，其主体主要由螺纹钢杆体、三角托盘、方形托盘、螺母等组成。锚固过程中托盘提供拉拔力，能起到良好的控帮效果，其结构原理如图 4-53 所示。目前主要有 2114 型和 2113 型两种控帮锚杆，如图 4-54 所示。

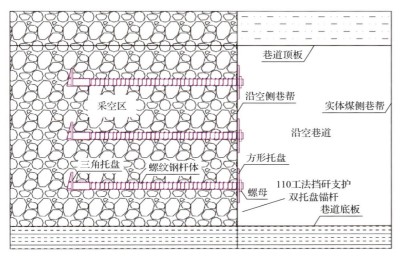
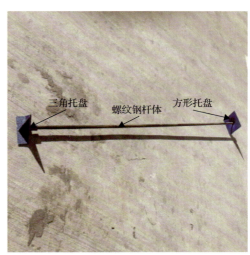

图 4-53　多托盘锚杆及其支护原理示意图

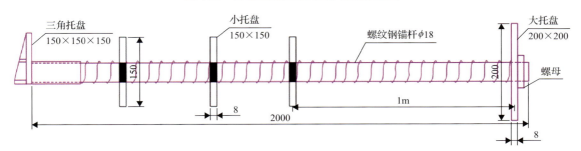

(a) 2114型控帮锚杆

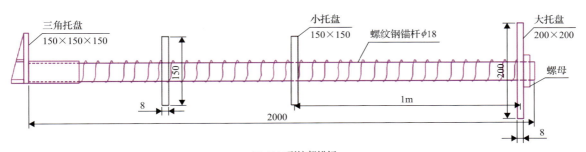

(b) 2113型控帮锚杆

图 4-54　两种多托盘锚杆示意图(mm)

2. 安装方法

多托盘锚杆的安装大致可分为四步。

第一步：放置多托盘锚杆。待工作面拉架后，根据设计间距及支架后沿空侧采空区顶板垮落矸石高度，适时放置多托盘锚杆，锚杆外露满足安装方形托盘和螺母要求即可。

第二步：固定多托盘锚杆。将装满碎矸石的编织袋放入三角盘或杆体上的小托盘附近，防止矸石垮落过程中锚杆被矸石挤出。然后将方形托盘和螺母装入外露端，此时并不预紧。

第三步：依次安装多托盘锚杆。根据设计要求，依次沿沿空侧巷帮由下向上安装多托盘锚杆。

第四步：多托盘锚杆预紧。待沿空侧采空区垮落矸石充填巷帮，并将多托盘锚杆压实后，对锚杆进行预紧，形成稳定巷帮。

3. 护帮效果

首先将多托盘锚杆放入巷道帮部的跨落矸石中，待工作面推进一段距离后，对稳定后的多托盘锚杆进行抗拔力测试。图 4-55 为 2m 多托盘锚杆抗拔力曲线，可以发现，当托盘数量为 4 个时，最大抗拔力达到 8.2t，托盘数量为 5 个时，最大抗拔力可达到 9.8t，可满足巷道帮部支护要求。

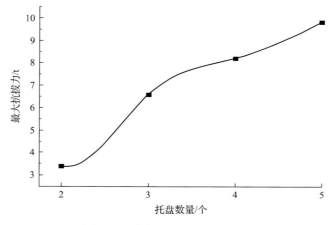

图 4-55　多托盘锚杆抗拔力曲线

图 4-56 为多托盘锚杆成品，图 4-57 为安装效果，图 4-58 为间隔回撤后的效果。可以发现，多托盘锚杆对帮部可起到很好的控制效果，回撤部分工字钢后，靠多托盘锚杆可控制住帮部的矸石，且多托盘锚杆具有价格便宜、安装方便的特点。

图 4-56　多托盘锚杆成品

图 4-57　多托盘锚杆安装效果

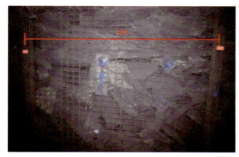

图 4-58　多托盘锚杆间隔回撤后效果

4.3.3　波式多阻护帮锚杆

1. 结构参数

波式多阻护帮锚杆(简称波式锚杆)的主体结构是钢杆体、尖头及若干个凸结,如图 4-59 所示。其中,杆体设计成螺纹状,目的是增大与采空区矸石间的摩擦。为保证锚杆能顺利进入矸石帮且起到护帮作用,

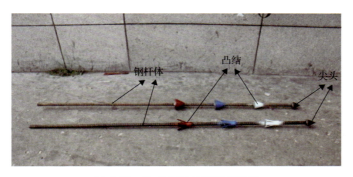

图 4-59　波式多阻护帮锚杆结构

每个波式锚杆杆体焊接几个凸结，凸结为漏斗状，前端尖型。根据凸结形式不同，波式锚杆又可分为叉式和锥式锚杆，两种波式锚杆如图 4-60 所示，安装类型应根据矿区条件选择合适的型号。在采空区矸石没有完全压实时进行施工，随着工作面回采，矸石逐渐压实，锚杆就会起到挡矸护帮作用。

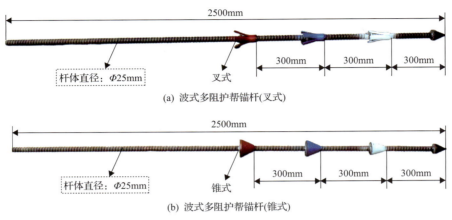

图 4-60　波式多阻护帮锚杆参数型号

2. 安装方法

波式锚杆的安装大致分为四步。

第一步：寻找施工位置。根据现场试验，波式锚杆最佳施工位置为滞后工作面 10～20m。施工时尽量寻找裂隙空间较大的区域，此时矸石没有完全压实，有利于施工。

第二步：施工波式锚杆。为增大冲击力、方便施工，制作了波式锚杆专用甩锤工具，如图 4-61 所示。该施工工具由锤体、滑竿及两端固定装置构成。施工时将端头与锚杆尾部套住，手动前后移动锤体，依靠其瞬时冲击力将波式锚杆打入碎石帮部。

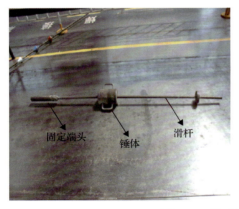

图 4-61　波式锚杆专用施工工具

第三步：波式锚杆预紧。待经过一段时间，沿空侧采空区垮落矸石对波式锚杆压实后，安装托盘和螺母，对锚杆进行预紧，稳定巷帮，施工完成(图 4-62)。

3. 护帮效果

将波式锚杆打入巷道帮部的跨落矸石中，待滞后工作面一段距离后，对稳定后的波式锚杆进行拉拔力测试。以柠条塔煤矿 S1201 工作面为例，图 4-63 为滞后工作面不同距离后锥式波式锚杆拉拔力测试曲线，图 4-64 为护帮效果。

图 4-62　波式锚杆施工过程

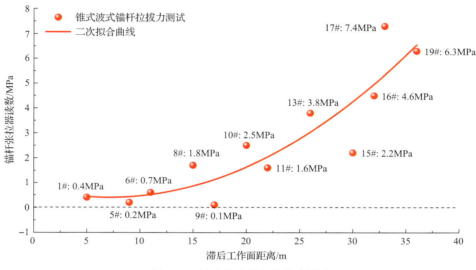

图 4-63　锥式波式锚杆拉拔力测试

图 4-64　波式锚杆施工护帮效果

根据拉拔力数据，距工作面越远拉拔力越大，因此可对距工作面不同位置的泵压进行函数拟合。非线性拟合系数 $R^2 = 0.875$，满足相关性要求，拟合函数为

$$P = 0.0074L^2 - 0.1105L + 0.775 \tag{4-1}$$

式中：P 为油泵压强，MPa；L 为滞后工作面距离，m。

根据矿压监测数据，一般工作面架后 80m 位置后来压开始变缓，因此可作为极限位置，$L_{\max}=80$，代入式(4-1)可得油压最大约为 39.2MPa，即为 13.5t。

4.4　110 工法巷内临时支护装备

4.4.1　单元式切顶护帮支架

预裂切顶后，采空区顶板岩体在来压作用下逐渐垮落充实，垮落和充实过程中对巷道顶板有摩擦下坠作用。在动压承载阶段，巷道顶板一直受到不同程度的动压影响，尤其是巷道切缝侧，必须有足够的临时支护强度才能保证巷道的稳定。

ZQ4000/20.6/45 型切顶护帮支架采用两柱支撑式结构，由顶梁、底座和立柱等部件组成，顶梁和底座均为整体结构，立柱采用双伸缩结构形式。切顶护帮支架布置于切顶卸压成巷正帮侧、钻机支架和端头支架之后，但切顶护帮支架不仅可以应用于切顶卸压成巷正帮，亦可应用于切顶卸压成巷副帮或其他位置。切顶护帮支架主要有切顶和护帮两大功能，切顶力由立柱提供，护帮力由顶梁和底座内部的侧推千斤顶提供。切顶护帮支架采用叉车搬运的方法完成移架。

1. ZQ4000/20.6/45 型切顶护帮支架操作

1）操作方式

ZQ4000/20.6/45 型切顶护帮支架通常有本架操作、邻架操作两种方式。

切顶护帮支架应用于巷道内，功能简单，无须与采煤机、刮板输送机等设备配合，同时可采用叉车搬运的方法完成移架，故该支架采用本架操作。

2）操作要求

（1）支架外形轮廓较小，对巷道顶板、底板的平整度要求较高，应保证支架顶梁或底座 3/4 面积以上有效接顶或接地，使支架处于一个较好的受力状态，避免结构件或立柱损坏。因此在支架初撑力接顶前，应注意观察巷道顶板、底板的平整度是否满足要求，若不满足，需修复顶板或底板，避免支架结构件或立柱损坏。

因顶梁纵向和横向偏摆角度有限，顶梁不宜直接与巷道顶板接触，应在两者支架增加道木，如图 4-65 所示。

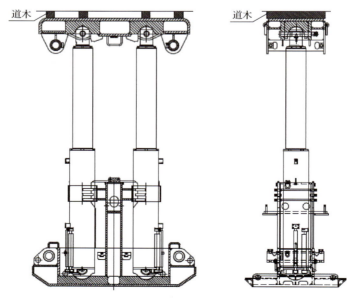

图 4-65　切顶护帮支架结构示意图

（2）支架顶梁纵向偏摆角度最大设计值为 ±15°，横向偏摆角度最大设计值为 ±5°。因此在支架接顶之前，应注意观察巷道顶板走向方向和宽度方向是否满足设计要求，若不满足，需进行调整，修复巷道或者在顶梁一侧加枕木（图 4-66），避免支架顶梁纵向或横向偏摆过大，从而造成支架顶梁与立柱固定销、部件的损坏或支架倾倒。

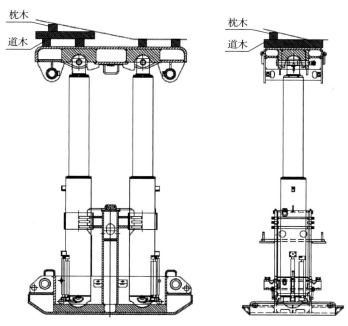

图 4-66　切顶护帮支架增加枕木图

（3）支架通过立柱柱头销轴与立柱柱头销孔的间隙来控制支架横向摆角幅度，所以在使用过程中，立柱柱头销轴受力过大时，易损坏（如弯曲、断裂等），请注意观察销轴的损坏情况，损坏严重的要及时更换，避免伤人。

（4）保持支架升降平稳。升降立柱时，要注意保证两根立柱同步，避免顶梁过度倾斜，倾斜角度不得超过 15°，否则会造成顶梁体或立柱活柱损坏。支架接顶后，顶梁的横向斜角度控制到 5° 以内为宜，过大影响支架的受力状态，支架易倾倒与歪斜。

（5）移架前支架降至最低高度。为避免巷道单元支架对巷道顶板的反复支撑，该支架采用叉车搬运的方法将巷道单元支架最后一架直接移至巷道最前端，在叉车搬运支架前需将支架降至最低高度，降低支架的重心高度，提高支架的稳定性。

（6）避免压死架。压死架是指支架的实际使用高度接近或达到支架的最低高度，导致支架无法脱离顶板，造成移架困难。压死架也是综采工作面的大型事故之一，处理难度较大。引起这种现象的原因有：①底鼓；②顶板下沉量大；③底板浮积煤严重。避免出现压死架的方法主要是及时修理巷道和清理浮煤。并保证支架正常推进，避免长时间原地停留。

（7）防止支架倾倒与歪斜。由于支架宽度较窄，底座较小，在支架运输、调试及使用过程中，应保证巷道底板的平整，防止支架倾倒与歪斜，以免伤人。

2. ZQ4000/20.6/45 型切顶护帮支架液压系统

1）液压系统综述

液压支架的各项动力、动作的来源与实现均由液压系统来完成。

液压支架的液压系统是由操纵阀、截止阀、回液断路阀、过滤器、立柱控制阀、单向锁、安全阀及相关连接管路等组成。

当高压液体到达操纵阀组后，分别由操纵阀组中具有独立控制单元的阀片控制，通过高压胶管及各种不同型号规格的液控元件到达各种执行机构，组成一个完整的液压系统。

2) 液压系统中主要液压部件的功能与原理

a.双伸缩立柱

切顶护帮支架使用 φ250mm 双伸缩立柱两根。

立柱把顶梁和底座连接起来，承受顶板载荷，是支架的主要承载部件，要求立柱有足够的强度，工作可靠，使用寿命长。

立柱有两种结构形式，即双伸缩和单伸缩。双伸缩立柱调高范围大，使用方便，但其结构复杂，加工精度高，成本高，可靠性较差；单伸缩立柱成本低，可靠性高，但调高范围小。单伸缩机械加长段的立柱能起到双伸缩立柱的作用，不仅具有较大的调高范围，而且具有成本低、可靠性高等优点，使用时不如双伸缩立柱方便。

切顶护帮支架立柱为双伸缩立柱，是由大缸、中缸、活柱、导向套及各种密封件组成。

立柱初撑力通常是指立柱大腔在泵站压力下的支撑能力。初撑力的大小直接影响支架的支护性能，合理地选择支架的初撑力，可以减缓顶板的下沉，对顶板管理有利。立柱初撑力为 1545kN。

立柱的工作阻力是指在外载荷作用下，立柱大缸下腔压力增压，当压力超过控制立柱的安全阀调定压力时，安全阀泄液，立柱开始卸载，此时立柱所承受的能力为工作阻力。立柱的工作阻力为 2000kN。

a1.双伸缩立柱上升(升架)

当立柱的操纵阀手柄处于"升"的工位时，高压液体由该片阀经高压胶管、多通块打开液控单向阀控制通向立柱活塞腔的进液口，高压液体进入立柱的活塞腔使立柱上升。与此同时，立柱一级缸活柱腔的液体经液控单向阀、多通块、操纵阀、主回液管路最终流回泵站油箱。当立柱一级缸行程用完后，高压液体打开二级缸活塞底部的底阀进入二级缸活塞腔，使二级缸内的活柱上升，与此同时使二级缸内活柱的上腔液体经液控单向阀、多通块、操纵阀、主回液管路最终流回泵站油箱。

当双伸缩立柱操纵阀手柄处于中间位置时，立柱停止上升，即完成升架工况，该支架达到预计的初撑力。

当双伸缩立柱操纵阀手柄处于中间位置时，该立柱活塞腔与液控单向阀、安全阀的油路两端均处于闭锁状态。当顶板来压时，通过液压支架的顶梁将该压力传递给立柱二级缸内的活柱，又因为二级缸底部的底阀将二级缸内活柱的活塞腔闭锁，使其内部压力升高，同时顶板的压力又通过二级缸内活柱下端面的液体传递给二级缸，从而使一级缸活塞腔压力升高，待其压力达到立柱安全阀调定的额定压力时，也就是支架达到额定工作阻力。(由于立柱一二级缸的额定工作阻力相等，又因一级缸活塞腔面积大于二级缸活塞腔面积，故二级缸活塞的额定工作阻力大于一级缸活塞腔的额定工作阻力)。当顶板压力继续增大时，该立柱一级缸活塞腔压力随之升高，待其压力超过安全阀调定的额定工作阻力后，安全阀开启释放液体，待立柱一级缸活塞腔压力小于安全阀额定工作阻力时，安全阀自动关闭，立柱恢复正常，从而起到保护液压支架各部件的作用。

a2.双伸缩立柱下降(降架)

当立柱的操纵阀手柄处于"降"的工位时，高压液体由该片阀经高压胶管、多通块、液控单向阀最终进入立柱一二级缸的活柱腔，与此同时，另一分支高压液体打开液控单向阀一级缸下腔的回液口。但由于二级缸底阀闭锁，故二级缸活塞腔调的液体不回流，仅是一级缸活塞腔调的液体回流，从而使立柱下降，待一级缸行程为零时，底阀和一级缸缸底刚性接触，以机械的方式将底阀打开，使二级缸活塞腔的液体通过底阀、一级缸活塞腔、液控单向阀、多通块、操纵阀、主回液管最终回流到泵站油箱。

当立柱的操纵阀手柄处于中间位置时，立柱停止下降既完成降架工况。

b.侧推千斤顶

侧推千斤顶位于顶梁及底座的内部，前端通过导向轴与顶调梁或底调梁相连，后端与顶梁或底座相接。其主要作用是控制顶调梁或底调梁的伸出与收回。侧推千斤顶主要由缸体、活塞、活塞杆、导向套及各种密封件组成。

ZQ4000/20.6/45 型切顶护帮支架共有 4 个侧推千斤顶，顶梁两个，底座两个，千斤顶缸体内径为 63mm，活塞杆直径为 45mm，推力为 98kN，拉力为 48kN，行程为 350mm。

支架的顶调梁和底调梁分别由两片操纵阀单独控制其侧推千斤顶伸出和收回。

b1.顶梁或底座侧推千斤顶的伸出(顶调梁、底调梁伸出)

当顶梁或底座侧推千斤顶的操纵阀手柄处于"伸"的工位时，高压液体由主进液管进入该片操纵阀，再经高压胶管、多通块进入侧推千斤顶活塞腔，使顶调梁或底调梁伸出，同时顶梁或底座侧推千斤顶活塞杆腔的液体分别经操纵阀、多通块、主回液管路最终流回泵站油箱。

当顶梁或底座侧推千斤顶的操纵阀手柄处于中间位置时，顶梁或底座侧推千斤顶活塞杆停止伸出。

b2.顶梁或底座侧推千斤顶的收回(顶调梁、底调梁收回)

当顶梁或底座侧推千斤顶的操纵阀手柄处于"收"的工位时，高压液体由主进液管进入该片操纵阀，再经高压胶管、多通块分别进入顶梁或底座侧推千斤顶的活塞杆腔，使顶调梁或底调梁收回，同时顶梁或底座侧推千斤顶活塞腔液体分别经多通块、操纵阀、主回液管最终回流到泵站油箱。

当顶梁或底座侧推千斤顶的操纵阀手柄处于中间位置时，顶梁或底座侧推千斤顶活塞杆停止收回，顶梁或底座侧推千斤顶活塞腔与单向锁之间的液路处于闭锁状态，使顶调梁或底调梁能够承受一定的负载。

4.4.2　迈步式切顶护帮支架

1. 支架概述

110 工法迈步式切顶护帮支架采用左右迈步式，两架一组的结构形式，由顶梁、底座、掩护梁和连杆等部件组成，顶梁和底座均为整体结构，立柱采用单伸缩结构(图 4-67)。

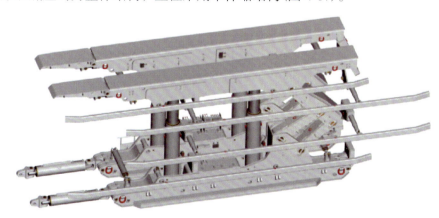

图 4-67　110 工法迈步式切顶护帮支架

切顶护帮支架布置于切顶卸压成巷正帮侧，钻机支架和端头支架之后，但切顶护帮支架不仅可以应用于切顶卸压成巷正帮，亦可应用于切顶卸压成巷副帮或其他位置。切顶护帮支架主要有切顶和护帮两大功能，切顶力由立柱提供，护帮力由顶梁和底座内部的侧推梁提供。

切顶护帮支架采用移架千斤顶，实现左右迈步式自移。

根据各煤矿不同的地质情况，该切顶护帮支架布置的数量可以调整，一般布置 5～7 组，支护长度为 50～70m(图 4-68)。该切顶护帮支架最大的特点是能实现支架自移，是实现综采工作面自动化的有效支护方式。

图 4-68　110 工法迈步式切顶护帮支架布置 5 组的情况

2. 液压支架技术参数

1) 支架总体参数

型式：ZT84000/28/45（1 套）型切顶护帮支架。

左、右两架为一组，前后共布置 5 组为 1 套。

支架高度（最低/最高）：2800mm/4500mm。

初撑力（P=31.5MPa）：10128kN/组，70896kN/套。

工作阻力（P=37.3MPa）：12000kN/组，84000kN/套。

支护强度：0.25MPa。

底板比压（平均）：1.8MPa。

推移步距：865mm。

泵站压力：31.5MPa。

控制方式：手动控制。

质量：353t。

2) 液压缸规格

a.立柱

数量：4 个/组。

型式：单伸缩。

缸径：320mm。

柱径：295mm。

初撑力（P=31.5MPa）：2532kN。

工作阻力（P=37.3MPa）：3000kN。

b.推移千斤顶

数量：2 个/组。

型式：双作用。

缸径：230mm。

杆径：140mm。

推力/拉力（P=31.5MPa）：1303kN/823kN。

行程：960mm。

c.前梁千斤顶

数量：2 个/组。

型式：双作用。

缸径：140mm。

杆径：105mm。

推力/拉力（P=31.5MPa）：485kN/213kN。

d.侧推千斤顶

数量：8 个/组。

型式：内进液。

缸径：63mm。

杆径：45mm。

推力/拉力（P=31.5MPa）：98kN/48kN。

e.调架千斤顶

数量：4 个/组。

型式：双作用。

缸径：125mm。

杆径：90mm。

推力/拉力（P=31.5MPa）：387kN/186kN。

3. 液压支架结构

1）顶梁

顶梁为整体单片顶梁（图 4-69），顶梁上有侧推梁结构，为稳固矸石帮的 U 型钢提供稳固力。整体刚性结构，支架承载能力大。顶梁前端铰接有一个前梁，来适应顶板前端的支护。左右顶梁间有连接千斤顶，来实现左右迈步移动时，避免发生倾倒。

顶梁中部与掩护梁铰接，两端与立柱铰接，内部安装有侧推千斤顶。侧推千斤顶与侧帮长梁连接，顶梁直接与顶板接触，主要起支撑和切顶作用，是支承维护顶板的主要箱形结构件，其将来自顶板的压力直接传递到该支架的立柱。足够的支撑力来实现对巷道顶板的切顶，侧帮梁实现稳固矸石帮的作用。

图 4-69　顶梁

2）掩护梁

掩护梁为整体掩护梁（图 4-70）。掩护梁前端和顶梁铰接，后端与四连杆铰接，并通过四连杆和底座构成液压支架中不可缺少的四连杆机构。该机构使液压支架在上下运动时，使掩护梁与顶梁铰接中心点的运动轨迹形成一个近似直线的双扭线，从而满足液压支架具有一个合理、稳定的运动机构。

图 4-70　掩护梁

3）底座

底座为整体单片底座（图 4-71），底座上有侧推梁结构，为稳固矸石帮的 U 型钢提供稳固力。整体刚性结构，承载能力大。左右底座间有连接千斤顶，来实现左右迈步移动时，避免发生倾倒。

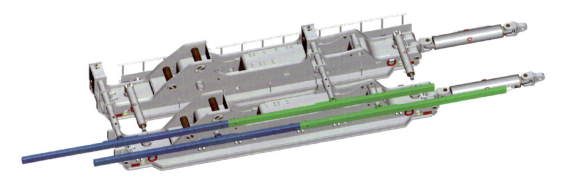

图 4-71　底座

底座上安装有侧推千斤顶，侧推千斤顶与侧帮长梁连接，底座直接与底板接触，主要起承载作用，是承载的主要箱形结构件，其将来自顶板的压力直接传递到巷道底板。足够的支撑力来实现对巷道顶板的切顶，侧帮梁实现稳固矸石帮的作用。

底座前端连接有移架千斤顶，左右各布置一个，与前架的底座连接，实现左右两架的迈步式自移。

4）连杆

前、后连杆是一种简单的箱形结构（图 4-72）。

连杆与底座、掩护梁铰接，是液压支架最核心的四连杆机构。该机构使液压支架上下运动时，支架顶梁前端的运动轨迹形成一条近似于直线的双扭线，从而满足液压支架具有一个合理稳定的运动机构。

连杆在液压支架中承受拉、压及水平力所产生的扭曲力。

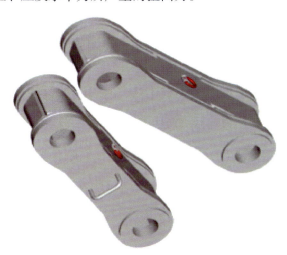

图 4-72　前、后连杆

第 5 章　长壁开采 110 工法设计

5.1　110 工法设计原理

5.1.1　切顶短臂梁设计原理

根据切顶卸压自成巷围岩结构特征建立简单力学模型，如图 5-1 所示。

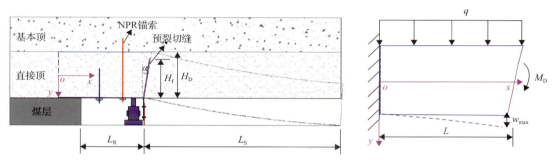

图 5-1　切顶卸压自成巷简单力学模型

忽略巷内支护的影响，当工作面推过之后，顶板岩梁可视为一端固支一端自由的弹性悬臂梁，根据弹性力学理论，顶板挠度为

$$EI \frac{\mathrm{d}^2 w}{\mathrm{d}x^2} = M_{\mathrm{D}} + \frac{q(L-x)^2}{2} \tag{5-1}$$

式中：w 为顶板岩梁挠度；q 为覆岩作用在直接顶上的均布载荷，N/m；M_{D} 为直接顶预裂切缝面处岩体的抗弯弯矩（N·m），当直接顶被预裂切缝完全切断时 $M_{\mathrm{D}}=0$；E 为顶板岩梁弹性模量；I 为顶板岩梁计算横截面惯性矩；L 为巷道顶板岩梁长度，m；x 为顶板岩梁固定端向采空区水平延伸的距离，m。

顶板岩梁固定端即 $x=0$ 处，挠度 w 和转角 w' 均应等于零，则：

$$w'|_{x=0} = 0, \quad w|_{x=0} = 0 \tag{5-2}$$

结合式 (5-1)、式 (5-2)，可得顶板岩梁断裂瞬间挠度为

$$w = \frac{M_{\mathrm{D}} x^2}{2EI} + \frac{q x^4}{24EI}(x^2 - 4Lx + 6L^2) \tag{5-3}$$

当 $x=L$ 时，巷道顶板岩梁最大挠度为

$$w_{\max} = \frac{M_{\mathrm{D}} L^2}{2EI} + \frac{q L^6}{8EI} \tag{5-4}$$

当直接顶完全被预裂切缝切断时，巷道顶板岩梁最大挠度为

$$w_{\max} = \frac{q L^6}{8EI} \tag{5-5}$$

由式 (5-4) 可知，顶板岩梁最大挠度与顶板岩性、断裂面弯矩以及岩梁悬臂长度有关。切顶卸压自成巷切缝前，巷道顶板和采空区顶板是一个整体结构，两者运动状态具有高度协同性；切缝后，顶板结构连接

状态发生改变。采空区顶板岩体在周期来压作用下沿切缝结构面切断滑落，滑落后的矸石成为护巷体。而巷道顶板则在 NPR 锚索高强支护作用下，保持原有状态不变。当顶板岩梁被预裂切缝切断后，顶板挠度方程如式(5-5)。由式(5-5)可知，巷道顶板岩梁悬臂长度越短，对顶板变形控制越有利。

5.1.2 预裂切缝高度设计原理

工作面回采之前，沿巷道采空区侧对顶板进行预裂切缝，一方面可以切断顶板应力传递；另一方面通过合理的设计预裂切缝高度，可以提高巷道围岩的稳定性。如图 5-2(a)所示，当巷道顶板没有进行切缝或切缝高度较小时，顶板岩体垮落不充分，采空区会剩余大量未充填空间，给基本顶的断裂提供条件，当基本顶岩体不足以抵抗其上覆载荷及岩层自身重量时，顶板发生断裂，且矿压现象较为明显；当所设计的切缝高度足以将采空区空间填满时，碎胀矸石对顶板起到一定的支撑作用且能限定基本顶岩梁及上覆岩层的运动。如图 5-2(b)所示，此时碎胀的矸石限制或减少了基本顶岩层的断裂，基本顶的回转角度减小，因此切缝影响范围内来压强度大大减小。

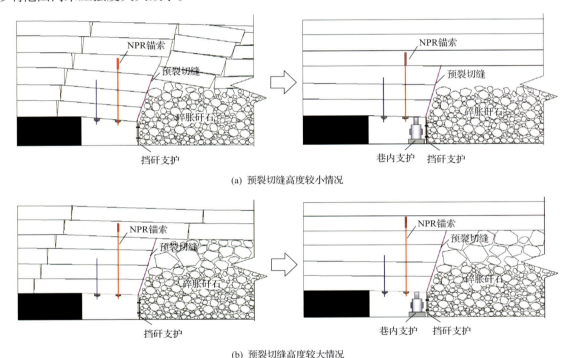

(a) 预裂切缝高度较小情况

(b) 预裂切缝高度较大情况

图 5-2 不同预裂切缝高度的围岩结构示意图

因此，顶板预裂切缝高度需满足切落的顶板岩石垮落碎胀能够充填采空区，以充分利用碎胀矸石自承载特性，达到减少支护强度，增强巷道稳定性的目的。根据岩体碎胀理论，预裂切缝高度(即预裂钻孔深度)可根据式(3-1)确定。

5.1.3 预裂切缝角度设计原理

预裂切缝有明显的角度效应，切缝角度不同直接影响顶板垮落效应与围岩应力分布特征。若预裂切缝角度过小($\alpha < 10°$)，如图 5-3(a)所示，预裂切缝钻孔爆破点与顶板超前支护结构距离较近，容易对支护结构产生较大的冲击扰动载荷，造成支护结构的失效；其次，顶板垮落时需要克服较大的结构面岩体剪切力，顶板悬顶时间长，容易对支护结构产生冲击作用；除此之外，预裂切缝角度偏小时碎胀矸石对巷道顶板产生的斜撑力较小，不利于巷道稳定控制。预裂切缝角度也不宜过大($\alpha > 25°$)，如图 5-3(b)所示，随着切缝角度增大，碎胀矸石对巷道顶板的斜撑力增强，但同时悬臂梁的长度增加，断裂面下采空区的充填效果差，巷道顶板易出现较大的旋转变形，对巷道顶板稳定亦不利。

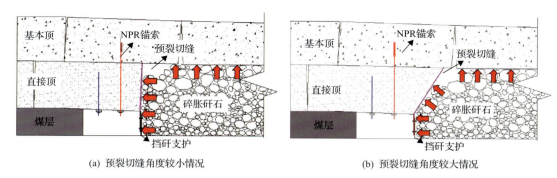

(a) 预裂切缝角度较小情况　　　　　　(b) 预裂切缝角度较大情况

图 5-3　不同预裂切缝角度的围岩结构示意图

因此，合理的切缝角度对巷道稳定至关重要，不仅有利于采空区顶板跨落，而且有助于优化围岩应力。实际实施过程中，应根据顶板岩性综合考虑，合理设计切缝角度，减小支护强度。

5.1.4　支护设计原理

为保证切顶卸压自成巷巷道围岩的稳定，根据切顶卸压自成巷围岩变形特征和支护适应性原理，要求支护结构不仅能够提供一定的支撑力控制顶板下沉，还能适应巷道顶板和碎石帮的流变变形特性，实现支护结构与围岩变形协同一致。

工作面开采后，采空区顶板岩层并不是立即垮落，而是一个渐进过程，在这个过程中，巷道围岩岩体的应力状态和变形不断发生变化，为控制围岩变形避免岩体塑性区扩展太快，应根据巷道围岩变形特征制定动态支护对策。

巷道掘进后，采用 NPR 锚索对巷道顶板进行超前支护，充分发挥 NPR 锚索吸能让压高恒阻力的特性，提高巷道顶板岩体自承载性能，使巷道顶板岩体强度能够抵抗后期顶板预裂切缝爆破产生的冲击力以及采空区顶板垮落对巷道顶板产生的旋转下沉拉力，以减少巷道顶板前期阶段下沉变形量；待工作面推过后，为防止采空区碎胀矸石涌入巷道，超后工作面沿采空侧预裂切缝边缘安装挡矸支护结构和高强铁丝网，同时靠近采空区侧安置临时高阻可缩单元支架和单体支架平衡顶板旋转压力；另外，通过合理设计预裂切缝高度，提高顶板岩体碎胀体积，人为构建巷道围岩稳态体系。综上所述，配套支护结构的力学特性需满足切顶卸压自成巷围岩动态变形要求，实现巷道变形人为可控且设备损毁率低。

5.1.5　双向聚能爆破设计原理

切顶卸压自成巷无煤柱开采技术成功实施的关键技术之一是顶板聚能切缝。通过预先在爆破孔内安装聚能装置，实现定向爆破。聚能装置上布置有定向聚能孔，爆破时从孔内释放能量流。由于聚能装置的压缩性较小，作用过程中爆破能量主要以动能形式释放，避免了爆生气体膨胀引起的能量分散，从而沿设定方向形成能量流，集中作用于设定方向上。聚能爆破时，爆轰会产生高温、高压、高速气体，由于聚能部位为薄弱面，爆生气体沿聚能孔方向驱动裂纹，形成强力"气楔"，在垂直设定方向上产生反射拉应力作用，裂纹不断扩展，最终使顶板岩体沿设定方向拉张开裂。因此，聚能爆破实质是通过聚能装置使爆轰产物在孔壁非设定方向上产生均匀压力，而在设定的两个方向上产生集中拉力，实现岩体定向拉张成缝。

如图 5-4 所示，建立联孔聚能爆破力学模型，欲使顶板岩体"切得开"且"垮得好"，爆破孔之间的爆裂损伤区应有重合。聚能孔围岩损伤范围受到煤岩体性质和能量流强度共同影响，假设能量流速度保持不变，顶板岩体均匀分布，两个爆破孔的孔径均为 r_b，中心距为 d，两个爆破孔的聚能方向夹角为 β（实际实施过程中一般为 180°）。由于预裂爆破采用不耦合系数较小的柱状药包，装药直径小于 0.5m，根据凝聚炸药的 C-J 理论，由动量守恒定理可以导出爆轰波波阵面上的压力为

$$P_h = \rho_0 uD = \frac{\rho_0 D^2}{k+1} \tag{5-6}$$

式中：P_h 为爆轰波初始压力，N；ρ_0 为炸药密度，kg/m³；u 为爆轰产物的运动速度，m/s；D 为炸药爆速，m/s；k 为等熵指数，$k = 1.9 + 0.6\rho_0$，一般取 2。

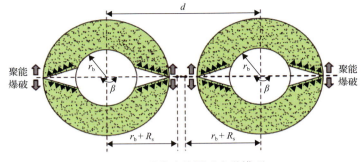

图 5-4　联孔聚能爆破力学模型

考虑到聚能装置的聚能作用，切顶卸压自成巷无煤柱开采技术中爆破孔采用轴向空气间隔不耦合装药结构，炮孔壁上爆轰波峰值压力 P_b 可表示为

$$P_b = P_h \left(\frac{r_e}{r_b} \right)^{2k} \left(\frac{L - L_0 - L_s}{L - L_s} \right)^g \frac{2}{1 + \frac{r_0}{r_s}} \xi \tag{5-7}$$

式中：r_e 为药柱半径，mm；L 为炮孔深度，m；L_0 为炮孔内空气间隔长度，m；L_s 为炮孔堵塞长度，m；ξ 为聚能系数，与爆破孔的设计有关，$\xi \geqslant 1$；g 为装药结构影响指数，该值通过实验或经验确定；r_0 为炸药的波阻抗；r_s 为岩体的波阻抗。

根据爆轰波衰减规律，爆破应力损伤范围 R_s 为

$$R_s = r_b \left[\frac{lP_b}{(1 - D_0)\sigma_t + p} \right]^{\frac{1}{\alpha}} \tag{5-8}$$

式中：l 为装药长度；D_0 为岩体初始损伤；σ_t 为顶板岩体的抗拉强度；p 为原岩应力；α 为岩体中爆轰波衰减指数，$\alpha = 2 - \mu/(1 - \mu)$，与顶板岩性和爆破方式有关。

若要达到良好的切缝效果，两孔的损伤裂隙应贯通，其判据条件为两个爆破孔产生的损伤范围之和大于孔距，即：

$$d \leqslant 2r_b \left\{ 1 + \left[\frac{lP_b}{(1 - D_0)\sigma_t + p} \right]^{\frac{1}{\alpha}} \right\} \tag{5-9}$$

110 工法顶板切缝时，几个爆破孔往往同时起爆，在聚能孔间产生叠加应力场，控制预裂爆破面。因此，该技术不仅能按设计位置及方向对顶板进行预裂切缝，而且能使顶板按设定高度切落，实现了既主动切顶又不破坏巷道顶板的目的。

5.2　110 工法主要设计内容

5.2.1　分区设计

1. 分区原则

110 工法自开切眼开始至回撤通道依次分区，根据预留巷道顶板岩性变化需对巷道进行工程分区。分

区原则如下。

（1）按照 110 工法设计规范，确定切缝基准高度及角度。

（2）根据工作面煤层及上覆岩层剖面图，寻找切缝基准线以上 1～2m 范围内岩层弱面（层理面等），如在该范围内存在岩层弱面，则将切缝高度调整至该弱面，若不存在则不需要调整。

（3）按照（2）中的分区原则，对预留巷道进行工程分区。

2. 分区方法

1）危险性分区指标体系

巷道顶板安全是多个因素共同作用的结果。因此，必须找出对巷道顶板安全起关键作用的因素。根据现场情况以及查阅国内外文献资料，目前常用于巷道顶板安全评估的指标因素有 16 个，见表 5-1。

表 5-1　巷道顶板安全评估指标因素

顶板安全评估指标因素	顶板安全评估指标因素
矿井地质构造	顶板断裂发育程度
顶底板岩石的性质	主采煤层与薄煤层的间距
稳定岩层距巷道顶板表面的距离	顶板岩层中砂岩的含量
顶板淋水程度	顶板的分层层数
巷道跨度	顶板变形量
稳定岩层的厚度	离层值
顶板岩石的抗压强度	离层速度
直接顶厚度与采高的比值	顶板变形速度

以禾草沟二号煤矿为例，根据现场调研情况（图 5-5、图 5-6），经讨论，初步选取 4 个指标作为分区指标，即顶板最大下沉量（mm）、破碎率（%）、顶板断裂发育程度、顶板的分层层数。

图 5-5　顶板大变形（距开切眼 930m 位置）　　　图 5-6　顶板大变形（距开切眼 750m 位置）

构建的危险性分区指标体系如图 5-7 所示。

2）危险性分区指标权重计算

基于改进的层次分析（analytic hierarchy process, AHP）法进行权重计算。AHP 法通过将复杂的决策问题划分为多层次递阶结构，形成多层次分析模型，结合因素重要性比较判断，确定决策在总准则和分准则下的重要性量度，从而对原有的决策问题进行优劣排列。

基本思路是：大系统→多层次组成→（同一层次，高一层次）→相对重要性判断→层次单排序→层次总排序→权系数大为优。

在利用 AHP 法确定合理因素后，确定相应各因素权重至关重要，对顶板危险性分区因子而言，权重的大小决定了顶板综合安全程度及其判定，而权重确定首先要根据两两因素重要性比值构建判断矩阵。权重系数如图 5-8 所示。

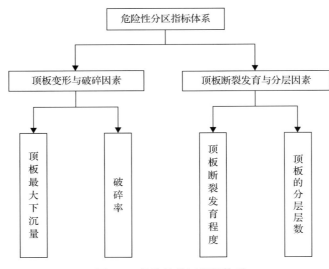

图 5-7　危险性分区指标体系

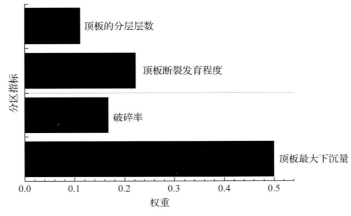

图 5-8　危险性分区指标权重系数

3) 危险性分区指标评估标准

进行巷道顶板危险性分区评价的一个重要问题是合理确定分区指标的标准值，考虑到分区指标本身的可行性、代表性和独立性，综合国内外有关顶板最大下沉量(mm)、破碎率(%)、顶板断裂发育程度、顶板的分层层数的相关文献，初步制定的评估标准见表 5-2。其中，对顶板危险性分区分三级，即危险区、较危险区、相对稳定区；针对顶板危险性分区特点，按照 3 级标准进行归一化，可得危险区、较危险区、相对稳定区归一化后的值分别为 0.17、0.33、0.50。

表 5-2　危险性分区指标评估标准

危险性分区标准	顶板变形与破碎因素		顶板断裂发育与分层因素	
	顶板最大下沉量/mm	破碎率/%	顶板断裂发育程度	顶板的分层层数
危险区(0~0.33)	>17.5	>30	发育	>3
较危险区(0.34~0.66)	10.5~17.5	15~30	较发育	2
相对稳定区(0.67~1)	<10.5	<15	不发育	1

4）危险性分区评估模型及应用

基于综合指数法进行危险性分区评估模型建模，对于初选的顶板断裂发育程度指标必须进行定量化处理，这里将顶板断裂发育程度指标的发育、较发育、不发育归一化为 0.17、0.33、0.50，并区分越大越好型指标与越小越好型指标。

建立的综合指数分区评估模型为

$$y = 0.5k_1 + 0.1667k_2 + 0.2222k_3 + 0.1111k_4 \tag{5-10}$$

式中：k_1、k_2、k_3、k_4 分别为顶板最大下沉量、破碎率、顶板断裂发育程度、顶板的分层层数对应的归一化值；y 为危险性分区综合指数。

为验证危险性分区评估模型的有效性，选取现场调研的距开切眼 1009～1014m 巷段为例，危险性分区指标见表 5-3。

表 5-3　危险性分区指标

指标	数值
顶板最大下沉量/mm	35
破碎率/%	75
顶板断裂发育程度	不发育
顶板的分层层数	2

根据以上案例，将获取的数据代入式(5-9)，可得危险性分区综合指数为 0.2611，可知，该段巷道处于危险区，必须采取相应的防护措施。

定向预裂切缝关键参数设计，见 3.1.3 节。NPR 锚索支护设计，见 3.2.3 节。矿压监测设计，见 3.4.3 节。

5.2.2　临时支护及挡矸设计

距离工作面不同位置需要采用不同的支护方式。工作面超前支护可采用矿区原有的支护方式，这里的临时支护设计主要指架后临时支护设计，根据不同作用方式可分为顶板临时加强支护和挡矸支护。

1. 顶板临时加强支护设计

工作面开采后，顶板开采垮落，从垮落到稳定需要一段时间，架后一定距离处于动压影响区，除了挡矸支护，还需进行顶板临时加强支护。超后影响距离一般为 30～80m，需要进行现场数据监测最终确定。根据支护设备不同，可设计为单体液压支柱或切顶护帮支架进行支护。

1）单体液压支柱

架后临时支护区可全部采用单体液压支柱进行临时支护，具体的布置需要根据巷道宽度等影响因素综合确定。巷道宽度小于 4m 可采用 2～3 列，巷道宽度大于 4m，采用 3～4 列进行支护，单体液压支柱一般放置在中线偏挡矸侧。

2）切顶护帮支架

另一种方案可采用特制切顶护帮支架进行超后支护，支护效果更佳。切顶护帮支架可布置 1～2 列，支护距离可设计为架后 40～80m。

2. 挡矸支护设计

当顶板破碎或复合顶板时，为了防止周期来压时顶板垮落岩石冲入巷道，需要进行挡矸支护。挡矸支护主要有以下两种支护方式。

1) 单体液压支柱+工字钢+复合网

挡矸单体液压支柱距切缝线不大于 100mm，间距为 600～800mm。工字钢采用 11#工字钢，间距为 600～800mm，与单体液压支柱间隔布置；复合网采用金属网和塑料网组成的双层网，复合网与原支护的金属网搭接，金属网采用直径 6mm 的高强焊接钢筋网，网规格为 100mm×100mm。

2) 单体液压支柱+多托锚杆(波状锚杆)+复合网

多托锚杆是一种新型的沿空侧巷帮控制锚杆，主要由螺纹钢杆体、三角托盘、方形托盘、螺母等构成。现场试验表明，多托锚杆拉拔力可达到 10t，可满足巷帮支护要求。

待工作面拉架后，根据设计间距及支架后沿空侧采空区顶板垮落矸石高度，适时放置多托锚杆。帮部每排可放置两根，间距根据采高适当调整，排距 1m。先在网上固定多托锚杆，待锚杆压实后，对锚杆进行预紧，与复合网配合使用可起到良好的护帮效果，一般加上木托盘效果更佳。

3) 单体液压支柱+切顶护帮支架+复合网

切顶护帮支架集成了顶板切割与煤帮防护功能，在采煤机切割顶板过程中同步加固煤帮，防止因应力释放导致的煤壁片帮或顶板垮落，确保采煤作业连续性。联合单体液压支柱、复合网可形成"主动支撑-动态切割防护-柔性加固"三位一体体系，在复杂地质条件下显著降低冒顶、片帮风险，为高效安全开采提供可靠保障。

5.3 典型条件矿井 110 工法设计

5.3.1 复合顶板 110 工法设计

1. 工程概况

作为深部问题最严重的矿井之一，白皎煤矿在进入二水平-450m 主采煤层的深部开拓时，直接面临煤层高瓦斯高突性和自然发火、近距离煤层群开采、地质构造复杂、高地应力(实测值达 25.2MPa)、岩层软弱破碎等复杂不利条件，在进行长壁开采时如果采用留煤柱开采将会不可避免地出现煤柱发火自燃、煤与瓦斯突出频发、邻近煤层开采高应力场、采准巷道维护困难等问题。为此，深部岩土力学与地下工程国家重点实验室和该矿工程技术人员成立了科研攻关小组，针对-450m 水平 2422 工作面机巷的无煤柱开采实践进行了深井切顶卸压自成巷原理及其关键技术应用研究。

该试验巷道位于白皎煤矿 24 采区保护层 2422 工作面首采工作面机巷，煤层倾角 8°～10°，工作面倾向长 165m，走向长 465m，埋深 482m，属石炭系—二叠系宣威组煤炭，采厚 2.1m。自重应力 9MPa，南北方向水平应力 15.3MPa，东西方向水平应力 25.2MPa。机巷长 465m，机巷掘进期的原始巷道为异型断面，巷道中心高度 2.5m，巷道宽度 3.2～4.4m。

该试验巷道煤层直接顶普遍赋存有 1.0～1.2m 的坚硬泥质灰岩，其上是平均厚度为 2m 的砂质泥岩，容易破碎；基本顶为平均厚度 10m 的坚硬粉砂岩，上覆岩层为平均厚度 72m 的飞仙关组页岩。顶板钻孔柱状图如图 5-9 所示。

2. 顶板 NPR 锚索加固设计

白皎煤矿切顶卸压自成巷支护设计分为巷内基本支护、巷内加强支护和动压临时支护三个主要部分，如图 5-10 所示。其中，巷内基本支护为巷道掘进期间进行普通的锚网索梁支护，巷内加强支护为 NPR 锚索加固支护，动压临时支护为采动影响期间采用单体液压支柱支护。巷道 NPR 锚索支护如图 5-11 所示。

3. 顶板定向预裂切缝设计

综合现场工程实际，确定切顶卸压自成巷的顶板预裂切缝设计参数如下。

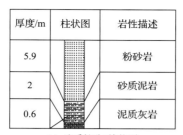 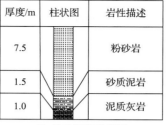

(a) 地质钻孔1柱状图　　　　　　(b) 地质钻孔2柱状图

图 5-9　2422 工作面试验巷道钻孔柱状图

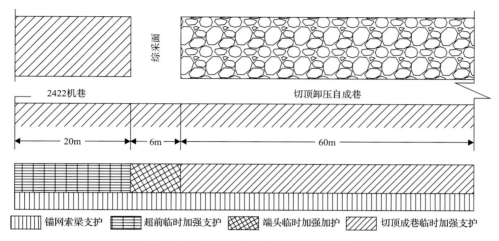

图 5-10　巷道围岩支护布置平面示意图

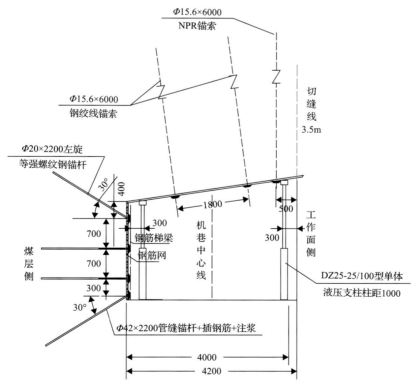

图 5-11　巷道 NPR 锚索支护布置断面图(mm)

(1)钻孔直径 48mm。

(2) 钻孔深度 3500～4000mm, 间距 900mm(图 5-12)。

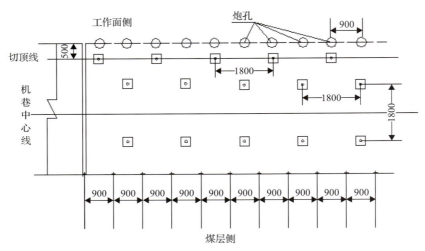

图 5-12　炮孔布置平面图(mm)

(3) 炸药用量 900～1200g/孔(表 5-4)。

表 5-4　2422 上机巷顶板炮孔深度炸药用量

孔深/m	岩性	炸药用量/g
2	1.1m 泥质灰岩+0.9m 砂质泥岩	403.9
3	1.1m 泥质灰岩+1.9m 砂质泥岩	578.9
4	1.1m 泥质灰岩+2.7m 砂质泥岩+0.2m 粉砂岩	768.6
5	1.1m 泥质灰岩+2.7m 砂质泥岩+1.2m 粉砂岩	1017.5

(4) 炸药为 Φ30mm 的 3 号岩石乳化炸药(煤矿三级许用炸药)。

(5) 含水纸板堵塞炮孔, 堵塞长度 800～1200mm。

(6) 连孔爆破间距选择 0.5～1.35m, 每次爆破 5 个连孔, 炮孔布设成一条线, 聚能管切缝方向对准预裂线装药, 采用串联起爆。

4. 应用效果

1) 成巷效果

110 工法试验巷道经历了掘进阶段、回采阶段, 在直接顶和基本顶周期来压后, 机巷采空区侧顶板大部分沿定向预裂切缝以大块体切落成巷, 成巷断面良好, 巷宽均在 2.8～3.0m, 成巷顶板完整未破坏, 切落顶板以块状散体堆落到采空区侧形成成巷的侧帮。切顶垮落呈渐进过程, 首次为工作面推进采空区直接顶坚硬灰岩垮落, 然后垮落向成巷侧发展, 直接顶沿切缝垮落成巷帮, 高度一般在 1.7m 左右。第二次垮落为直接顶上覆泥岩垮落, 不断充填巷帮, 直至接顶, 采后 70m 处仍可听见零星泥岩垮落声音, 然后基本顶发生弯曲缓慢下沉变形, 逐渐压实垮落矸石, 直至基本顶变形停止, 巷道实现稳定, 如图 5-13 所示。

(a) 超前20m巷道

(b) 采后20m巷道

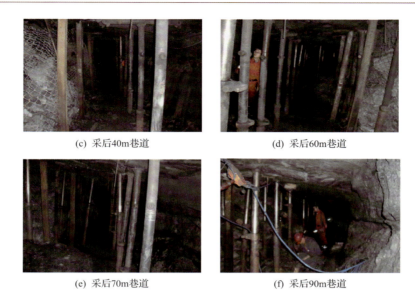

(c) 采后40m巷道　　　　　　　　(d) 采后60m巷道

(e) 采后70m巷道　　　　　　　　(f) 采后90m巷道

图 5-13　白皎煤矿 110 工法成巷效果

2）二次回采期间巷道稳定性

白皎煤矿 2422 工作面机巷自成巷后，作为下一工作面回风巷道使用，在下一工作面回采期间撤除巷旁挡矸支护工字钢，撤除工字钢后巷道不仅能够满足生产需要，而且能够保持稳定。

5.3.2　破碎顶板 110 工法设计

1. 工程概况

嘉阳煤矿采用传统的长壁开采方法，围岩性质差，顶板破碎，在掘进与回采期间巷道变形严重，巷道维护成本高，且留设煤柱影响顶煤回采率和效益。本次 110 工法试验巷道为嘉阳煤矿 31 采区 31182 工作面，该工作面走向长 850m，倾向长 157m，煤层平均厚度 0.92m，平均倾角 2°。直接顶为泥质砂岩，平均厚度 7.1m，深灰色，富含植物化石；基本顶为石英砂岩，平均厚度 93m，灰白色，巨厚层状，交错波状层理；直接底为泥质砂岩，平均厚度 11.09m，上为泥质砂岩，下为粉砂岩；老底为石英砂岩，平均厚度 30m，深灰色，中—细粒石英砂岩。

31182 风巷实施切顶卸压自成巷无煤柱开采技术，在靠近工作面侧顶板采用双向聚能爆破沿顺槽走向预裂切顶，随工作面回采，顶板来压，使煤层顶板沿预裂切缝自动垮落，形成顺槽另一帮，极大地减小了来自采空区压力，使在下一工作面开采时可重复使用，真正实现无煤柱开采。31182 风巷位于+260 水平 31 采区，东为采区保护煤柱，南为 31183 采面，西为 31W172 风巷，北为 31181 采面。工作面与地面最小高差 170m，地面标高+448～+587m，井下标高+243～+279m。巷道高 2.8m，巷道宽 3.0m，巷道净断面积 7.41m²，施工段位置是开切眼至停采线之间 850m 巷道。巷道布置如图 5-14 所示。

2. 顶板 NPR 锚索支护设计

结合现场实际，并经理论计算，在 31182 风巷顶板采用三根恒阻值为 20t 的 NPR 锚索支护，具体设计支护方式如图 5-15 和图 5-16 所示。

3. 顶板定向预裂切缝设计

为了保证切缝贯通效果，确保围岩的完整性，以及切落顶板的完整性与施工的便利性，炮孔轴线设计与铅垂方向夹角为 20°，孔间距 800mm，孔深 4000mm。炮孔布置断面图和平面布置图如图 5-17 和图 5-18

所示。不同岩性的炸药用量和封孔长度见表5-5。

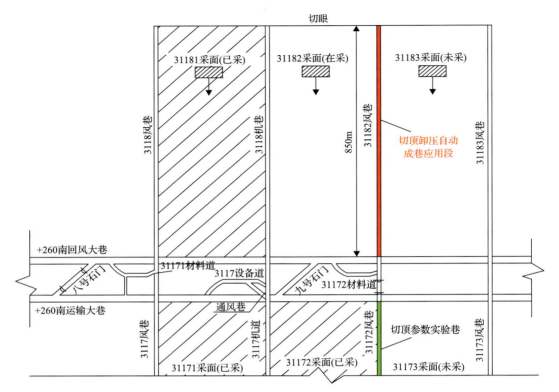

图 5-14　31182 工作面巷道布置图

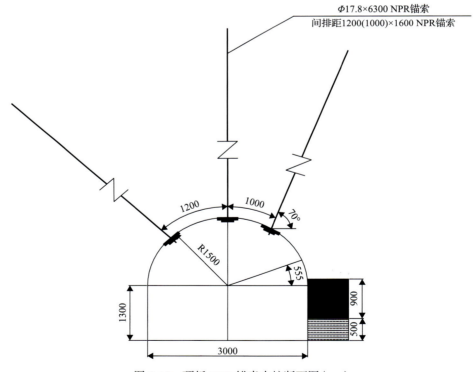

图 5-15　顶板 NPR 锚索支护断面图（mm）

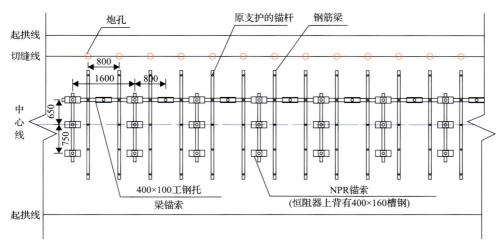

图 5-16　顶板支护平面布置图(mm)

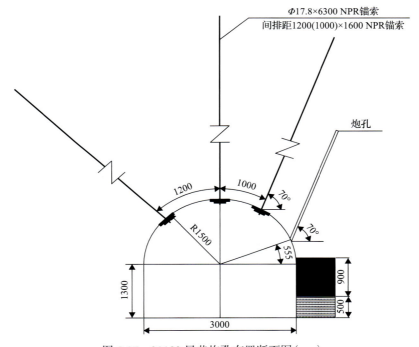

图 5-17　31182 风巷炮孔布置断面图(mm)

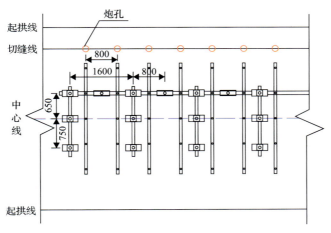

图 5-18　31182 风巷炮孔布置平面图(mm)

表 5-5 爆破参数设计表

距迎头位置/m	顶板岩性特点	炸药用量/卷	封孔长度/m
0~207	砂岩较厚，泥岩、碳质页岩较薄	3	1.5
207~451	砂岩较厚，泥岩较薄	2.5	1.8
451~619	泥岩较厚	2.5	2
619~850	泥岩较厚，局部裂隙	2	2

4. 防塌落冲矸支护设计

为防止预裂爆破之后，切缝附近的顶板岩石垮落，在切缝侧超前工作面 34m 范围内于缝下方设置液压支柱，间距 0.8m。回采过后，切缝侧帮部支护采用工字钢支柱，间距为 0.4m。对巷道加强支护后在挡矸工字钢支柱后面挂设金属网和高强度塑料网组成的复合网，金属网采用直径 6mm 的高强焊接钢筋网，网规格为 100mm×100mm，尺寸为 1500mm×1000mm，复合网与原支护的金属网搭接。挡矸布置图如图 5-19 所示。

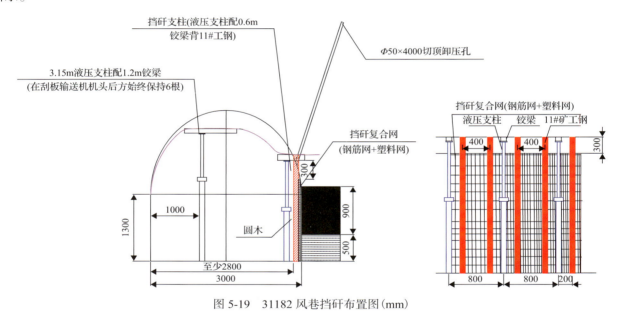

图 5-19 31182 风巷挡矸布置图(mm)

5. 应用效果

1) 留巷效果

根据设计方案，在嘉阳煤矿 31182 风巷进行了切顶卸压自成巷现场实施，取得了预期效果，如图 5-20 所示。

(a) 切缝单孔效果

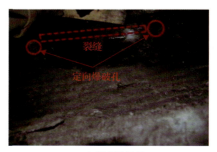

(b) 切缝单孔效果

图 5-20　嘉阳煤矿 110 工法自成巷效果

2）二次回采期间巷道稳定性

嘉阳煤矿 31182 风巷留巷后，作为下一工作面回风巷道使用，在下一工作面回采期间撤除巷旁挡矸支护工字钢，撤除工字钢后巷道不仅能够满足生产需要，而且能够保持稳定。

5.3.3　复合夹煤顶板 110 工法设计

1．工程概况

国家能源集团神东煤炭公司哈拉沟煤矿位于陕西省榆林市神木市西北部 55km 处的乌兰木伦河东侧，属大柳塔镇管辖。井田东西长 8.4～11km，南北宽 8.3～10km，井田面积 85km²，核定生产能力 1600 万 t/年，可采及局部可采煤层有 8 层，均为近水平煤层。

12201 综采面为 12 煤二盘区首采面。12201 综采面长 320m，开切眼至停采线长度 747m，沿空留巷长 580m，煤厚 1.6～2.4m，平均煤厚 1.9m，工作面平均采高 2m，回采煤量 61 万 t，煤层较稳定，北西为设计的 12202 工作面，其他方向无 12 煤设计的工作面。依据矿井同煤层工作面矿压观测分析，初次来压步距 29～31m，来压最大强度 55MPa，周期来压步距 12～15m，来压最大强度 58MPa。根据哈拉沟煤矿 12 煤采空区垮落情况，碎胀系数取 1.34。

12201 工作面上覆基岩厚 55～70m，松散层厚 0～33.48m，埋深 60～100m，靠回撤通道区域地表有基岩出露。煤层直接顶为粉砂岩，厚 3.9～0.52m，均厚 1.84m；直接顶上部为 12$^\pm$煤层，厚 2.75～0.0m，均厚 1.56m；12$^\pm$煤层上部为厚 2.14～0.55m、均厚 1.35m 的泥岩，基本顶由均厚为 3.34m 的细粒砂岩和均厚为 4.05m 的粉砂岩组成；直接底为粉砂岩，均厚 3.67m。12 煤与 12$^\pm$煤层间距 1.1～2.5m，12$^\pm$煤厚 1.4～2.4m。12201 工作面钻孔柱状图如图 5-21 所示。

2．顶板 NPR 锚索加固设计

NPR 锚索直径为 21.8mm，长度为 8000mm，恒阻器直径为 65mm，恒阻值为（33±2）t，恒阻器长度为 500mm。NPR 锚索排距为 2000mm。其中，补强 NPR 锚索沿顶板铅垂方向布置，与切缝孔间距 300mm，预应力为 28t，相邻三根 NPR 锚索用 W 型钢带连接，所用材料与原支护所用 W 型钢带相同，W 型钢带的尺寸为 3mm×230mm×4600mm，NPR 锚索预制托盘大小为 150mm×150mm，在托盘与岩面之间背有 300mm×300mm 的方形托盘，采用 A3 钢材制作。顶板断面图和平面布置图如图 5-22、图 5-23 所示。

地层	层厚/m 最大值—最小值 平均值	柱状1：200	层号	岩石名称	岩性描述
延安组 $J_{1-2}y$	$\dfrac{4.63-0.03}{4.05}$		8	粉砂岩	灰色，含植物叶化石及黄铁矿结核
	$\dfrac{4.18-2.50}{3.34}$		9	细粒砂岩	灰色，泥质胶结，水平层理，中夹薄层粉砂岩
	$\dfrac{2.14-0.55}{1.35}$		10	泥岩	灰色，泥质胶结，近水平层理发育，局部夹有薄层中砂岩
	$\dfrac{2.75-0.00}{1.56}$		11	12上煤	12上煤
	$\dfrac{3.90-0.52}{1.84}$		12	粉砂岩	灰色，泥质胶结，近水平层理发育，局部夹有薄层中砂岩
	$\dfrac{2.3-0.8}{1.92}$		13	12煤	12煤
	$\dfrac{10.40-0.15}{3.67}$		14	粉砂岩	青灰色，以长石为主，次为石英，含云母，局部可见黄铁矿及炭化植物碎屑化石，水平层理
	$\dfrac{7.75-2.40}{4.23}$		15	细粒砂岩	灰色，泥质胶结，水平层理

图 5-21 12201 工作面钻孔柱状图

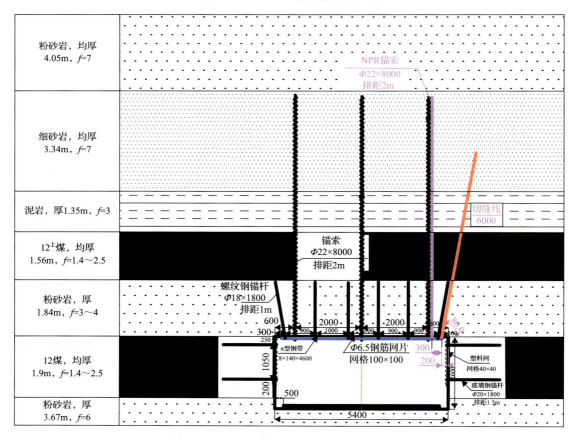

图 5-22 NPR 锚索补强加固支护断面图（mm）

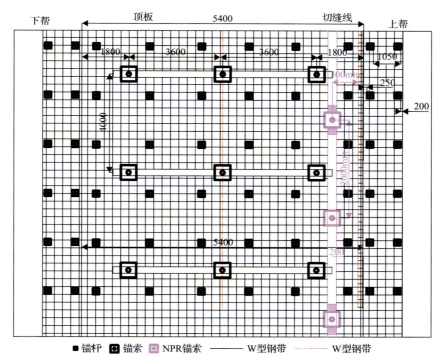

图 5-23　NPR 锚索补强加固支护平面展开图（mm）

3. 顶板定向预裂切缝设计

为了既保证切缝贯通效果又能确保围岩的完整性，保证切落顶板完整性与施工的便利性，采用与铅垂方向夹角为 20°，孔间距为 600mm，孔深 6000mm。炮孔平面布置图如图 5-24 所示。

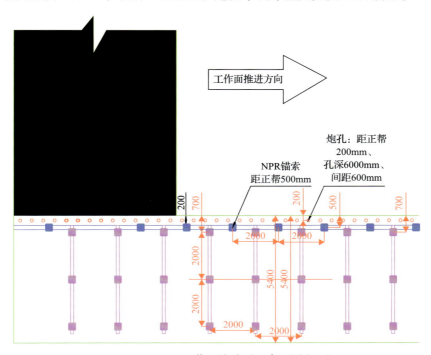

图 5-24　12201 工作面炮孔平面布置图（mm）

4．应用效果

1）留巷效果

根据设计方案，在哈拉沟煤矿 12201 运顺进行了切顶卸压自成巷现场实施，取得了预期效果。现场应用效果如图 5-25 所示。

(a) 临时支护未撤除　　　　　　　　　　　(b) 撤出临时支护

(c) 喷浆封闭效果　　　　　　　　　　　(d) 整体成巷效果

图 5-25　哈拉沟煤矿 110 工法自成巷效果

2）二次回采期间巷道稳定性

哈拉沟煤矿 12201 运顺留巷后，作为下一工作面回风顺槽使用，在下一工作面回采期间撤除巷旁挡矸支护工字钢，撤除工字钢后巷道不仅能够满足生产需要，而且能够保持稳定。二次回采期间巷道效果图如图 5-26 所示。

图 5-26　哈拉沟煤矿 110 工法二次回采期间巷道效果（超前工作面 100m）

5.3.4　坚硬顶板 110 工法设计

1．工程概况

试验巷道位于唐山沟煤矿 8#煤层 508 南盘区 8820 工作面 5807 回风巷，工作面走向长 460m，倾斜长

115.5m，平均煤厚 1.5m，5807 回风巷长 417m，从开切眼煤壁处开始留巷。该工作面形成于 2014 年 9 月 30 日，从 2014 年 12 月 16 日开始试采，11 月 8 日开始切顶卸压自成巷试验。8820 工作面巷道布置如图 5-27 所示，5807 回风巷基本情况见表 5-6。

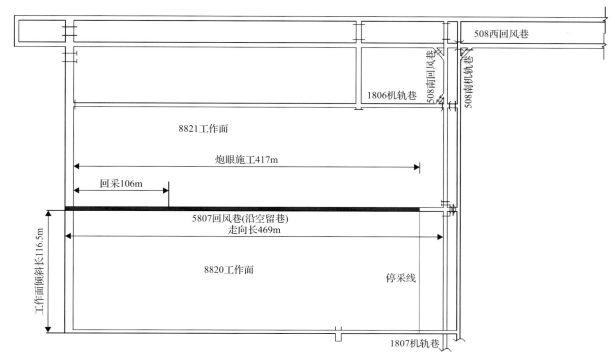

图 5-27　8820 工作面巷道布置图

表 5-6　5807 回风巷基本情况

水平、采区	+1160m、508 南盘区
工程名称	5807 回风巷
地面标高	+1335～+1352m
井下标高	+1160～+1168m
井上相对位置	位于井田中部丘陵缓坡地带，地面无重要建筑，附近无小煤井
井下相对位置	该巷开口位于 1807 机轨巷向北 115.5m 处，东部为 508 南机轨巷、回风巷，北部、西部、南部为实体煤
采掘情况	经探查该工作面上为实体岩层，下为 11$^{-2\#}$煤层，北部、西部、南部为实体煤，对本巷道开掘无大的影响

8820 工作面巷道布置：采用沿空护巷无煤柱开采，因此工作面将形成一进两回的"H"型通风方式，即机巷为进风巷，风巷与原风巷沿空护巷作为回风巷。机巷为机轨合一，风巷为风瓦合一，其中机巷主要为运输煤、进风、行人等作用，风巷主要为回风、行人等作用。

2. 顶板 NPR 锚索加固设计

8820 工作面 5807 回风巷，断面为矩形，规格：净宽×净高=3.8m×2.5m，断面积 9.5m^2；主要用作回风、行人。为了切顶过程和周期来压期间巷道的稳定，在实施顶板预裂切缝前采用 NPR 锚索加固巷道。

NPR 锚索直径为 21.8mm，长度为 6300mm，恒阻器可伸长量不小于 450mm，恒阻值为 35t；切顶侧 NPR 锚索排距为 1200mm，中部两根 NPR 锚索间排距为 1200mm×2400mm；NPR 锚索均沿垂直方向布置，预应力不小于 21t。

每根锚索使用 2 条 CK2360 锚固剂和 1 条 K2360 锚固剂。设计支护如图 5-28、图 5-29 所示。

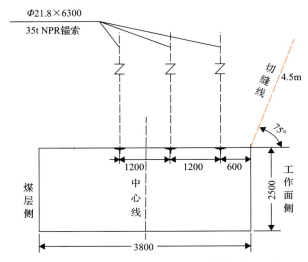

图 5-28   8820 工作面 5807 回风巷巷道支护断面图(mm)

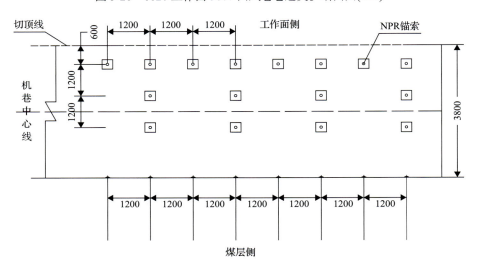

图 5-29   8820 工作面 5807 回风巷巷道支护平面图(mm)

3. 顶板定向预裂切缝设计

根据已完成的现场爆破试验，结合理论分析和现场已有材料，为了既保证切缝贯通效果，又能确保爆破切面较光滑平整，保证切落顶板完整性，采用孔间距为 600mm，孔深为 6000mm，炮孔与铅垂面夹角为 15°。采用二级煤矿许用粉状乳化炸药，炸药规格为：直径 Φ35mm，200g/卷。每孔内放置 1500mm 聚能管，主要采用空气间隔装药，孔底聚能管装 4 根药卷，中间聚能管和孔口聚能管分别装入 3 根药卷。炮孔具体布置方式及装药形式如图 5-30～图 5-32 所示。

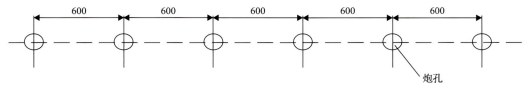

图 5-30   110 工法聚能爆破炮孔间距(600mm)布置平面图(mm)

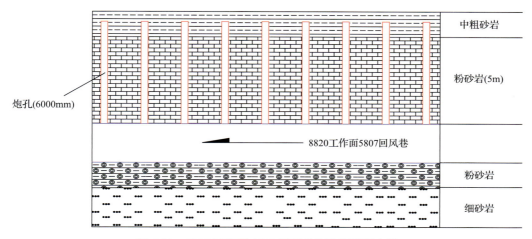

图 5-31　8820 工作面 5807 回风巷炮孔深度及布置

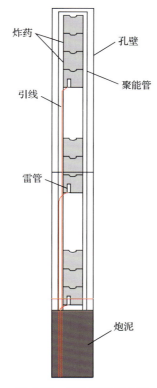

图 5-32　炮孔装药示意图

4. 应用效果

1）留巷效果

图 5-33 为爆破切缝及切顶卸压后现场效果，由图 5-33（a）、（b）可知，定向爆破切缝效果明显，缝隙贯通连成直线，而图 5-33（c）、（d）表明留巷效果较好，回采巷道围岩顶板下沉 5cm，两帮及顶板离层不明显，完全能够满足通风需求。

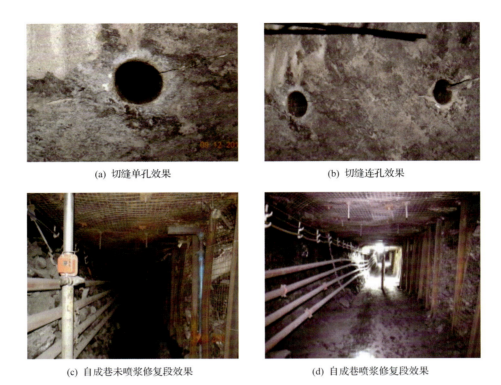

|(a) 切缝单孔效果|(b) 切缝连孔效果|
|(c) 自成巷未喷浆修复段效果|(d) 自成巷喷浆修复段效果|

图 5-33　唐山沟煤矿 110 工法爆破切缝及成巷效果

2) 二次回采期间巷道稳定性

唐山沟煤矿 8820 工作面回风巷留巷后，作为下一工作面回风巷道使用，在下一工作面回采期间撤除巷旁挡矸支护工字钢，撤除工字钢后巷道不仅能够满足生产需要，而且能够保持稳定。

5.3.5　厚煤层快速回采 110 工法设计

1. 工程概况

柠条塔煤矿切顶卸压自成巷试验工作面为 S1201 工作面。该工作面走向长 3010.3m，倾斜长 295m，面积 888038.5m^2。煤层厚度 3.95~4.45m，设计采高 4.17m。直接顶为灰色薄层状粉砂岩，厚度 2.82~5.04m，直接底为 0~1.3m 的砂质泥岩，基本顶为浅灰色、浅白色细粒石英砂岩，厚度 5.4~20.63m。S1201 工作面布置及留巷位置如图 5-34 所示，计划留巷 800m。

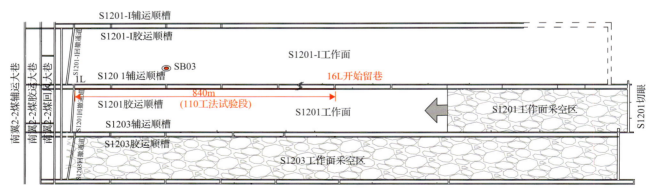

图 5-34　S1201 工作面布置及留巷位置

S1201 工作面胶运顺槽为矩形巷道，宽 6000mm，高 3750mm，掘进断面 22.50m²，采用锚网、锚索联合支护，顶锚杆 6 根/排，间排距为 1000mm×1000mm；顶部采用左旋无纵筋螺纹锚杆(2200mm×Φ20mm)，锚深 2150mm；托板为 150mm×150mm×10mm 拱形预应力托板，每根锚杆配 K2335 和 Z2360 树脂药卷各一根。锚索采用单根钢绞线(7000mm×17.8mm)，排距为 3000mm，300mm×300mm×16mm 拱形预应力钢托板配合支护，每根锚索配 Z2360 药卷三根。顶部采用 Φ6.5mm 的钢筋网，规格为 140mm×140mm；帮部采用 14 号铅丝网，网的规格为 50mm×50mm。巷道原有支护形式如图 5-35 所示。

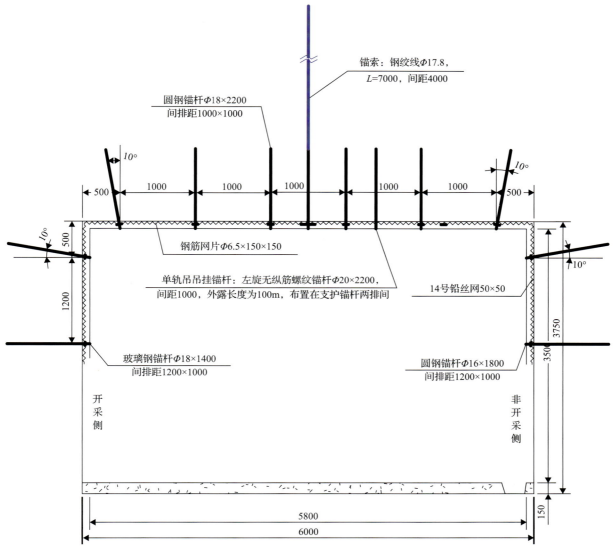

图 5-35　S1201 工作面胶运顺槽原支护(mm)

2. 顶板 NPR 锚索加固设计

为防止切顶过程中和采空区顶板周期来压期间留巷段顶板失稳或冒顶，采用 NPR 锚索对巷道进行超前支护。NPR 锚索直径为 21.8mm，长度为 10500mm，恒阻值为(33±2)t，恒阻器直径为 73mm，恒阻器长度为 500mm。根据矿方以往支护方式、巷道变形情况及支护强度验算，NPR 锚索单排布置，排距 1000mm，预应力 28t。NPR 锚索距巷帮 0.7m，NPR 锚索距切顶线 0.4m，相邻三根 NPR 锚索沿巷道走向用 W 型钢带连接，如图 5-36 所示。

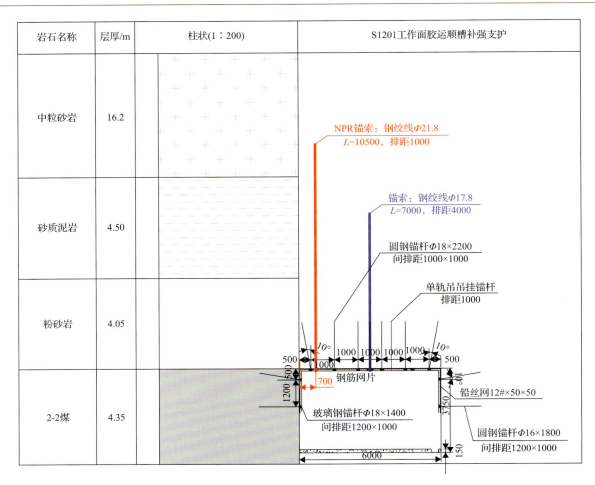

岩石名称	层厚/m	柱状(1∶200)	S1201工作面胶运顺槽补强支护
中粒砂岩	16.2		
砂质泥岩	4.50		
粉砂岩	4.05		
2-2煤	4.35		

图 5-36　S1201 工作面胶运顺槽 NPR 锚索补强（mm）

3. 顶板定向预裂切缝设计

根据前期资料收集，碎胀系数取 1.4，在不考虑底鼓及顶板下沉的情况下，S1201 工作面采高取 4m，考虑到理论计算结果及顶板岩性情况，预裂切缝孔深度设计为 9m。切缝孔距巷道正帮 300mm，与铅垂线夹角为 10°，切缝孔间距为 600mm，如图 5-37 和图 5-38 所示。

双向聚能管采用特制聚能管，特制聚能管外径为 42mm，内径为 36.5mm，管长 1500mm。聚能爆破采用二级煤矿乳化炸药，拟采用炸药规格为直径 32mm，长度 200mm。现场试验时，聚能管安装于爆破孔内，首先采用 3-3-3-3-2 的装药方式，如图 5-39 所示。根据现场试验情况具体调整，爆破孔口采用专业设备用炮泥封孔。

4. 应用效果

1) 留巷效果

根据设计方案，在柠条塔煤矿 S1201 工作面胶运顺槽进行了切顶卸压自成巷现场实施，取得了预期效果，如图 5-40 所示。

2) 二次回采期间巷道稳定性

柠条塔煤矿 S1201 工作面胶运顺槽留巷后，作为下一工作面回风顺槽使用，在下一工作面回采期间撤除巷旁挡矸支护 U 型钢，撤除 U 型钢后巷道不仅能够满足生产需要，而且能够保持稳定。二次回采期间巷道效果如图 5-41 所示。

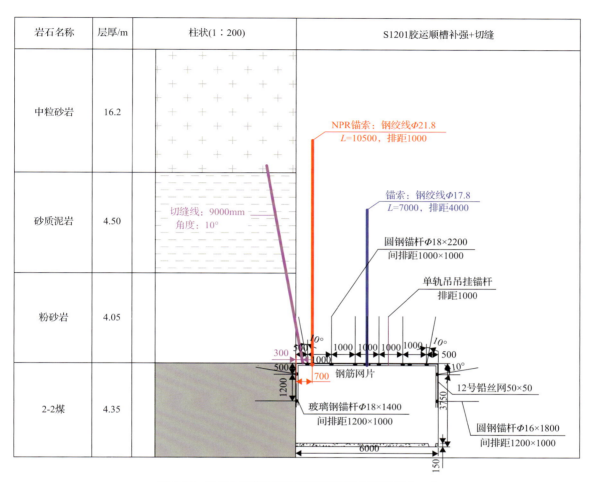

图 5-37　S1201 工作面胶运顺槽补强及切缝设计（mm）

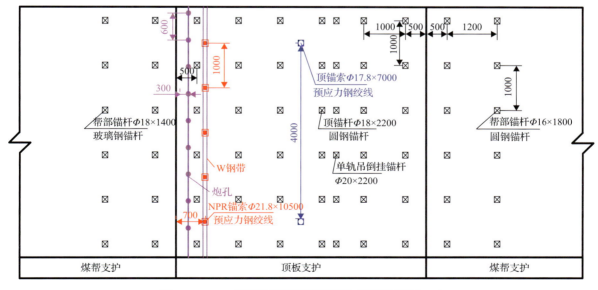

图 5-38　NPR 锚索补强及预裂切缝孔布置平面图（mm）

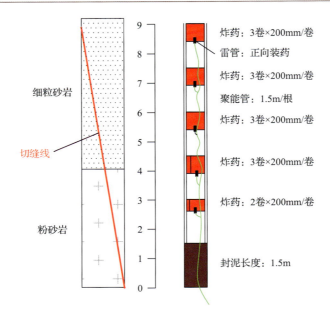

细粒砂岩

切缝线

粉砂岩

炸药：3卷×200mm/卷
雷管：正向装药
炸药：3卷×200mm/卷
聚能管：1.5m/根
炸药：3卷×200mm/卷
炸药：3卷×200mm/卷
炸药：2卷×200mm/卷
封泥长度：1.5m

图 5-39　放炮试验参数

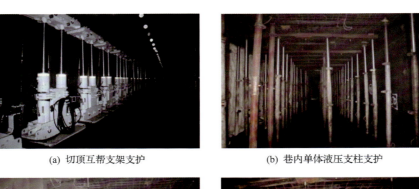

(a) 切顶互帮支架支护　　　　　　　　(b) 巷内单体液压支柱支护

(c) 喷浆封闭效果　　　　　　　　　　(d) 整体留巷效果

图 5-40　柠条塔煤矿 110 工法成巷效果

(a) 超前工作面100m(回撤U型钢前)　　　　(b) 超前工作面50m(回撤U型钢后)

图 5-41　柠条塔煤矿 110 工法二次回采期间巷道效果

5.3.6　大埋深中厚煤层 110 工法设计

1. 工程概况

城郊煤矿留巷工作面为 21304 工作面。21304 工作面切眼长度 180m,顺槽长度 1460m,煤厚最大 3.91m,最小 0.52m,平均 2.82m,煤层倾角约 1°,平均 3°。21304 工作面轨道顺槽为沿空留巷,巷道沿二 2 煤层掘进,设计断面为矩形,掘进断面巷高 3.0m,巷宽 4.4m。工作面埋深 835~915m,煤层直接顶为泥岩,厚度 2.7~2.99m,均厚 2.85m;基本顶由均厚 3.76m 的细粒砂岩和均厚 5.23m 的粉砂岩组成;直接底为粉砂岩,均厚 0.86m,老底由均厚 3.26m 的粉砂岩和均厚 9.16m 的细砂岩组成。

2. 顶板 NPR 锚索加固设计

NPR 锚索间排距为 400mm×700(1400)mm,锚索预应力不小于 28t。为了加强切顶作用,靠近工作面煤壁侧 NPR 锚索沿巷道走向添加 M 型钢带作为托梁。NPR 锚索支护布置如图 5-42、图 5-43 所示。

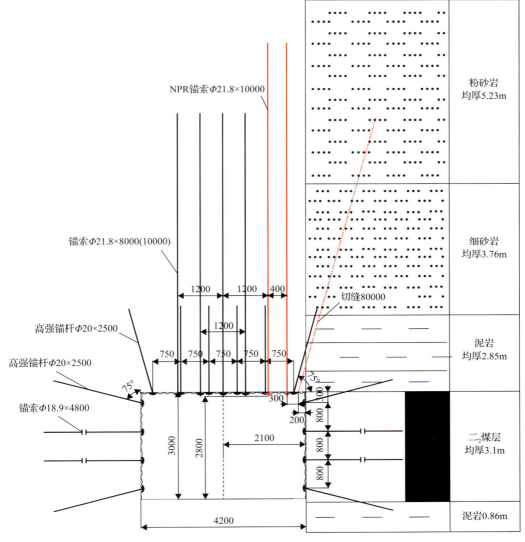

图 5-42　切顶卸压+NPR 锚索支护布置断面图(mm)

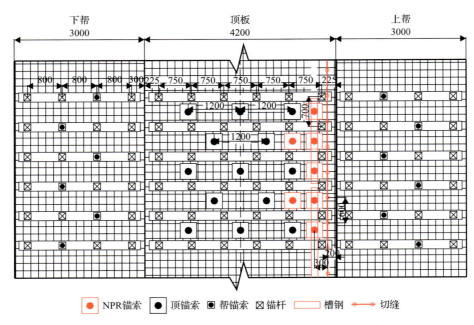

● NPR锚索　■ 顶锚索　◉ 帮锚索　⊠ 锚杆　▭ 槽钢　●—● 切缝

图 5-43　切顶卸压+NPR 锚索支护布置平面展开图（mm）

3. 顶板定向预裂切缝设计

切缝孔在靠巷道工作面侧巷帮位置施工，切缝孔距巷道工作面侧煤壁 200mm，与铅垂线夹角为 15°，切缝孔深 8m，切缝爆破孔间距为 0.6m，平面布置如图 5-44 所示。

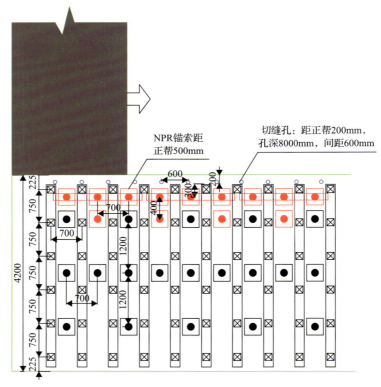

图 5-44　切缝孔平面布置图（mm）

双向聚能管采用特制聚能管，特制聚能管外径为 42mm，内径为 36.5mm，管长 1500mm。聚能爆破采用煤矿二级水胶炸药，拟采用炸药规格为直径 32mm，长度为 200mm。现场试验时，聚能管安装于爆破孔内，每个爆破孔放置 4 个聚能管，采用 4+4+3+3 的装药方式，装药量与封口长度需根据现场试验最终确定。

4. 应用效果

根据设计方案，在城郊煤矿 21304 工作面轨道顺槽进行了切顶卸压自成巷现场实施，取得了预期效果，如图 5-45 所示。

(a) 支护效果　　　　　　　　　　　(b) 挡矸效果

(c) 整体效果1　　　　　　　　　　(d) 整体效果2

图 5-45　城郊煤矿 110 工法自成巷效果

第6章 长壁开采110工法应用及矿压规律

对于不同的地质条件,对110工法的设计也有一定差别。煤层埋藏越深,煤层厚度越厚,顶板越软弱,顶板完整性越差,相应的110工法支护越困难。根据煤层埋深、煤层厚度、顶板岩性、煤层产状以及顶板完整性等地质条件的不同,对长壁开采110工法进行分类,每种类别的划分依据及标准见表6-1。

表6-1 长壁开采110工法分类

分类因素	分类名称	判别标准
煤层埋深	浅埋深110工法	0～300m
	中埋深110工法	300～600m
	大埋深110工法	600～1000m
	超大埋深110工法	＞1000m
煤层厚度	薄煤层110工法	≤1m
	中厚煤层110工法	1～2m
	厚煤层110工法	2～4m
	特厚煤层110工法	大于4m
顶板岩性	硬岩顶板110工法	包括层状砂岩及灰岩等
	软岩顶板110工法	包括泥岩及页岩等
	破碎顶板110工法	包括断层、构造带等破碎顶板
	复合顶板110工法	包括离层型及软硬岩互层顶板等
煤层倾角	近水平煤层110工法	＜8°
	缓倾斜煤层110工法	8°～25°
	倾斜煤层110工法	25°～45°
	急倾斜煤层110工法	＞45°

6.1 薄煤层110工法应用及矿压规律

6.1.1 工程概况

禾草沟二号煤矿1105工作面采用倾斜长壁采煤法,工作面走向长度为120m,倾向长度为1140m。该工作面主采煤层为3号煤层,煤层厚度0.72～0.84m,平均厚度0.78m,采高1.2m。3号煤层位于上三叠统瓦窑堡组,为全区可采薄煤层。煤层埋深在56～232m,由东向西倾伏,煤层倾角1°～3°。该煤层直接顶为0～2.5m的泥质粉砂岩,f=4;基本顶为0～16m的细砂岩,f=5;煤层底板岩性除局部地段为砂岩(抗压强度较大,稳定性较好)外,多以泥质粉砂岩、粉砂岩为主(抗压强度小,稳定性较差),该工作面回风顺槽钻孔柱状图如图6-1所示。

依据矿井同煤层工作面矿压观测分析,初次来压步距为18～24m,来压最大强度为36MPa,周期来压步距为8～12m,来压最大强度为33MPa。根据禾草沟二号煤矿3号煤采空区垮落情况,碎胀系数取1.34。

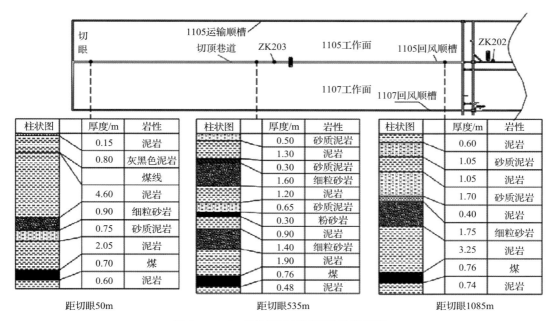

图 6-1　1105 工作面回风顺槽钻孔柱状图

6.1.2　薄煤层切顶卸压顶板运动模式及岩层移动规律

1. 切顶短臂梁结构特点及失稳特征

大量的工程实践表明，当不进行切顶或切顶不充分时，随着工作面推进，沿空侧采空区大面积悬顶，当悬顶面积达到极限时，沿空巷道顶板首先在实体煤侧发生断裂，造成沿空巷道顶板压力大、巷道围岩变形严重、实体煤侧煤壁片帮等，如图 6-2 所示。

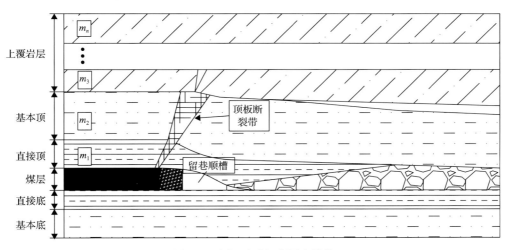

图 6-2　未切顶时留巷围岩结构

切顶卸压自成巷通过对切顶钻孔进行双向聚能张拉爆破，使巷道顶板沿切顶线形成一个切缝面，改变了巷道围岩的应力分布，使采空区顶板沿巷道切顶线断裂垮落形成巷帮[64]。首先，超前工作面进行高预应力 NPR 锚索加固支护，最大限度地减轻聚能爆破对巷道原有支护的影响。然后，超前工作面沿巷道顶板边缘进行双向聚能张拉爆破，使巷道顶板与采空区顶板间形成一个连续的切缝面，切断采空区顶板与巷道顶板的联系，改变巷道围岩结构及应力分布，使沿空巷道顶板形成一个"切顶短臂梁结构"。通过双向聚能张拉爆破还能使沿空侧采空区顶板垮落矸石充分碎胀，快速垮落且快速接顶，使得切缝高度以上的岩层不发生断裂，使其在实体煤帮、垮落矸石的支撑下，快速形成一个稳定的结构[65]。切顶短臂梁结构模型如图 6-3 所示。

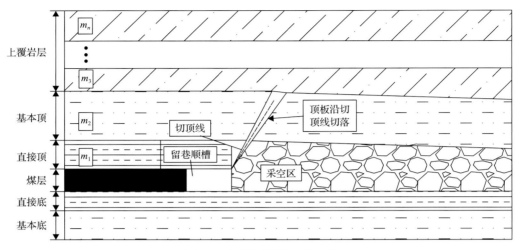

图 6-3 切顶短臂梁结构模型

根据裂隙体梁假说以及现场大量实测结果，在工作面推进引起的岩层移动和破断过程中，采场矿山压力显现及支架受载呈周期性变化，因此采场上覆岩层中仍然存在周期性运动的岩层结构，正是这种结构的运动，导致采场矿山压力显现变化，出现了基本顶沿着垂向发生滑落失稳和以煤壁为支点发生回转失稳的两种变形形式[66]。然而，在切顶卸压作用下，切缝范围内沿空侧采空区顶板发生滑落变形失稳，切缝高度以上的顶板则发生弯曲变形或回转失稳。

1）切缝范围内沿空侧采空区顶板滑落变形失稳

随着工作面回采，沿空侧采空区切缝范围内的顶板沿预裂切缝面发生滑落失稳，当直接顶较软弱破碎时，直接顶会随着工作面推进随采随垮。然而，当直接顶较坚硬或切缝范围内的直接顶上部岩层较坚硬时，由于悬顶距离较小，该部分岩层并不随采随垮，而是形成传递岩梁结构。传递岩梁结构使预裂切缝面两侧的岩层在水平应力作用下形成较大的摩擦力。随着工作面推进，当悬顶距离较大，矿山压力、岩层自重等形成的应力足以克服切缝面两侧的岩层摩擦力时，切缝范围内该部分岩层就会滑落变形失稳。

2）切缝高度以上的顶板回转失稳

切缝范围内沿空侧采空区顶板垮落后，垮落矸石充填满沿空侧巷帮，并快速接顶，在矿山压力及自重影响下，切缝高度以上的顶板岩层逐渐发生弯曲变形。当巷旁支护的切顶力足够大时，切缝高度以上的顶板岩层沿沿空侧巷帮发生断裂。随着沿空侧采空区垮落矸石的逐渐压实，切缝高度以上的顶板岩层发生回转失稳。在传递岩梁之间水平力的挤压作用下，岩梁连接处挤压破碎，产生活动的塑性铰，各个砌体梁绕着塑性铰发生回转变形。回转变形用回转角来描述，回转角越大说明回转变形越大，回转角越小说明回转变形越小。而回转角的大小取决于直接顶垮落碎胀后能否充填采空区，充填采空区的程度通常与切缝高度及聚能爆破效果联系紧密。切顶高度越大，聚能爆破效果越好，则沿空侧采空区充填的越充分。

2. 沿空留巷上覆岩层移动规律

在 110 工法中，沿空巷道的顶板运动可划分为三个阶段：切缝范围内沿空侧采空区顶板垮落活动期、基本顶弯曲下沉期和顶板趋稳期。

（1）随着工作面推进，支架不断前移，工作面后方顶板岩层失去支架的支撑，沿空侧采空区切缝范围内的顶板在矿山压力、自重及巷旁支护产生的切顶力作用下，沿预裂切缝面发生滑落失稳，破断直接顶呈倒台阶的悬臂梁状态，在传递岩梁之间水平力的挤压作用下，切缝面两侧岩层间形成较大的摩擦力，这一阶段沿空巷道切缝范围内顶板的变形失稳以滑落失稳为主，此阶段的顶板活动为切缝范围内沿空侧采空区顶板垮落活动期。

(2)当切缝范围内沿空侧采空区顶板垮落后充满采空区时，在垮落矸石压实过程中，切缝高度以上岩层发生回转变形失稳，在平衡过程中切缝高度以上岩层可形成砌体结构，实现稳定。但是，如果切缝高度较小，当切缝范围内岩层垮落后不足以充满采空区时，上位岩层也将挠曲断裂垮落，充填采空区，直至充满采空区的层位后其上部基本顶岩层方可形成砌体结构；上位岩层在这一运动平衡过程中随基本顶岩块旋转，上位岩块在下部冒落碎矸及实体煤的支撑下形成的"大结构"逐渐稳定[67]，从而使沿空巷道一定范围内的应力低于原岩应力，该阶段的顶板运动称为基本顶弯曲下沉期。

(3)上位岩层"大结构"的存在，有效保护了巷内支架免受上覆岩层自重应力的破坏性影响，"大结构"的形态与切顶高度、采高、直接顶厚度以及下位岩层的性质有关。巷内支护只需保持直接顶的完整和与基本顶的紧贴。上位岩层"大结构"稳定后，在矿山压力作用下，沿空巷道顶板进入趋稳期，在该阶段内巷道顶板变形较小，其实质是沿空侧垮落矸石缓慢的压实过程。

6.1.3　薄煤层自成巷 110 工法采场矿压显现规律

1. 支架参数与工程分区

1105 工作面配套波兰塔高公司 ZY2400/07/14 型二柱掩护式液压支架 79 台。支架额定工作阻力为 2400kN。液压支架主要技术参数见表 6-2。

表 6-2　ZY2400/07/14 型二柱掩护式液压支架主要技术参数

参数	数值	参数	数值
额定工作阻力/kN	2400	支撑高度/m	0.7~1.4
支架中心距/mm	1500	推移行程/mm	700
拉架力/kN	207	推溜力/kN	178
初撑力/kN	2180	适应倾角/(°)	≤15

1105 工作面回采时即开始采用切顶卸压自成巷技术，采场主要划分为 3 个矿压区域：110 工法切顶影响区、中部未影响区和未切顶影响区。1105 工作面 110 工法工程分区如图 6-4 所示。

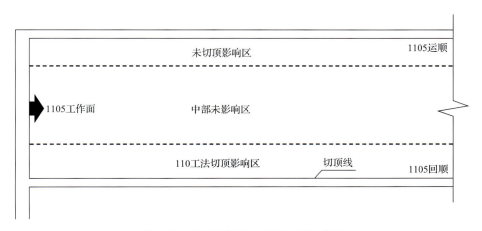

图 6-4　1105 工作面 110 工法工程分区

2. 采场矿压显现规律

根据 1105 工作面 110 工法工程分区情况，选择 5#、23#、38#、56#和 70#共 5 个液压支架进行矿压监测，其中 5#支架位于 110 工法切顶影响区，23#、38#、56#支架位于中部未影响区，70#支架位于未切顶影响区。
5#、23#、38#、56#和 70#支架的压力曲线如图 6-5～图 6-9 所示。

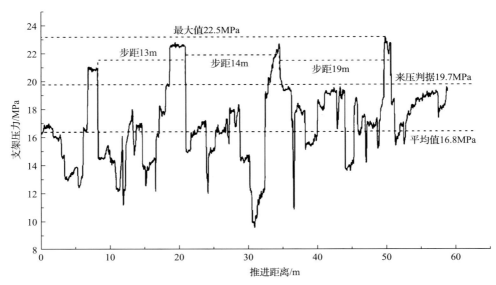

图 6-5　110 工法切顶影响区 5#支架压力曲线

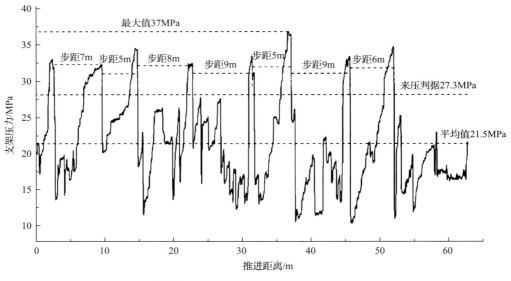

图 6-6　中部未影响区 23#支架压力曲线

1）周期来压步距

各个区域周期来压步距统计见表 6-3。

表 6-3　各个区域周期来压步距统计

工程分区	支架编号	周期来压步距/m	平均周期来压步距/m
110 工法切顶影响区	5#	13～19	15.3
中部未影响区	23#	5～9	7
	38#	3～8	5.7
	56#	4～8	5.6
未切顶影响区	70#	2～11	6.6

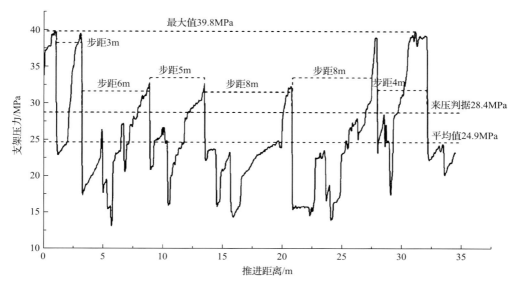

图 6-7　中部未影响区 38#支架压力曲线

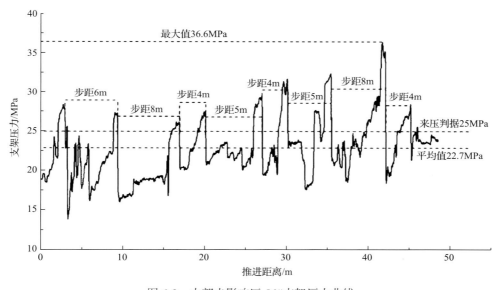

图 6-8　中部未影响区 56#支架压力曲线

由图 6-5~图 6-9 及表 6-3 可知，未切顶影响区周期来压步距 2~11m，平均 6.6m；中部未影响区周期来压步距 3~9m，平均 6.1m；110 工法切顶影响区周期来压步距 13~19m，平均 15.3m。未切顶影响区与中部未影响区平均周期来压步距相差不大，且两个区域周期来压步距离散性较大，即随着工作面的推进两个区域的周期来压步距变化较大。110 工法切顶影响区平均周期来压步距比另外两个区域平均周期来压步距增大，且 110 工法切顶影响区周期来压步距均在 13m 以上。周期来压步距的增加表明在切顶影响下，工作面端头直接顶垮落高度大且块度小(碎胀系数大)，沿空侧采空区充填效果好，形成碎胀的矸石通常可以将采空区充满，基本顶发生回转的空间较小，回转角较小，因此回转变形也较小，导致基本顶不易发生断裂，即周期来压步距加大。

2) 支架工作阻力

支架在随采场推进的过程中经过 110 工法工程分区的支架压力统计见表 6-4。

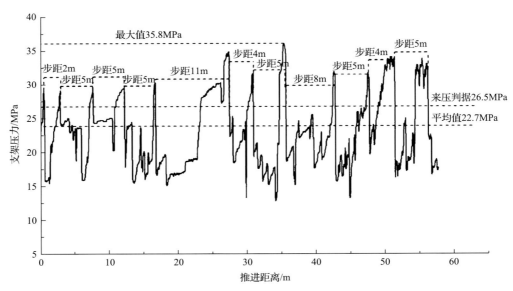

图 6-9　未切顶影响区 70#支架压力曲线

表 6-4　各区域支架压力统计

工程分区	支架编号	最大压力/MPa	最小压力/MPa	平均压力/MPa	来压判据/MPa
110 工法切顶影响区	5#	22.5	9.5	16.8	19.7
中部未影响区	23#	37	11.3	21.5	27.3
	38#	39.8	13.2	24.9	28.4
	56#	36.6	13.1	22.7	25
未切顶影响区	70#	35.8	13	22.7	26.5

　　由图 6-5～图 6-9 及表 6-4 可知：110 工法切顶影响区最大压力较中部未影响区最大压力减少 14.1～17.3MPa，减少 38.5%～43.5%；平均压力减少 4.7～8.1MPa，减少 21.9%～32.5%。110 工法切顶影响区最大压力较未切顶影响区最大压力减少 13.3MPa，减少 37.2%；平均压力减少 5.9MPa，减少 26.0%。根据统计分析，110 工法切顶影响区来压判据为 19.7MPa，未切顶影响区来压判据为 26.5MPa，中部未影响区 23#、38#和 56#支架来压判据分别为 27.3MPa、28.4MPa 和 25MPa，平均为 26.9MPa；110 工法切顶影响区来压判据比未切顶影响区减小 6.8MPa，减小 25.7%，110 工法切顶影响区来压判据比中部未影响区减小 5.3～8.7MPa，减小 21.2%～30.6%。

　　基本顶来压步距大幅增大，支架工作阻力大幅减小，表明在切顶影响下，直接顶破断垮落后，形成碎胀的矸石可以将采空区充满，基本顶发生回转的空间较小，因此回转变形也较小，进而对沿空留巷直接顶产生的压力也较小。

6.1.4　薄煤层自成巷 110 工法巷道矿压显现规律

1. NPR 锚索应力变化规律

　　根据工作面推进情况和锚索应力计布置情况，选择 1#、2#、3#和 4#共 4 个 NPR 锚索应力测点，其位置分别距 1105 工作面开切眼 200m、320m、400m 和 620m。各个测点的 NPR 锚索应力变化曲线如图 6-10 所示。

　　通过图 6-18 分析可以得到 NPR 锚索应力变化曲线关键位置及最大拉应力，见表 6-5。

　　由图 6-10 和表 6-5 可知：①工作面推进产生的超前集中应力对锚索应力产生影响，超前影响范围一般为 20m 左右，如 1#测点。②未爆破区锚索滞后工作面 90～100m 时其拉力趋于稳定；由于切顶卸压的影响，爆破区锚索滞后工作面 65～80m 时拉力达到稳定。③沿空侧采空区顶板关键层破断的过程中，锚索拉力急

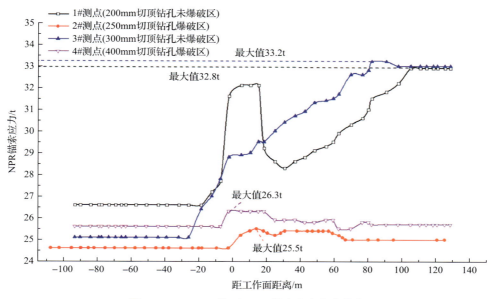

图 6-10　1105 工作面 NPR 锚索应力变化曲线

表 6-5　1105 工作面 NPR 锚索应力变化曲线关键位置及最大拉应力

测点编号	距 1105 工作面开切眼距离/m	切顶情况	曲线增大起始位置（滞后工作面距离）/m	曲线稳定位置（滞后工作面距离）/m	NPR 锚索最大拉应力/t
1#	200	200mm 切顶钻孔未爆破区	−23	98	32.8
2#	320	250mm 切顶钻孔爆破区	−5.6	79	25.5
3#	400	300mm 切顶钻孔未爆破区	−26	87	33.2
4#	620	400mm 切顶钻孔爆破区	−4.7	67	26.3

速增大，达到恒阻值后，NPR 锚索变形吸收能量，锚索拉力急速减小；在未爆破区，沿空侧采空区矸石不能接顶，在后期沿空侧采空区关键层回转变形过程中，锚索拉力逐渐增大，如 1#、2#、3# 及 4# 测点。

2. 顶板离层变化规律

根据工作面推进情况和顶板离层仪布置情况，选择 1# 和 2# 共两个顶板离层测点，其位置分别距 1105 工作面开切眼 200m 和 520m。两个顶板离层测点的顶板离层值变化曲线如图 6-11 所示。

通过图 6-11 分析可以得到顶板离层值变化曲线关键位置及顶板最大离层值情况见表 6-6。

由图 6-11 和表 6-6 可知：在未切顶爆破区，一般超前工作面 20m 开始对顶板离层产生影响，离层值稳定位置滞后工作面 191m，如 1# 测点，最大离层值 63.7mm；2# 测点处于切顶爆破区，超前工作面 15m 开始对顶板离层产生影响，离层值稳定位置滞后工作面 98m，最大离层值 39mm，比未切顶爆破区减小38.8%。

3. 单体支柱压力和活柱下缩量变化规律

根据对 1105 工作面回风顺槽的危险区评价，分别在危险区、较危险区及相对稳定区各选择单体支柱压力和活柱累计下缩量测点进行规律分析，其位置在距 1105 工作面开切眼 810m、970m 和 870m 的回风顺槽巷道内。各个区域的单体支柱压力和活柱累计下缩量变化曲线如图 6-12、图 6-13 所示。

通过图 6-12、图 6-13 分析可以得到单体支柱压力变化曲线关键位置及其最大值，以及活柱累计下缩量变化曲线关键位置及其最大值情况，见表 6-7、表 6-8。

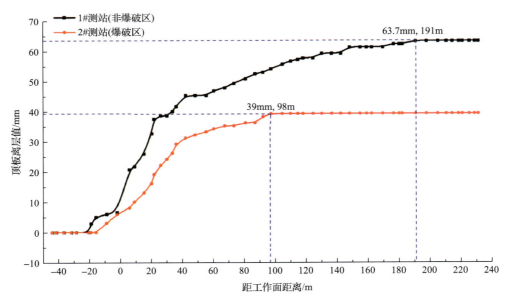

图 6-11　1105 工作面顶板离层值变化曲线

表 6-6　1105 工作面顶板离层值变化曲线关键位置及顶板最大离层值

测点编号	距 1105 工作面开切眼距离/m	切顶情况	曲线起始位置(滞后工作面距离)/m	曲线稳定位置(滞后工作面距离)/m	最大离层值
1#	200	未切顶爆破区	−20	191	63.7
2#	520	切顶爆破区	−15	98	39

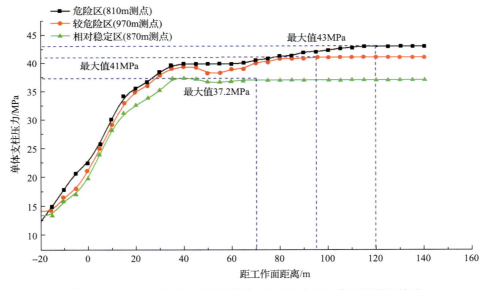

图 6-12　1105 工作面各个区域单体支柱压力与距工作面距离的关系

表 6-7　单体支柱压力变化曲线关键位置及其最大值

区域	距开切眼距离/m	曲线开始增大位置(滞后工作面距离)/m	单体支柱压力最大值/MPa	曲线稳定位置(滞后工作面距离)/m
危险区	810	−20	43	120
较危险区	970	−15	41	95
相对稳定区	870	−15	37.2	70

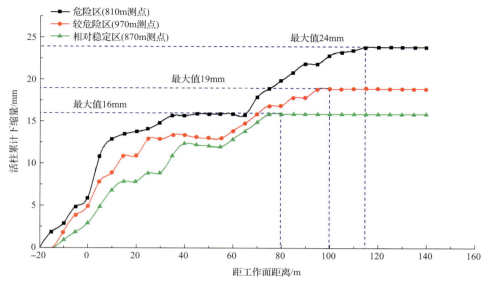

图 6-13　1105 工作面各个区域单体支柱活柱累计下缩量与距工作面距离的关系

表 6-8　单体支柱活柱累计下缩量变化曲线关键位置及其最大值

区域	距开切眼距离/m	曲线开始增大位置(距工作面距离)/m	活柱累计下缩量最大值/mm	曲线稳定位置(滞后工作面距离)/m
危险区	810	−20	24	115
较危险区	970	−15	19	100
相对稳定区	870	−15	16	80

由图 6-12、图 6-13 和表 6-7、表 6-8 可知：①在较危险区及相对稳定区，单体支柱压力超前工作面 15m 时开始增大，较危险区单体支柱压力滞后工作面 95m 时达到稳定状态，相对稳定区则滞后工作面 70m 时达到稳定状态，相对稳定区的单体支柱压力最大值比较危险区降低 3.8MPa。然而，危险区单体支柱压力超前工作面 20m 时开始增大，滞后工作面 120m 开始达到稳定状态，最大值高达 43MPa。在三个区域中，工作面回采前，单体支柱压力均有一定的增大，当工作面回采后，单体支柱压力均急剧增大，滞后工作面大于 35m 后，单体支柱压力开始较小幅度地增大。②在较危险区及相对稳定区，单体支柱的活柱累计下缩量均超前工作面 15m 时开始增大，较危险区单体支柱的活柱累计下缩量滞后工作面 100m 时达到稳定状态，相对稳定区则滞后工作面 80m 时达到稳定状态，相对稳定区的活柱累计下缩量最大值比较危险区降低 3mm。然而，危险区单体支柱的活柱累计下缩量超前工作面 20m 时开始增大，滞后工作面 115m 时达到稳定状态，最大值高达 24mm。在三个区域中，工作面回采前，单体支柱的活柱累计下缩量均有一定的增大，当工作面回采后，活柱累计下缩量均急剧增大，滞后工作面大于 40m 后，活柱累计下缩量开始较小幅度地增大。但是，由图 6-13 可知，在活柱累计下缩量趋于稳定前，各个区域中的单体支柱的活柱累计下缩量增大速度均又经历一个快速增大的过程。该过程的长度比较为危险区大于较危险区大于相对稳定区。

4. 巷道围岩变形规律

切顶卸压自成巷的巷道在服务年限内可以分为巷道掘进期、巷道稳定期和回采影响期 3 个阶段[68,69]。在巷道掘进期和巷道稳定期，巷道主要受掘进支护时间、巷道围岩岩性、围岩应力等条件的影响，由于禾草沟二号煤矿 1105 工作面回风顺槽直接顶为泥质砂岩，巷道顶板岩性极易风化、软化，在回采前巷道顶板极其破碎。因此，在回采影响期，巷道极易受到本工作面回采造成的超前支承压力和沿空巷道动压的影响，围岩应力环境更加复杂，巷道不仅要保持掘巷期间的稳定性，同时还要使巷道支护体留有一定的变形余量，保证巷道在工作面回采过程中满足生产要求。

提高巷道围岩强度、改善围岩应力状态是减小塑性破坏区范围、保证巷道围岩稳定性的关键[70]。根据综采工作面顺槽巷道围岩变形特征及变形机制，成巷前在超前工作面进行 NPR 锚索补强支护，在恒定的高预应力支护作用下进行切顶卸压自成巷。

根据 1105 工作面回风顺槽危险性评价结果，分别在危险区、较危险区及相对稳定区选择巷道围岩变形测点，说明禾草沟二号煤矿 110 工法巷道变形规律及特征。危险区、较危险区及相对稳定区测点分别位于距 1105 工作面开切眼 810m、970m 及 870m。各个区域巷道围岩变形如图 6-14～图 6-16 所示。

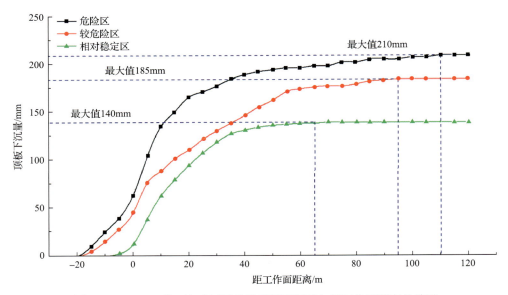

图 6-14　1105 工作面各个区域巷道顶板下沉量与距工作面距离的关系

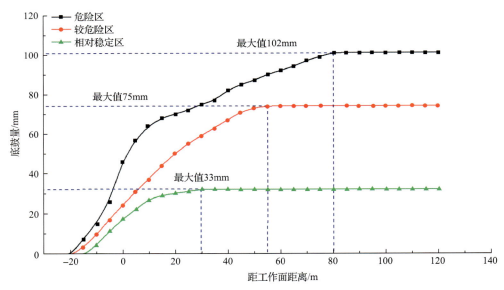

图 6-15　1105 工作面各个区域巷道底鼓量与距工作面距离的关系

由图 6-14～图 6-16 可得如下结论。

(1)由于巷道掘进期支护、巷道顶板岩性等原因，危险区巷道顶板下沉量比其他两个区域显著增大。危险区巷道顶板下沉量最大值为 210mm，比较危险区、相对稳定区分别增大 25mm、70mm。在滞后工作面 25m 范围内，三个区域的顶板下沉量均急剧增大，这是由于巷道顶板岩层受到沿空侧采空区上覆岩层垮落的动压影响；随着工作面推进，顶板下沉量逐渐减小，最后趋于稳定。危险区滞后工作面 110m 巷道顶板下沉量趋于稳定，较危险区滞后工作面 95m 巷道顶板下沉量趋于稳定，相对稳定区滞后工作面 65m 巷道顶板下沉量趋于稳定。

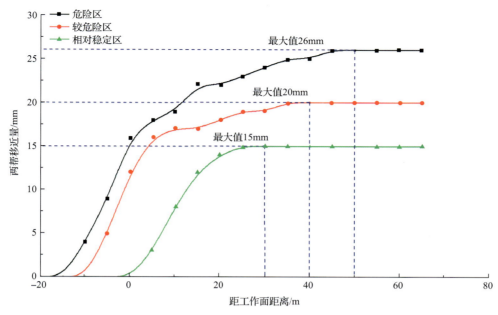

图 6-16　1105 工作面各个区域巷道两帮移近量与距工作面距离的关系

（2）由于巷道底板岩性、围岩应力等原因，危险区巷道底鼓量比其他两个区域显著增大。危险区巷道底鼓量最大值为 102mm，比较危险区、相对稳定区分别增大 27mm、69mm。在滞后工作面 20m 范围内，三个区域的巷道底鼓量均急剧增大，随着工作面推进，巷道底鼓量逐渐减小，最后趋于稳定。危险区滞后工作面 80m 巷道底鼓量趋于稳定，较危险区滞后工作面 55m 巷道底鼓量趋于稳定，相对稳定区滞后工作面 30m 巷道底鼓量趋于稳定。

（3）由于受到巷道围岩应力、采动等影响，危险区巷道两帮移近量比其他两个区域显著增大。危险区巷道两帮移近量最大值为 26mm，比较危险区、相对稳定区分别增大 6mm、11mm。在滞后工作面 15m 范围内，三个区域巷道两帮移近量均急剧增大，随着工作面推进，巷道两帮移近量逐渐减小，最后趋于稳定。危险区滞后工作面 50m 两帮移近量趋于稳定，较危险区滞后工作面 40m 两帮移近量趋于稳定，相对稳定区滞后工作面 30m 巷道底鼓量趋于稳定。

6.2　中厚煤层 110 工法应用及矿压规律

6.2.1　工程概况

店坪煤矿位于山西省吕梁市方山县大武镇王家庄村一带，行政区划属方山县大武镇管辖。井田东西长 4.17km，南北宽 4.10km，井田面积 13.5302km²，批准开采 2、3、5、8、9、10 号煤层，批采标高 1060～820m，目前设计能力达 260t/a。

5-200 工作面开采水平为 830 水平，2002 巷道地面标高为 1085～1215m，工作面标高为 822～892m，埋深 225～360m。工作面位于 830 水平二采区右翼，工作面东为 5-204 采空区，西为 830 系统大巷，南为实体煤，北为井田边界。工作面上部主要可采煤层为 3 号、5 号煤层，3 号煤层距 5 号煤层 57～68m，已全部开采，5-200 工作面上部对应已回采 3-200 工作面，相邻 3-202 工作面比 3-200 工作面低，所以上部 3-200 采空区无积水。5-200 工作面东高西低，采空水由东向西流至 830 轨道巷排出，所以上部 5-200 采空区无积水。工作面长 220m，采用长壁式采煤法，综合机械化采煤工艺，全部垮落法管理顶板。5-200 工作面采用 110 工法自成巷技术，设计留巷巷道为 5-200 回风巷，设计留巷巷道长度为 942m。工作面布置如图 6-17 所示。

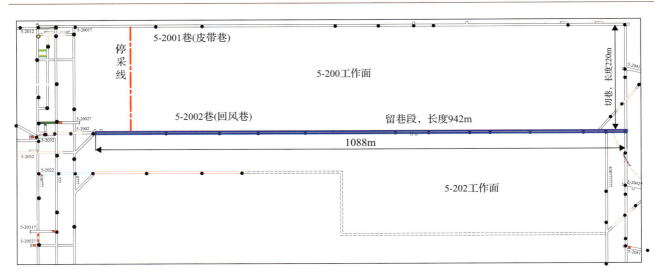

图 6-17　5-200 工作面 110 工法自成巷无煤柱开采施工位置示意图

6.2.2　中厚煤层 110 工法自成巷采场矿压显现规律

1. 支架参数与工程分区

5-200 工作面配套选用 149 架 ZY7200-18.5/34 型液压支架及 6 架 ZFG10000/20/38 型过渡支架。支架额定工作阻力为 7200kN（40MPa），最大支撑高度为 3400mm。

5-200 工作面 2016 年 10 月开始正常回采，回采初期即采用 110 工法自成巷。5-200 工作面矿压测点布设于 5#、13#、21#、29#、37#、45#、53#、61#、69#、77#、85#、93#、101#、109#、117#、125#、133#、141#、149# 液压支架，矿压监测数据实现在线监测。支架压力测点布置详见图 6-18。

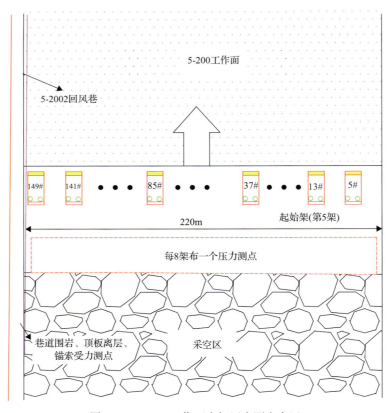

图 6-18　5-200 工作面支架压力测点布置

根据矿压监测结果，采场主要划分为 3 个矿压区域：110 工法切顶影响区、中部未影响区和未切顶影响区。5-200 工作面 110 工法工程分区如图 6-19 所示。

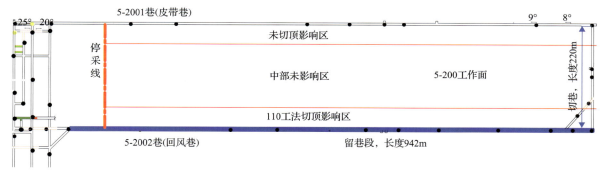

图 6-19　5-200 工作面 110 工法工程分区

2. 采场矿压显现规律

根据 5-200 工作面 110 工法工程分区情况，选择 5#、13#、37#、85#、141#、149#共 6 个液压支架进行矿压监测，其中 5#支架位于未切顶影响区，85#支架位于中部未影响区，149#支架位于 110 工法切顶影响区（图 6-20～图 6-22）。

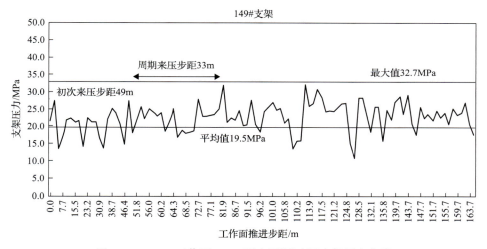

图 6-20　5-200 工作面 110 工法切顶影响区支架压力曲线

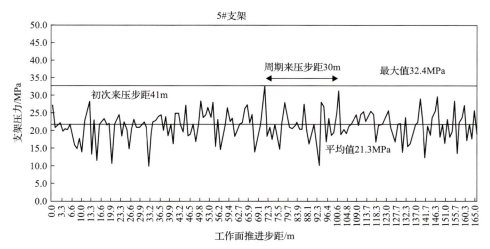

图 6-21　5-200 工作面未切顶影响区支架压力曲线

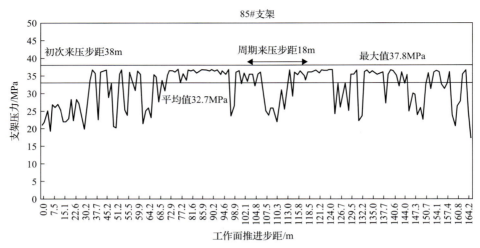

图 6-22　5-200 工作面中部未影响区支架压力曲线

由图 6-20～图 6-22 支架压力变化曲线得到工作面支架压力及来压步距情况，见表 6-9 和表 6-10。

表 6-9　5-200 工作面支架压力

110 工法切顶影响区支架压力			未切顶影响区支架压力			中部未影响区支架压力		
支架编号	最大压力/MPa	平均压力/MPa	支架编号	最大压力/MPa	平均压力/MPa	支架编号	最大压力/MPa	平均压力/MPa
149#	32.7	19.5	5#	32.4	21.3	85#	41.8	33

表 6-10　5-200 工作面来压步距

110 工法切顶影响区来压步距			未切顶影响区来压步距			中部未影响区来压步距		
支架编号	初次来压步距/m	周期来压步距/m	支架编号	初次来压步距/m	周期来压步距/m	支架编号	初次来压步距/m	周期来压步距/m
149#	49	33	5#	41	30	85#	38	18

由表 6-9 和表 6-10 可知，回风巷 110 工法切顶影响区支架最大压力较未切顶影响区支架最大压力增大 0.3MPa；平均压力减小 1.8MPa，降低了 8.5%，影响 30m 范围。回风巷 110 工法切顶影响区支架初次来压步距较未切顶影响区的初次来压步距增大 8m，回风巷 110 工法切顶影响区支架的周期来压步距较未切顶影响区的周期来压步距增大 3m。

周期来压步距增加表明在切顶影响下，工作面端头直接顶垮落高度大且块度小（碎胀系数大），采空区充填效果好，形成的碎胀矸石通常可以将采空区充满，基本顶发生回转的空间较小，回转角较小，因此回转变形也较小，导致基本顶不易发生断裂，即周期来压步距加大。

基本顶周期来压步距增大，但支架工作阻力减小，表明在切顶影响下，直接顶破断垮落后，形成的碎胀矸石通常可以将采空区充满，基本顶发生回转的空间较小，因此回转变形也较小，进而对沿空留巷直接顶产生的压力也较小。

6.2.3　中厚煤层 110 工法自成巷巷道矿压显现规律

1. NPR 锚索变形及受力变化规律

1）NPR 锚索变形情况统计

共统计 300 根 NPR 锚索（正帮切缝侧 200 根，巷道中部 100 根），其中明显缩进变形（大于 10mm）的有 55 根（正帮切缝侧 37 根，巷道中部 18 根），占比 18.3%。

NPR 锚索平均缩进量为 38.2mm（吸收能量 13370J），最大缩进量为 175mm（吸收能量 61250J），位于正帮硐室附近。

部分 NPR 锚索受力变形情况如图 6-23 所示。

(a) 中排NPR锚索缩进

(b) 边排NPR锚索缩进

(c) NPR锚索缩进量监测

图 6-23　5-200 工作面 NPR 锚索现场变形情况

2) NPR 锚索受力变化规律

根据工作面推进情况现场施工进度，布设 M1～M7 共计 7 个锚索应力计，其位置分别距 5-200 工作面开切眼 35m、190m、215m、230m、350m、450m 和 750m。其中 M2、M4 锚索应力计的 NPR 锚索应力变化曲线如图 6-24、图 6-25 所示。

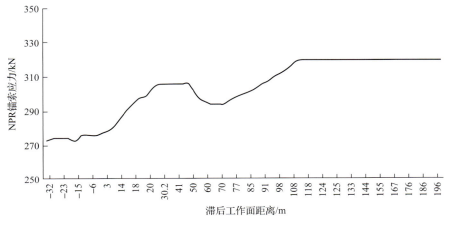

图 6-24　M2 锚索应力计(距 5-200 工作面开切眼 190m)的 NPR 锚索应力变化曲线

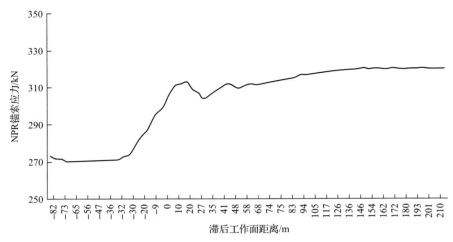

图 6-25　M4 锚索应力计 (距 5-200 工作面开切眼 230m) 的 NPR 锚索应力变化曲线

通过图 6-24 分析可以得到 NPR 锚索应力变化曲线关键位置及最大拉应力情况，见表 6-11。

表 6-11　5-200 工作面 NPR 锚索应力变化曲线关键位置及最大拉应力

锚索应力监测点	距 5-200 工作面开切眼距离/m	曲线增大起始位置（超前工作面距离）/m	曲线稳定位置（滞后工作面距离）/m	锚索最大拉应力/kN
M2	190	32	167	320.4
M4	230	32	154	323.1

由图 6-24、图 6-25 和表 6-11 分析可知：①工作面推进产生的超前集中应力对锚索受力产生影响，超前影响范围为 32～35m，平均 33m，与十字测点所测超前支承压力影响范围基本一致。②滞后工作面约 25m，随着基本顶周期性断裂，锚索应力出现减小情况；滞后工作面 60m 范围内，由于顶板运动，锚索应力出现一定波动，整体随着顶板围岩变形量增加呈增加趋势，最终趋于稳定。

2. 顶板离层变化规律

每隔 100m 布设一个顶层离层测点，共布设 10 个顶板离层测点。顶板离层监测可知，顶板最大离层值位于 L6 测点，滞后工作面 250m，深基点离层值 148.2mm，浅基点离层值 1.5mm，离层差值 146.7mm。

根据顶板离层监测情况，选择 L7 测点，其顶板离层值变化曲线如图 6-26 所示。

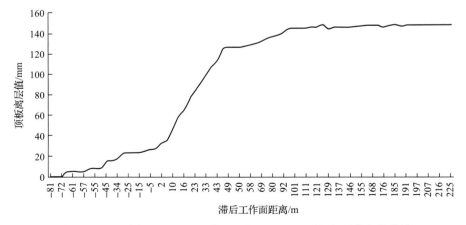

图 6-26　L7 测点 (距 5-200 工作面开切眼 600m) 顶板离层值变化曲线

通过图 6-26 分析可以得到顶板离层值变化曲线关键位置及顶板最大离层值见表 6-12。

表 6-12 L7 测点顶板离层值变化曲线关键位置及顶板最大离层值

顶板离层测点	距 5-200 工作面开切眼距离/m	曲线增大起始位置 (滞后工作面距离)/m	曲线平稳起始位置 (滞后工作面距离)/m	顶板最大离层值/mm
L7	600	−34	150	浅 72，深 146

由表 6-12 分析可知：①工作面的推进对巷道顶板离层产生影响，一般处于超前 30m 范围之内。在超前工作面 34m 时巷道顶板开始产生离层。滞后工作面 60m 范围内，顶板离层值变化量大。②当滞后工作面距离约 150m 后，巷道顶板离层值才趋于稳定。

3. 门式支架压力与缩量监测

1）门式支架基本参数

选用 ZMX410/220 型门式支架，长 3200mm，宽 300mm，高 2200～4100mm，伸缩长度 0～500mm，支架工作阻力 2040kN（45MPa）。

巷道门式支架布设如图 6-27 所示。

图 6-27 巷道门式支架布设

2）门式支架工作阻力监测

为了解门式支架受力及对顶底板控制情况，对门式支架工作阻力进行监测，部分门式支架工作阻力如图 6-28～图 6-30 所示。

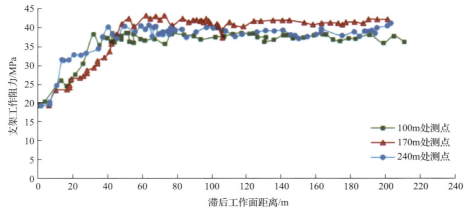

图 6-28 上软下硬顶板区段门式支架工作阻力

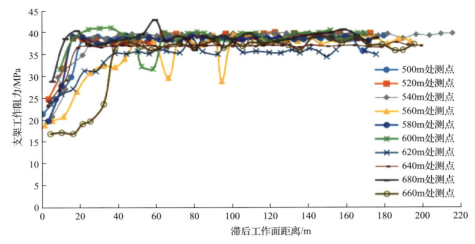

图 6-29　破碎复合顶板区段门式支架工作阻力

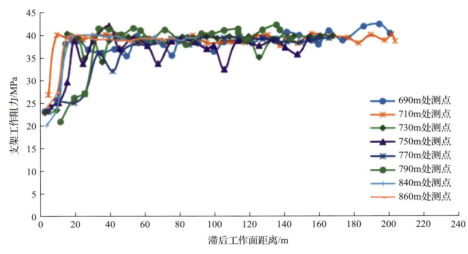

图 6-30　稳定复合顶板区段门式支架工作阻力

a.上软下硬顶板区段

该区段的 3 个测点（100m 处测点、170m 处测点、240m 处测点）在滞后工作面 40m 范围内，支架工作阻力快速上升，平均增加速率分别为 0.34MPa/m、0.44MPa/m、0.42MPa/m，说明在该范围内上覆岩层运动较为剧烈；40～60m 范围内，支架工作阻力波动较频繁，但为小幅波动说明该段上覆岩层运动减弱；60m 以后支架在额定工作阻力附近小幅波动，支架工作状态良好。

b.破碎复合顶板区段

在该区段每隔 20m 选取 1 个测点，共 10 个测点，支架工作阻力变化情况如图 6-29 所示。在工作面推过 20～25m 以后，支架工作阻力达到稳定值，在 35～40MPa 小幅波动。在滞后工作面 0～25m 范围内，支架工作阻力上升较快，平均增长速率 0.5MPa/m。说明该区段在采取防止立柱钻底的措施（铺设工字钢底梁或安设大柱鞋）之后，在顶板下沉过程中，支架压力快速升高，并在高工作阻力状态下应对顶板运动表现出良好的适应性。

c.稳定复合顶板区段

在该区段选取 8 个测点，支架工作阻力变化情况如图 6-30 所示，在工作面推过约 20m 以后，支架工作阻力达到稳定值，基本稳定在 35～40MPa。说明该区段继续采取防止立柱钻底的措施（铺设工字钢底梁或安设大柱鞋）之后，在顶板下沉过程中，支架压力快速升高，并在高工作阻力状态下应对顶板运动表现出良好的适应性。

4. 巷道围岩变形规律

为观测回风巷的围岩移近量及移近规律，进行了回风巷十字测点位移监测。回风巷十字测点布设情况见表 6-13。巷道顶底板移近量、顶板下沉量及巷道底鼓量的变化曲线如图 6-31 所示。

表 6-13　回风巷十字测点布设情况

顶板分区	上软下硬顶板结构 (TC0m~TC270m)区段			破碎复合顶板结构 (TC270m~TC560m)区段			完整复合顶板结构 (TC560m~TC942m)区段		
测点	S1	S2	S3	S4	S5	S6	S7	S8	S9
位置(距开切眼距离)/m	50	100	150	300	400	500	600	700	800

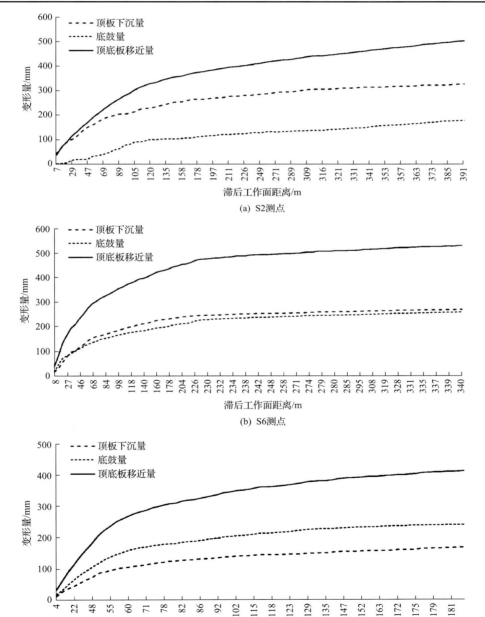

图 6-31　5-200 工作面巷道顶底板变形量变化曲线

将上述数据综合分析，得到巷道整体变形规律如表 6-14 所示。

表 6-14　5-200 工作面巷道整体顶底板变形量统计

顶板分区	上软下硬顶板结构 (TC0m～TC270m)区段	破碎复合顶板结构 (TC270m～TC560m)区段	完整复合顶板结构 (TC560m～TC942m)区段
测点	S2	S6	S9
位置(距开切眼距离)/m	100	500	800
顶底板移近量/mm	499	530	415
底鼓量/mm	177	260	243
顶板下沉量/mm	322	270	172
巷道稳定位置/m	178	178	129

(1)巷道整体的顶板下沉量为 254mm，底鼓量为 226mm，顶底板移近量为 481mm，滞后工作面 161m 时顶底板基本稳定。

(2)上软下硬顶板结构(TC0m～TC270m)区段：顶板下沉量为 322mm，底鼓量为 177mm，顶底板移近量为 499mm，滞后工作面 178m 时顶底板基本稳定。

(3)破碎复合顶板结构(TC270m～TC560m)区段：顶板下沉量为 270mm，底鼓量为 260mm，顶底板移近量为 530mm，滞后工作面 178m 时顶底板基本稳定。

(4)完整复合顶板结构(TC560m～TC942m)区段：顶板下沉量为 172mm，底鼓量为 243mm，顶底板移近量为 415mm，滞后工作面 129m 时顶底板基本稳定。

(5)巷道留巷效果依次为：完整复合顶板结构(TC560m～TC942m)区段、上软下硬顶板结构(TC0m～TC270m)区段、破碎复合顶板结构(TC270m～TC560m)区段。

将上述数据进行综合性分析，得到巷道整体两帮移近量(表 6-15、图 6-32)。

表 6-15　5-200 工作面巷道整体两帮移近量统计

顶板分区	上软下硬顶板结构 (TC0m～TC270m)区段	破碎复合顶板结构 (TC270m～TC560m)区段	完整复合顶板结构 (TC560m～TC942m)区段
测点	S2	S6	S9
位置(距开切眼距离)/m	100	500	800
两帮移近量/mm	595	529	290
矸石帮移近量/mm	447	221	96
实体煤帮移近量/mm	148	308	194
巷道稳定位置/m	115	178	129

(1)巷道整体的实体煤帮移近量为 216mm，矸石帮移近量为 254mm，两帮移近量为 471mm，滞后工作面 140m 时顶底板基本稳定。

(2)上软下硬顶板结构(TC0m～TC270m)区段：实体煤帮移近量为 148mm，矸石帮移近量为 447mm，两帮移近量为 595mm，滞后工作面 115m 时顶底板基本稳定。

(3)破碎复合顶板结构(TC270m～TC560m)区段：实体煤帮移近量为 308mm，矸石帮移近量为 221mm，两帮移近量为 529mm，滞后工作面 178m 时顶底板基本稳定。

(4)完整复合顶板结构(TC560m～TC942m)区段：实体煤帮移近量为 194mm，矸石帮移近量为 96mm，两帮移近量为 290mm，滞后工作面 129m 时顶底板基本稳定。

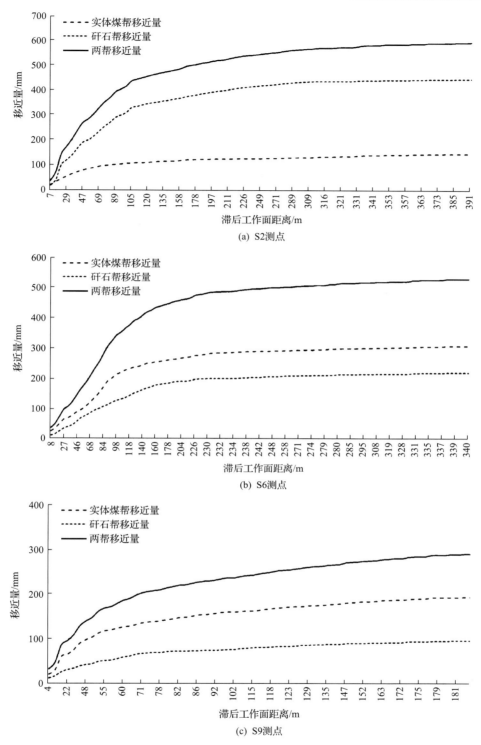

(a) S2测点

(b) S6测点

(c) S9测点

图 6-32　5-200 工作面巷道两帮移近量变化曲线

（5）破碎复合顶板结构（TC270m～TC560m）区段围岩压力大，破碎矸石流动性较坚硬顶板强，因而两帮移近量大，稳定时间长。

5. 巷道侧向压力

根据工作面推进度和侧向压力监测仪布置情况，选取巷道采空区侧 C1、C2 侧向压力测点，分别距

5-200 工作面开切眼 240m 和 302m，两个测点的侧向压力监测值及其变化曲线如图 6-33 和图 6-34 所示。

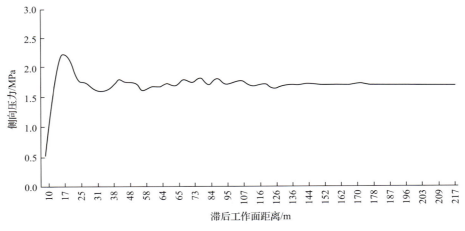

图 6-33　C1 测点侧向压力变化曲线

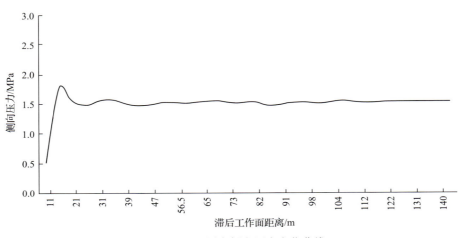

图 6-34　C2 测点侧向压力变化曲线

对图 6-33 和图 6-34 分析，可以得到侧向压力变化曲线的关键位置及侧向压力平稳后的平均值见表 6-16。

表 6-16　C1、C2 测点侧向压力变化曲线关键位置及平稳后的平均值

测点	侧向压力最大值位置（滞后工作面距离）/m	侧向压力最大值/MPa	曲线趋于平稳起始位置（滞后工作面距离）/m	侧向压力平稳后的平均值/MPa
C1	17	2.20	126	1.70
C2	16	1.78	122	1.53

由图 6-33、图 6-34 和表 6-16 分析可知：

(1)滞后工作面 16~17m 时，侧向压力达到最大值 2.20MPa，表明此时基本顶垮落冲击作用大；随后侧向压力减小，波动不大。

(2)滞后工作面约 125m 时，侧向压力基本稳定，平均约 1.61MPa。

6.2.4　二次回采工作面采场及巷道矿压显现规律

1. 二次回采期间工作面矿压规律

5-202 工作面配套选用 145 架 ZY7200-18.5/34 型液压支架，支架额定工作阻力为 7200kN（40MPa），最大支撑高度 3400mm。

　　5-200 工作面矿压监测点布设于 5#、13#、21#、29#、37#、45#、53#、61#、69#、77#、85#、93#、101#、109#、117#、125#、133#、141#液压支架，矿压监测数据实现在线监测。

　　在 5-200 工作面采用 110 工法后，改变了原有的覆岩破断形式，5-200 工作面回采过后，在 5-202 工作面回采期间，靠近留巷侧液压支架的压力变化能够充分反映 110 工法对工作面矿压的改变，具体变化如图 6-35～图 6-37 所示。

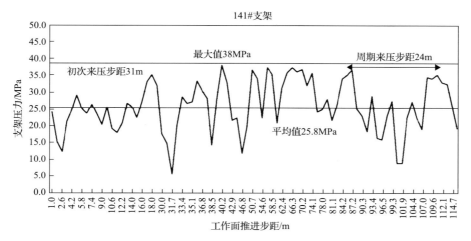

图 6-35　二次回采期间 5-200 工作面 110 工法切顶影响区支架压力曲线

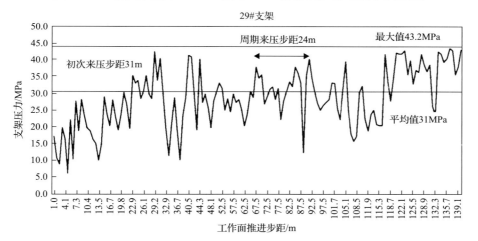

图 6-36　二次回采期间 5-200 工作面未切顶影响区支架压力曲线

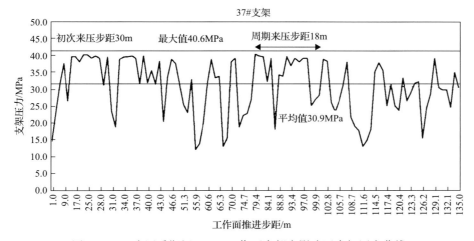

图 6-37　二次回采期间 5-200 工作面中部未影响区支架压力曲线

通过图 6-35～图 6-37 分析得到工作面支架压力及来压步距情况，见表 6-17 和表 6-18。

表 6-17　二次回采期间 5-200 工作面支架压力

110 工法切顶影响区支架压力			未切顶影响区支架压力			中部未影响区支架压力		
支架编号	最大压力/MPa	平均压力/MPa	支架编号	最大压力/MPa	平均压力/MPa	支架编号	最大压力/MPa	平均压力/MPa
141#	38	25.8	29#	43.2	31	37#	40.6	30.9

表 6-18　二次回采期间 5-200 工作面来压步距

110 工法切顶影响区来压步距			未切顶影响区来压步距			中部未影响区来压步距		
支架编号	初次来压步距/m	周期来压步距/m	支架编号	初次来压步距/m	周期来压步距/m	支架编号	初次来压步距/m	周期来压步距/m
141#	31	24	29#	24	31	37#	30	18

由图 6-35～图 6-37 和表 6-17、表 6-18 可知：110 工法切顶影响区支架最大压力较未切顶影响区支架最大压力减小 5.2MPa；平均压力减小 5.2MPa，降低了 16.8%，影响 30m 范围。

2. 二次回采期间巷道矿压规律

5-202 工作面回采前方布设十字测点，监测留巷在二次回采影响下的围岩变形及稳定情况。监测得到的围岩整体变形量（顶底板移近量、两帮移近量）如图 6-38～图 6-40 所示。留巷采用一梁两柱进行超前支护，排距 1000mm，超前支护距离 50m。

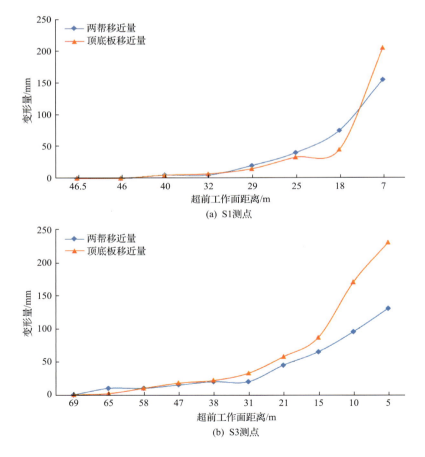

(a) S1测点

(b) S3测点

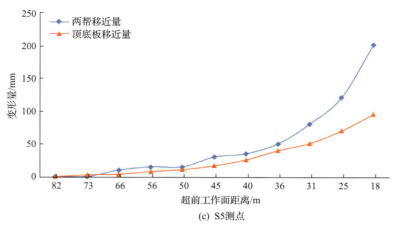

(c) S5测点

图 6-38　二次回采期间巷道围岩整体变形量

二次回采期间巷道围岩变形规律统计分析结果见表 6-19。

由图 6-38～图 6-40、表 6-19 分析可知：

（1）留巷在二次回采期间巷道围岩变形量小，顶底板移近量及两帮移近量均小于 250mm。

（2）受超前应力影响，巷道顶板移近量平均 176mm，以底鼓变形为主，其中顶板下沉量 48mm，占比 27.3%，底鼓量 128mm，占比 72.7%。

（3）受超前应力影响，巷道两帮移近量平均 161mm，以实体煤帮移近量为主，其中实体煤帮移近量 113mm，占比 70.2%，矸石帮移近量小，48mm，占比 29.8%。

（4）超前工作面 70m 围岩开始变形，超前 50m 时变形速率开始加大，因而超前支护距离 50m 是较为合理的。

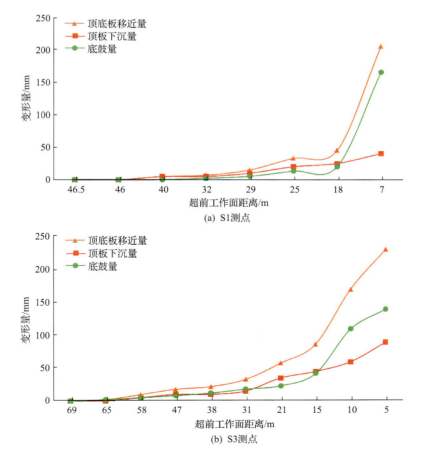

(a) S1测点

(b) S3测点

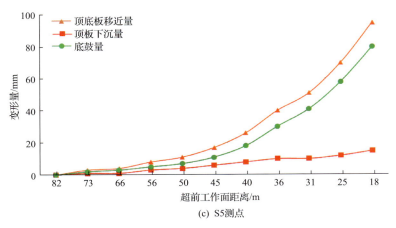

(c) S5测点

图 6-39　二次回采期间巷道顶底板变形量变化规律

表 6-19　二次回采期间巷道围岩变形规律统计分析结果

测点	顶底板变形量/mm			两帮移近量/mm		
	顶底板移近量	顶板下沉量	底鼓量	两帮移近量	实体煤帮移近量	矸石帮移近量
S1	205	40	165	155	110	45
S3	230	90	140	130	85	45
S5	95	15	80	200	145	55
平均	176	48	128	161	113	48

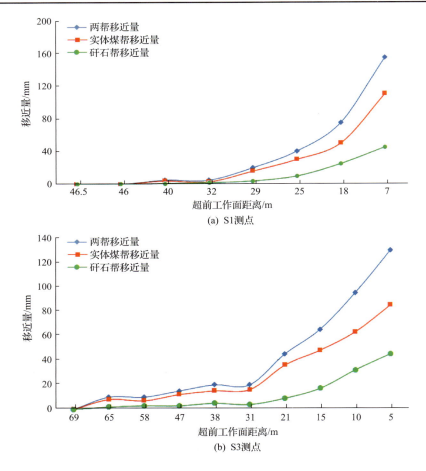

(a) S1测点

(b) S3测点

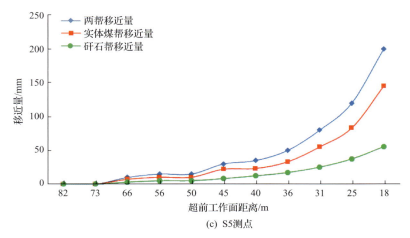

图 6-40　二次回采期间巷道两帮移近量变化规律

6.3　厚煤层 110 工法应用及矿压规律

6.3.1　工程概况

柠条塔井田位于陕西省榆林市神木市中部,行政区划隶属神木市孙家岔镇管辖。井田东西宽约 9.5km,南北长约 19.5km,面积 119.8km^2。保有资源量 22.97 亿 t,可采储量 16.45 亿 t,核准生产能力 1800 万 t/a。矿井采用斜井开拓方式。可采煤层 7 层,分别为 1-2、2-2、3-1、4-2、4-3、5-2 上和 5-2 煤层。主要开采煤层为 1-2、2-2、3-1,水平标高+1105m;二水平主运输大巷布置在 5-2 煤层中,主要开采煤层为 4-2、4-3、5-2 上和 5-2 煤层,水平标高+1000m。目前正在回采工作面为北一盘区 N1118 工作面和 N1201-I 工作面,南一盘区 S1201 工作面和 S1229 工作面。

S1201 工作面井下位于南翼 2-2 煤西大巷北侧,北临红柠铁路煤柱,东临 S1203 工作面,西临 S1201-I 掘进工作面。工作面向北切眼处距红柠铁路约 120m,工作面辅运顺槽向西距惠宝煤矿东边界 1200m,工作面回风顺槽向东距矿井南风井厂区 1200m,向南为通往西客站的公路。工作面走向长 3010.3m,倾斜长 295m,面积 888038.5m^2。工作面采用一次采全高、走向长壁后退式、综合机械化采煤方法,全部垮落法管理顶板。

该工作面煤层厚度 4.17~4.80m,设计采高 4.35m。直接顶为灰色薄层状粉砂岩,厚度 2.82~5.04m,直接底为 0~1.3m 的砂质泥岩,基本顶为浅灰色、浅白色细粒石英砂岩,厚度 5.4~20.63m。依据该工作面矿压观测结果,基本顶周期来压步距平均为 16.2m,周期来压强度平均为 42.7MPa。工作面布置及留巷位置如图 6-41 所示。

6.3.2　厚煤层自成巷 110 工法数值模拟

岩土介质是一种包含众多节理、裂隙等弱结构面的地质体,长期以来,复杂的岩土工程问题研究以光弹试验和相似材料模型试验为主。对于沿空留巷工程,围岩受本工作面及相邻工作面两次采动影响,岩体力学性质、岩体结构、岩体强度等特性发生复杂变化,使得传统的理论分析方法、室内实验方法已无法较好地满足该类问题的研究。随着计算机技术的迅猛发展,数值计算方法取得了长足进步,数值计算方法能较好地处理非连续、非均质、各向异性以及复杂边界条件下的岩土工程问题,逐渐发展成为工程科学中不可缺少的工具。不同的数值模拟软件适用性不同,其中 FLAC3D 和 UDEC 是采矿工程及岩土工程常用的数值模拟软件。由于 FLAC3D 采用有限差分原理,对应力的模拟有明显的优势,但由于采用连续性方程,对于岩体的垮落情况有明显弱势。UDEC 属于离散元软件,对于岩体的垮落过程及垮落情况描述较好。因

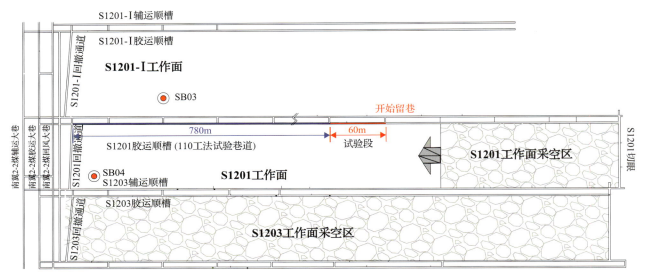

图 6-41　S1201 工作面布置及留巷位置

此考虑到两者的优势和劣势，本次模拟采用两者进行互补，选取 UDEC 模拟切顶后采空区岩体垮落及位移情况，选用 FLAC3D 模拟巷道及工作面围岩应力分布情况。

1. 应力计算模型

在考虑实际工程条件及简化计算的基础上，针对柠条塔煤矿 S1201 工作面生产地质条件，应用 FLAC3D 数值模拟软件建立计算模型，本构模型选用 Mohr-Coulomb 模型。模型尺寸为长×宽×高=300m×100m×60m。模拟巷道开挖尺寸为 6m×100m×4m，巷道埋深平均 100m，沿煤层顶板和底板掘进。顶板由下往上依次为厚 4m 的粉砂岩、厚 6m 的砂质泥岩、厚 16m 的中砂岩；底板由上至下依次为厚 6m 的粉砂岩、厚 14m 的中砂岩。计算模型如图 6-42 所示，各岩层物理力学参数见表 6-20。模型左右边界限制 x 方向位移，前后边界限制 y 方向位移，并施加随深度变化的水平压应力；下部边界限制 z 方向的位移；上部边界施加均布自重应力。

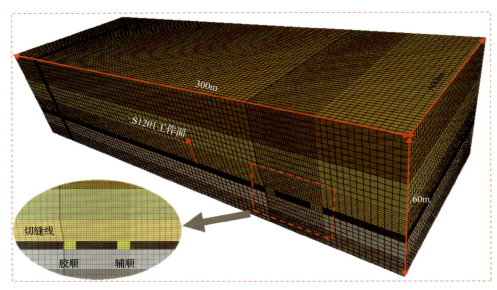

图 6-42　应力场数值计算模型

表 6-20　S1201 工作面顶底板物理力学参数

岩性	密度/(kg/m³)	体积模量/GPa	剪切模量/GPa	内摩擦角/(°)	内聚力/MPa	抗拉强度/MPa
中砂岩	2450	2.57	2.31	30	4.50	2.50
砂质泥岩	1875	1.21	0.92	22	5.50	1.00
粉砂岩	2200	1.86	1.12	27	4.20	1.50
2-2 煤	1450	0.79	0.71	25	0.90	0.50
粉砂岩	2200	2.57	2.31	30	4.50	2.50
中砂岩	2450	2.57	2.31	30	4.50	2.50

2. 本构模型选择

1)可变形块体模型

由于岩土类材料的抗拉强度远不及其抗压强度,因此,可变形块体材料采用考虑抗拉强度的 Mohr-Coulomb 弹塑性本构模型,即当块体承受的拉应力超过其抗拉强度时,块体发生拉破坏。

2)节理材料模型

UDEC 软件提供了几种节理材料模型,如点接触库仑滑移模型、面接触库仑滑移模型、连续屈服模型等,本模型采用面接触库伦滑移模型。面接触库仑滑移模型最适于地下工程岩体的开挖模拟,通常的节理张开、剪切屈服及剪胀效应在此模型中都能实现。

3. 切顶高度对矿压显现的影响

根据理论分析,切顶高度对于沿空留巷矿压显现具有较显著的影响。运用 UDEC 建立计算模型,分别模拟切顶高度为 5m、7m、9m、11m 时围岩的位移、煤层回采后顶板岩层垮落下沉分布特征,计算结果如图 6-43 所示。使用 FLAC3D 建立计算模型,分别对切顶高度为 5m、7m、9m、11m 时模型的垂直应力进行数值计算,计算结果如图 6-44 所示。并对煤柱上的垂直应力和顶板垂直应力监测,如图 6-45 和图 6-46 所示。

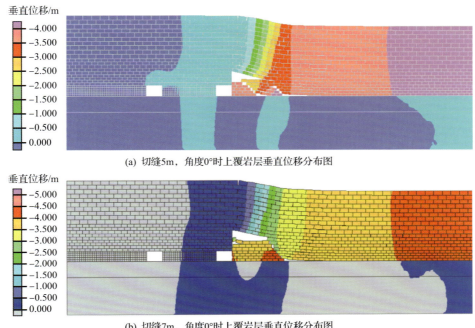

(a) 切缝5m,角度0°时上覆岩层垂直位移分布图

(b) 切缝7m,角度0°时上覆岩层垂直位移分布图

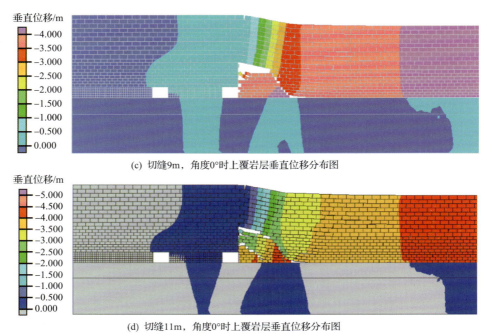

(c) 切缝9m，角度0°时上覆岩层垂直位移分布图

(d) 切缝11m，角度0°时上覆岩层垂直位移分布图

图 6-43　不同切顶高度上覆岩层垂直位移分布图

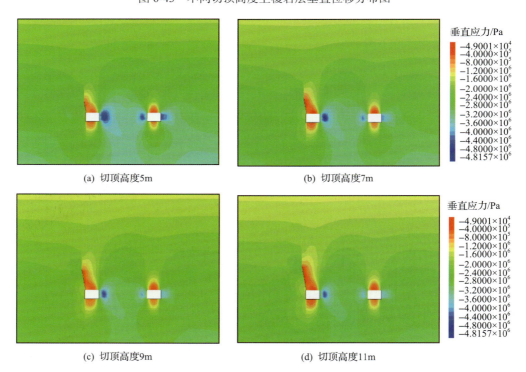

(a) 切顶高度5m

(b) 切顶高度7m

(c) 切顶高度9m

(d) 切顶高度11m

图 6-44　S1201 工作面不同切顶高度下垂直应力分布图

上述各切缝参数方案顶板最大下沉量通过在巷道顶板表面布置测点测量得到，见表 6-21。

表 6-21　不同切顶高度下顶板最大下沉量（mm）

无切缝	切缝 5m-0°	切缝 7m-0°	切缝 9m-0°	切缝 11m-0°
480	121	100	97	96

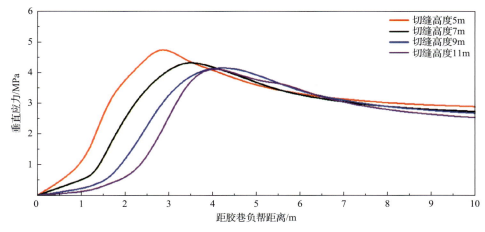

图 6-45　不同切顶高度下煤柱垂直应力分布

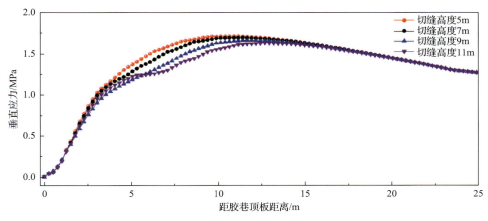

图 6-46　不同切顶高度下巷道顶板垂直应力分布

通过对比图 6-43～图 6-46 可以得出如下结论。

（1）切顶高度对卸压效果具有较显著的影响，切顶高度为 5m 时，巷道实体煤帮内部应力集中区距巷帮约 2m；切顶高度为 7m 时，实体煤帮内部应力集中区距巷帮约 3m，与切顶高度 5m 相比，应力集中向实体煤帮深处转移较明显；切顶高度为 9m 时，实体煤帮内部应力集中区距巷帮 4～5m，与切顶高度 7m 相比，应力集中位置进一步向深处转移，但转移距离较小，表明切顶高度越大，应力集中区距离巷帮越远，对巷道维护越有利；但当切顶高度为 11m 时，切顶高度达到一定程度后，继续增加切顶高度对应力集中区位置影响不甚明显，表明切顶高度对应力集中区范围有一定影响，切顶高度越大，应力集中区范围越小，并且切顶高度越大，施工难度越大、装药量越多，进行方案设计时应综合考虑现场实际情况选择最优参数。

（2）切顶高度为 5m、7m、9m、11m 时，实体煤帮内部应力集中峰值分别为 4.8MPa、4.3MPa、4MPa、4MPa，表明切顶高度对应力集中峰值有一定影响，切顶高度越大，应力集中峰值越小，但是其影响程度较小。

（3）切顶高度为 5m、7m、9m、11m 时，巷道顶板垂直位移最大值分别为 121mm、100mm、97mm、96mm，表明切顶高度越大，由于顶板切落岩石范围扩大，垮落岩石碎胀后充填采空区程度增加，顶板垂直位移越小，但是切顶高度增加到一定程度后继续增加对顶板稳定性会有不利影响，证明合理高度的顶板切缝能够有效控制顶板围岩变形，保证巷道稳定。

4. 切顶角度对矿压显现的影响

根据理论分析，巷道顶板进行切顶后，采空区上方岩体在上覆岩层自重应力作用下产生下沉，下沉过程中会与巷道顶板发生不同程度的相互作用，从而导致巷道顶板变形较大。为了解决该问题，结合现场施工经验，提出切缝向采空区侧偏转一定角度会有利于顶板垮落，并减小其对巷道顶板的影响这一猜想，并运用 UDEC 建立计算模型，分别模拟切顶角度为 0°、10°、15°、20°时围岩的应力、位移分布特征，计算结果如图 6-47～图 6-50 所示。

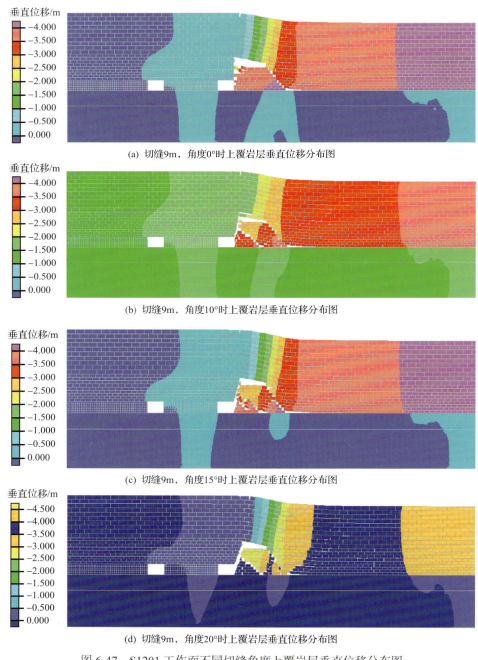

(a) 切缝9m，角度0°时上覆岩层垂直位移分布图

(b) 切缝9m，角度10°时上覆岩层垂直位移分布图

(c) 切缝9m，角度15°时上覆岩层垂直位移分布图

(d) 切缝9m，角度20°时上覆岩层垂直位移分布图

图 6-47　S1201 工作面不同切缝角度上覆岩层垂直位移分布图

上述各切缝参数方案顶板最大下沉量通过在巷道顶板表面布置测点测量得到，见表 6-22。

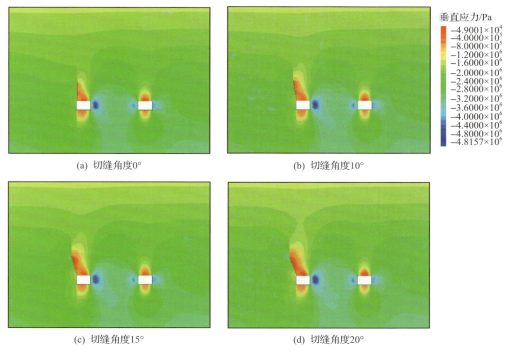

(a) 切缝角度0°　　　　　　　　　(b) 切缝角度10°

(c) 切缝角度15°　　　　　　　　　(d) 切缝角度20°

图 6-48　不同切缝角度下垂直应力分布图

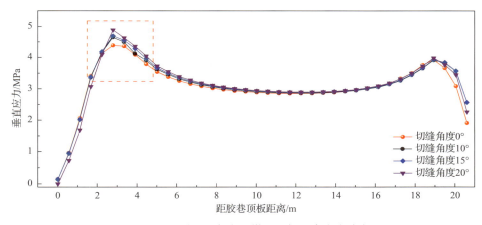

图 6-49　不同切缝角度下煤柱上部垂直应力分布

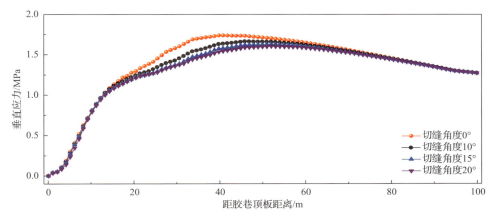

图 6-50　不同切缝角度下巷道顶板垂直应力分布

表 6-22　不同切缝角度下顶板最大下沉量(mm)

切缝 9m-0°	切缝 9m-10°	切缝 9m-15°	切缝 9m-20°
97	92	480	500

通过对比图 6-47～图 6-50 可以得出如下结论。

(1)切顶角度为 0°时，采空区顶板垂直位移较小，采空区垂直应力仍然较高，表明 0°切缝时采空区顶板垮落不彻底；切顶角度为 10°、20°、25°时，采空区顶板垂直位移较大，采空区存在较大范围的低应力区，表明一定的切缝角度有利于采空区顶板垮落，减小采空区顶板悬顶范围，从而达到利用垮落岩体充填采空区、支撑上部岩层的目的。

(2)切顶角度为 0°、10°、15°、20°时，巷道顶板垂直位移最大值分别为 97mm、92mm、480mm、500mm，表明切缝角度越大，巷道顶板垂直位移越大，这是由于增大切顶角度虽然能够减弱采空区顶板和巷道顶板之间的相互作用，但同时也增大了巷道顶板短臂梁的长度，容易使顶板变形量增大，因此，切缝前应做好 NPR 锚索顶板加固工作，并合理确定切缝参数。

(3)切顶角度越大，巷道顶板卸压区范围越大，说明切顶卸压对巷道顶板应力的影响范围与切顶高度呈正相关，但是当切顶角度增加到一定程度时，巷道顶板卸压区范围增加不再明显。

(4)切顶角度为 0°时，实体煤帮内部垂直应力最大值为 4.2MPa；切顶角度为 10°时，垂直应力最大值为 4.4MPa；切顶角度为 15°时，垂直应力最大值为 4.6MPa；当切顶角度为 20°时，垂直应力最大值为 4.9MPa。表明随切顶角度增大，应力集中峰值增大，但应力集中区随切缝角度增大向煤体深处转移距离有所增大，对巷帮影响减小。

5. 随工作面推进矿压显现规律

煤炭开采引发采场顶板岩层大规模运动并导致地应力持续调整，从而形成区域采动应力场。采动应力场的最终分布形态是岩体强度、承载与变形之间相互协调的结果，而应力运移过程则是岩体动态变形破裂的关键时期。切顶卸压自成巷的围岩应力分布状态与采场围岩应力的调整转移密切相关，掌握采动应力演化过程与分布形态是分析切顶卸压自成巷围岩应力优化的基础。实施切顶卸压自成巷的过程，也是采煤工作面不断向前推进、切顶后采空区顶板随采场来压不断断裂下沉、侧向煤岩体不断承压蓄能的过程，这三者组成的三维空间结构的应力演化与分布规律是本节研究的重点。

本节运用 FLAC3D 数值模拟软件再现本工作面的回采过程，研究工作面回采过程中巷道及采场围岩应力，得出切顶卸压自成巷随工作面推进的矿压显现规律，为后期支护设计提供指导。本模拟设计开挖 60m，采用分步开挖，根据柠条塔煤矿实际条件，每次开挖 15m，切缝侧切缝角度为 10°，切顶高度为 9m。经计算得出，距工作面不同距离巷道围岩应力、采场应力分布特征如图 6-51～图 6-54 所示。

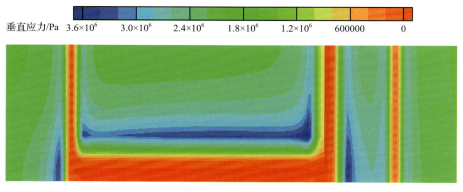

图 6-51　工作面开采 15m 的垂直应力分布

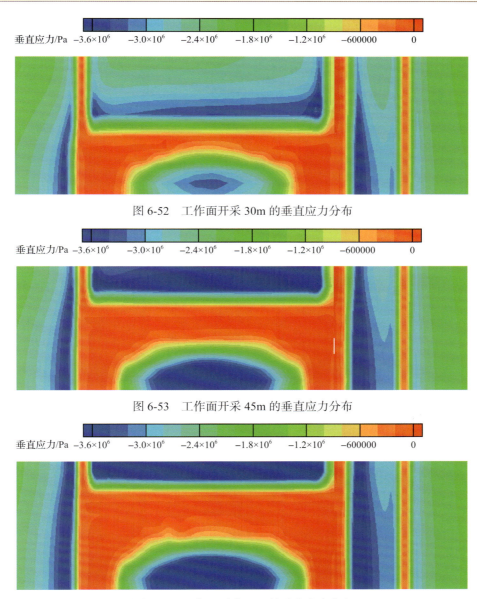

图 6-52　工作面开采 30m 的垂直应力分布

图 6-53　工作面开采 45m 的垂直应力分布

图 6-54　工作面开采 60m 的垂直应力分布

　　由图 6-51 可知，工作面开采 15m 时，由于预裂切缝切断了巷道顶板岩体与采空区侧低位岩体的应力传递路径，切缝侧巷道形成范围明显大于不切缝侧巷道的卸压区，采空区侧向和前方形成支承应力区，工作面后方垮落稳定充实的采空区形成应力恢复区。由图 6-52～图 6-54 可知，工作面开采 30～60m 时，没有周期来压之前，侧向煤岩体和中部先垮落的煤岩体形成支承结构，产成垂直应力较大的支承应力区，其及工作面后方采空区垮落的煤岩体之间再形成随工作面推进而范围不断扩大的卸压区。由于采空区顶板拱形掩护结构和岩体承载能力弱化，工作面及巷道围岩处于低值应力区。采空区侧向顶板断裂块体在倾斜下沉中与接触块体之间形成类拱结构，在拱形块体的保护作用下，切缝侧沿空留巷巷道低位岩体应力显著降低。

6.3.3　厚煤层自成巷 110 工法巷道矿压显现规律

1. NPR 锚索受力及恒阻器变形规律

1）NPR 锚索受力规律

根据工作面推进情况和锚索应力计布置情况，选择 19#、24# 和 16#NPR 锚索应力测点进行分析。其中，

19#测点距留巷开始位置为 320m，为正常留巷段；24#测点距留巷开始位置为 450m，布置在 9 联巷口位置；16#测点为后续补打，位于顶板由于撤柱过早导致的裂缝区内，距留巷开始位置 185m。各测点的 NPR 锚索应力变化曲线如图 6-55～图 6-57 所示。

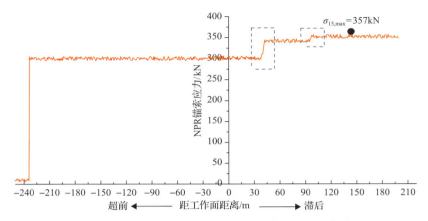

图 6-55 19#测点（正常巷段）NPR 锚索应力变化曲线

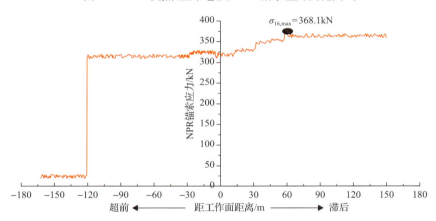

图 6-56 24#测点（联巷口位置）NPR 锚索应力变化曲线

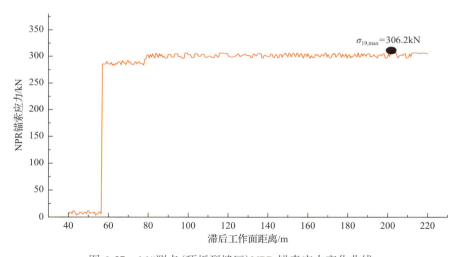

图 6-57 16#测点（顶板裂缝区）NPR 锚索应力变化曲线

通过图 6-55～图 6-57 分析可以得到 NPR 锚索应力变化曲线关键位置及锚索最大拉应力情况，见表 6-23。

表 6-23　S1201 工作面 NPR 锚索应力变化曲线关键位置及最大拉应力

锚索应力测点	距留巷开始距离/m	曲线增大起始位置(滞后工作面距离)/m	锚索最大拉应力/kN
19#	320	38	357
24#	450	39	368.1
16#	185	80	306.2

由图 6-55～图 6-57、表 6-23 对 NPR 锚索应力监测结果分析，可得以下结论。

(1)工作面推进产生的超前支承压力对锚索受力产生轻微影响，24#测点超前工作面 28m 位置锚索受力有轻微升高，说明受到工作面超前支承压力影响。统计发现，工作面超前影响距离约 30m，但 NPR 锚索反应不明显，分析原因主要是顶板条件完整坚硬，预裂切缝切断了部分应力传递，巷道中超前支承压力显现不明显。

(2)正常留巷段 NPR 锚索受力明显升高主要有两个位置(以 19#测点为例)：一是滞后工作面 38～50m 位置，NPR 锚索出现明显的受力升高现象，说明工作面基本顶岩层对 NPR 锚索已产生明显作用，因此滞后工作面 50m 左右应注意支护；二是滞后工作面 100～120m 位置，NPR 锚索受力出现另一波增大。

(3)通过对 NPR 锚索受力趋势分析发现，NPR 锚索受力增加主要有两种方式，一种是滞后工作面一段距离缓慢增加，如 24#测点 NPR 锚索受力；另一种是滞后工作面一段距离突然增加，如 19#测点 NPR 锚索受力。分析原因：对于缓慢增加型，NPR 锚索处于来压步距之间，随着距工作面距离加大，基本顶悬顶距离加大，压力会缓慢增加；对于突变型，NPR 锚索刚好受到来压影响，使顶板岩层断裂影响受力瞬间增大。

(4)对联巷口位置的 NPR 锚索监测发现，联巷口位置的 NPR 锚索滞后工作面 30m 左右受力开始增加，增加状态会一直持续至滞后工作面 60m 左右，受力增加幅度较正常留巷段明显增大，以 24#测点为例，NPR 锚索受力从 330.2kN 增大至 368.1kN，增大了 37.9kN，因此联巷口位置为受力集中区。从图 6-57 可以看出，对特殊区域顶板裂缝区补打 NPR 锚索，NPR 锚索受力增大至 306kN 左右即保持不变，侧面反映裂缝区得到有效控制。

2)NPR 锚索变形规律

当 NPR 锚索达到恒阻值时，恒阻器会向内缩进，保持恒阻状态，让压适应大变形。恒阻器初始外露长度为 23～25mm，超前工作面 NPR 锚索及初始外露长度如图 6-58 所示，经采动矿压影响，NPR 锚索恒阻器缩进情况如图 6-59 所示。

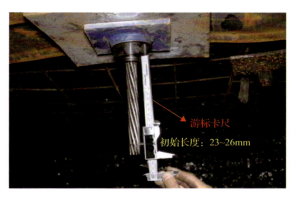

图 6-58　S1201 工作面 NPR 锚索及初始外露长度

通过游标卡尺对恒阻器缩进情况进行统计，距留巷开始不同位置 NPR 锚索缩进情况如图 6-60 所示。

图 6-59　S1201 工作面受矿压影响恒阻器缩进情况

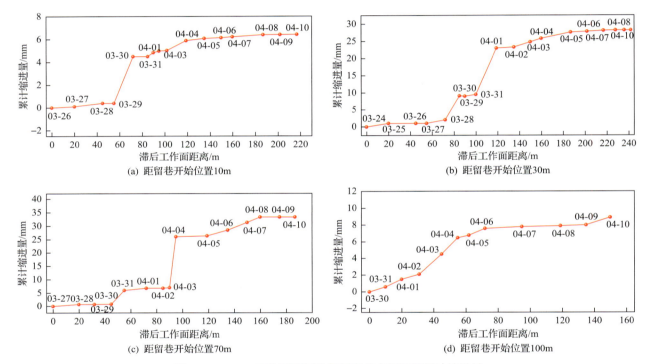

图 6-60　S1201 工作面不同位置恒阻状态恒阻器累计缩进量

从统计数据可以发现，锚索恒阻器明显突变缩进有两个位置：一是滞后工作面 60m 左右位置，此时由于基本顶岩层达到极限步距，锚索受力明显增大；二是滞后工作面 100～120m 位置，此时恒阻器会进一步缩进。根据上述统计，恒阻器最大缩进量约 55mm，90%以上的恒阻器有不同程度的缩进，说明 NPR 锚索对顶板的下沉起到了应有的主动支护作用和让压作用。

2. 巷道围岩变形规律

巷道开挖及切顶作业破坏了巷道周围岩体中原始地应力的平衡状态，围岩应力重新分布，并伴随着围岩变形与破坏。采用切顶卸压自成巷技术后，巷旁由实体煤变为松散矸石，围岩会发生变形以寻求稳定。对留巷段不同位置进行布点观测，主要监测靠近切缝侧和靠近煤柱侧巷道顶底板及两帮变形情况。

1）顶底板移近量

对留巷段不同位置布设测点，预先在顶底板进行标记，运用卡尺及顶底板移近仪进行精确测量，不同留巷位置顶底板移近量随工作面推进变化曲线如图 6-61 所示。

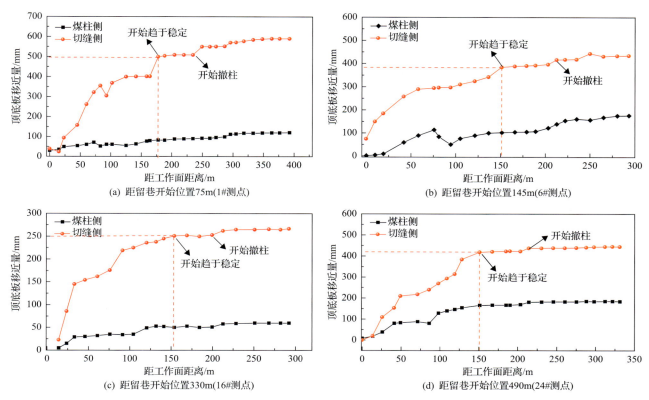

图 6-61　留巷段不同位置切缝侧和煤柱侧顶底板移近量变化

通过对不同巷段顶底板移近量变化情况进行分析发现以下规律。

(1)顶底板移近大致可分为三个阶段：第一阶段为架后 50m 之内，此巷段距工作面较近，受采动影响基本顶回转下沉，尤其在端头架后 40～60m 顶底板会有明显移近，说明顶板已经有一次大的来压作用；第二阶段为架后 60～150m，此阶段顶板仍没有完全稳定，仍受到矸石压实过程中的动压影响，但增长速度较第一阶段有所放缓；第三阶段为架后 150m 之后，此阶段所留巷道巷旁的矸石已压实，主动支护、被动支护与顶板压力达到一个区域平衡状态，顶板有微量下沉，下沉速度也明显减少，不同位置及地质条件可能会稍有差别。

(2)以每天下沉量不超过 3mm 为巷段趋于稳定的评判标准,对不同位置的巷道稳定距离进行统计发现,多数巷段在架后 150～160m 位置顶底板移近变化已经很少，在 200m 之内基本都达到稳定状态，因此从顶底板移近量这一因素整体考虑，初步判断柠条塔煤矿浅埋大采高切顶成巷架后 200m 位置为保守稳定区，200m 后可回撤临时支护设备。

(3)通过对切缝侧和煤柱侧顶底板移近量进行对比发现，前期切缝侧顶板下沉明显多于非切缝侧，说明切顶后在碎矸的摩擦下坠作用及基本顶的回转下沉作用下，切顶短臂梁发生回转，其中 1#和 6#测点为前期支护强度较低，采用隔孔爆破的顶板下沉量可以发现，切缝侧最终下沉在 400～600mm，煤柱侧下沉量在 100～200mm；后期采取措施对顶板进行补强支护且改为连孔爆破后，下沉明显减少，16#测点为优化后的下沉量，切缝侧下沉量保持在 200mm 左右，其中 295m 位置达到 250mm，煤柱侧顶板下沉量在 50～100mm。采取优化措施后，顶板下沉得到有效控制。

(4)490m 位置(24#测点)顶板下沉又有所增大，主要原因是该段试验倾斜锚索，由于 NPR 锚索有效支护高度减小，NPR 锚索支护效果减弱，变形量增大，后期试验段过后顶板下沉明显好转。

图 6-62 为距留巷开始位置 75m 处的顶板下沉速率。从顶板下沉速率可以发现，滞后工作面 45m 位置时顶板下沉速率最大，而后下沉变缓，滞后工作面 165m 左右巷中和煤柱侧顶板下沉速率趋于 0mm/d，切缝侧仍有轻微变形，滞后工作面 200m 左右达到相对稳定状态。

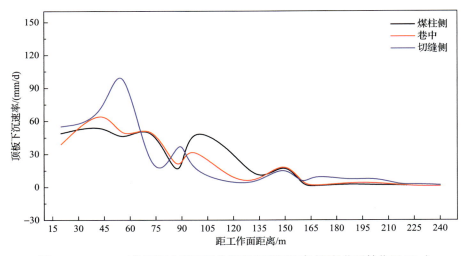

图 6-62   S1201 工作面留巷段不同位置顶板下沉速率(距留巷开始位置 75m)

2) 两帮移近量

对留巷段不同位置两帮移近量进行监测,部分监测结果如图 6-63 所示。

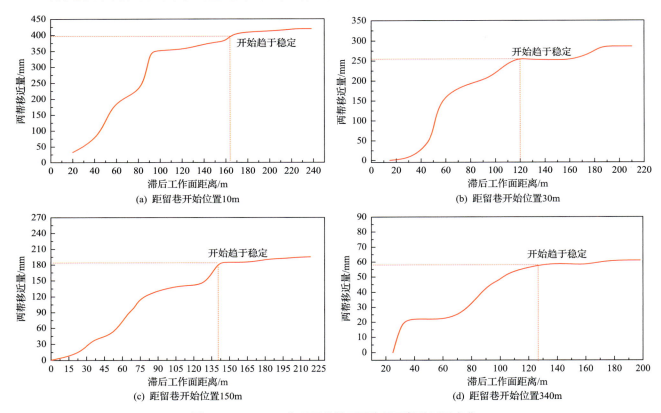

图 6-63   S1201 工作面留巷段不同位置两帮移近量变化

对不同位置巷段两帮移近情况进行统计,可以发现以下规律。

(1)与巷道顶底板移近量变化趋势类似,距端头架尾 40m 位置有较大移近,说明受来压影响,之后两帮移近量会趋于平缓过渡状态,至 140m 位置两帮移近量趋于稳定,说明已经达到稳定状态。

(2)开始试验段前 60m,两帮移近量较大,主要原因是开始挡矸试验时采取多种试验方案,对于弱支护结构(如木点柱、工字钢等),不能抵抗矸石大的横向冲击力,造成变形过大。所统计的数据中,距开始留巷 10m 位置变形最大,最大两帮移近量达到 390mm。试验段之后,挡矸支护改为 U 型钢,两帮移近量明显减小，平均移近 100～200mm。采取优化爆破参数、让距减压措施后两帮移近量再次减小，正常留巷段距开始留巷 250m 最大两帮移近量为 94mm，距开始留巷 340m 位置两帮移近量只有 60mm 左右，说明采取优化措施后巷道两帮移近量得到明显控制。

（3）两帮稳定的时间比顶底板运动稳定时间要早，因此为了防漏风，可在回撤单体支柱之前进行喷浆或防漏风作业。

3. 顶板离层变化规律

根据工作面推进情况和顶板离层仪布置情况，选取几个典型区域的顶板离层数据进行分析。分别选取 1#、4#、8# 和 9# 共 4 个顶板离层测点，其中 1# 测点位于正常留巷段，该区域补强锚索长度为 7m；4# 测点为特殊区域段，该区域由于撤柱较早，顶板出现裂缝；8# 测点为 9m 普通锚索补强支护区域；9# 测点亦为 9m 普通锚索补强支护区域，但位于联巷口位置。1#、4#、8# 和 9# 测点距留巷开始位置分别为 110m、185m、365m 和 390m，图 6-64 为顶板离层测点在巷道中的布置位置。4 个测点的顶板离层值变化曲线如图 6-65 所示。

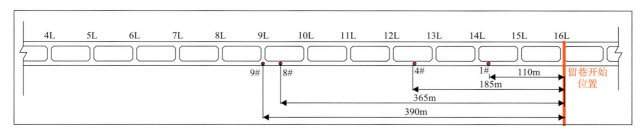

图 6-64　顶板离层测点布置位置

通过图 6-65 分析可以得到顶板离层值变化的具体情况，其中顶板离层值变化曲线关键位置及顶板最大离层值见表 6-24。

（1）工作面的推进对巷道顶板离层值产生影响，不同位置处顶板离层有不同的反应。特殊区域（如顶板裂缝区）离层值最大，靠近切缝侧的离层值达到 180mm，因此对特殊留巷段应采取特殊的加强支护措施；顶板支护强度对离层值有明显影响，7m 普通锚索补强支护时，最大离层值达到 101mm，而 9m 锚索补强支护后，顶板离层得到明显控制，切缝侧最大离层值为 42mm，联巷口位置离层值稍有增大，最大离层值为 51mm。可见，不同巷段不同位置离层有不同变化，现场应根据实际情况合理调整支护方案。

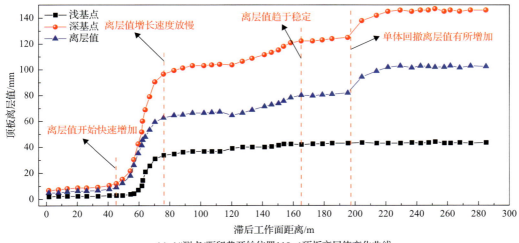

(a) 1# 测点（距留巷开始位置 110m）顶板离层值变化曲线

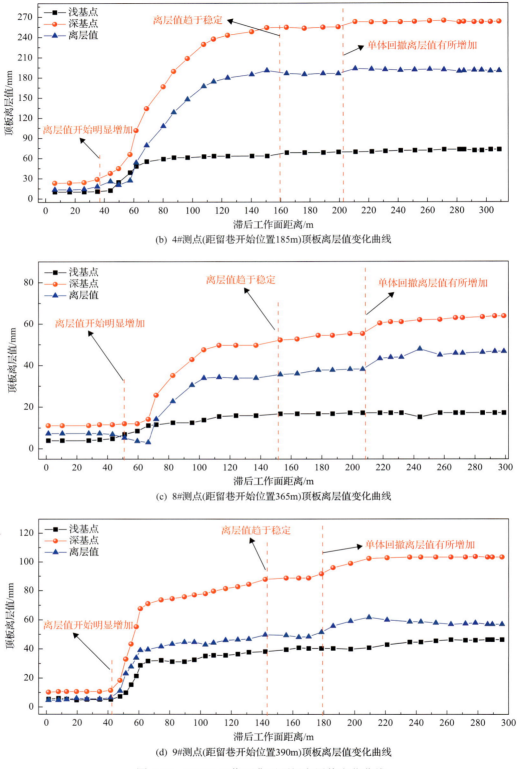

(b) 4#测点(距留巷开始位置185m)顶板离层值变化曲线

(c) 8#测点(距留巷开始位置365m)顶板离层值变化曲线

(d) 9#测点(距留巷开始位置390m)顶板离层值变化曲线

图 6-65　S1201 工作面典型顶板离层值变化曲线

　　(2)从实际离层监测站统计发现，滞后工作面 40～50m 离层值开始明显增加，平均距离为 43.75m，而后离层值增长速度缓慢，滞后工作面 140～160m 离层趋于稳定。此外单体回撤对顶板离层也有一定的影响，但影响不大，单体开始回撤时，离层值会有小幅度增加，回撤后 15m 左右离层值基本不再变化。

表 6-24　S1201 工作面顶板离层值变化曲线关键位置及顶板最大离层值

顶板离层测点	距留巷开始位置/m	曲线增大起始位置（滞后工作面距离）/m	曲线平稳起始位置（滞后工作面距离）/m	顶板最大离层值/mm
1#	110	43.5	163	101
4#	185	38.5	160	180
8#	365	51	151	42
9#	390	42	143	51

（3）从离层变化趋势可以发现，不考虑撤柱对离层影响时，每个测点顶板离层值变化大致分为四个阶段：不变段、快速增大段、增速减缓段和稳定段。以 1#测点为例进行分析，前 40m 深基点和浅基点离层几乎不变，40m 之后离层值明显增加，说明受到来压影响，增长至 78m 左右离层值增速明显减缓，直至163m 区域离层值稳定不再变化。

4. 滞后单体支柱压力变化规律

对 2#、8#和 20#3 个测点的单体支柱压力进行分析，其位置分别距留巷开始位置 26m、165m 和 375m，3 个测点的单体支柱压力变化曲线如图 6-66 所示。

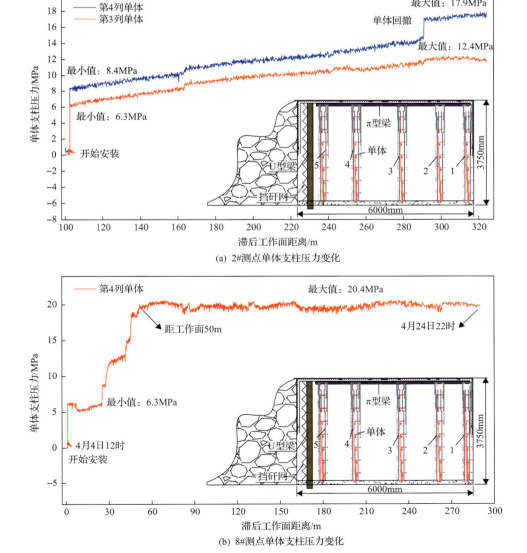

(a) 2#测点单体支柱压力变化

(b) 8#测点单体支柱压力变化

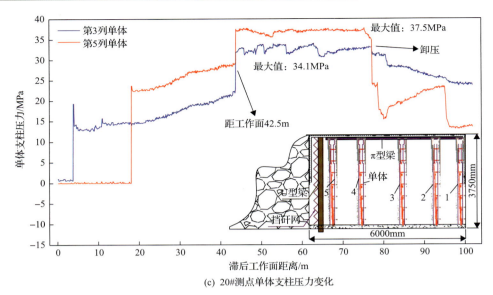

(c) 20#测点单体支柱压力变化

图 6-66 S1201 工作面典型单体支柱压力变化

对图 6-66 的单体支柱压力分析发现以下规律。

(1)通过统计发现，相同断面情况下，越靠近切缝侧滞后单体支柱压力增量越大，以 2#和20#测点的单体支柱为例，单体支柱逐渐远离工作面过程中，距留巷开始位置 26m 位置处的 2#测点第 3 列单体支柱压力由 6.3MPa 增加至 12.4MPa，压力增幅为 6.1MPa，而靠近切缝侧的第 4 列单体支柱压力由 8.4MPa 增加至 17.9MPa，压力增幅为 9.5MPa，其他单体支柱有类似规律，这与切缝侧顶板下沉量较大相对应。

(2)滞后工作面 50m 之内，单体支柱压力会逐渐升高，以 8#测点第 4 列单体支柱为例，在滞后工作面 40m 位置处，单体支柱压力迅速升高。滞后工作面 50m 之后，一部分单体支柱压力呈现波动，如 8#测点的第 4 列单体支柱；另一部分单体支柱压力仍会缓慢增加，如 20#测点的第 3 列单体支柱，此外还有一部分单体支柱压力过大(尤其联巷口位置)，达到额定工作阻力，出现卸压现象，如 20#测点的第 3 列、第 5 列单体支柱。

(3)单体支柱压力增加主要有两种方式：突变型和缓变型。20#测点的第 3 列在距工作面 42.5m 时单体支柱压力突变增大至 32MPa，后波动变化。分批次回撤单体时，回撤单体的附近单体支柱压力在没有达到额定工作阻力前，变化类型多属于突变型，但已达到额定工作阻力时变化多为缓变型。

5. 巷道侧向压力变化规律

在巷道采空区侧布设侧向压力测点，侧向压力计安装时通过锚索托盘、金属网与采空区矸石接触。选取 4 个典型侧向压力测点分析，1#、2#、6#和 8#分别距留巷开始位置 50m、80m、260m 和 340m。其中 1#和 2#测点位置挡矸线靠近切缝线，挡矸线在切缝线和 NPR 锚索支护线之间；6#和 8#测点位置挡矸线远离切缝线，挡矸线在 NPR 锚索支护线和巷道中线之间，4 个侧向压力测点的侧向压力变化曲线如图 6-67 所示。

(1)1#和 2#测点侧向压力明显高于 6#和 8#测点侧向压力：1#测点侧向压力最高达到 2.49MPs，2#测点侧向压力最大，侧向压力峰值达到 2.98MPa，而 6#和 8#测点侧向压力峰值均不到 2MPa，其中 6#测点最小，只有 0.75MPa。分析原因主要是挡矸位置不同，1#和 2#测点挡矸线距切缝线较近，碎矸挤压更为严重，造成侧向压力增大；而 6#和 8#测点距挡矸线较远，给垮落的矸石留出膨胀空间，因此侧向压力有所减小。可见，采取将挡矸线向巷中方向移动的措施有利于减少侧向压力。

(2)1#和 2#测点侧向压力变化趋势相似，前 50m 侧向压力逐渐上升，而后会有一个平缓期，随后侧向压力会继续增大，大约 120m 侧向压力趋于稳定，上下微小波动；而 6#和 8#测点大约 110m 趋于稳定，侧向压力增长过程中没有明显的平缓过渡期，缓慢上升至最大侧向压力，直至趋于稳定不再变化。

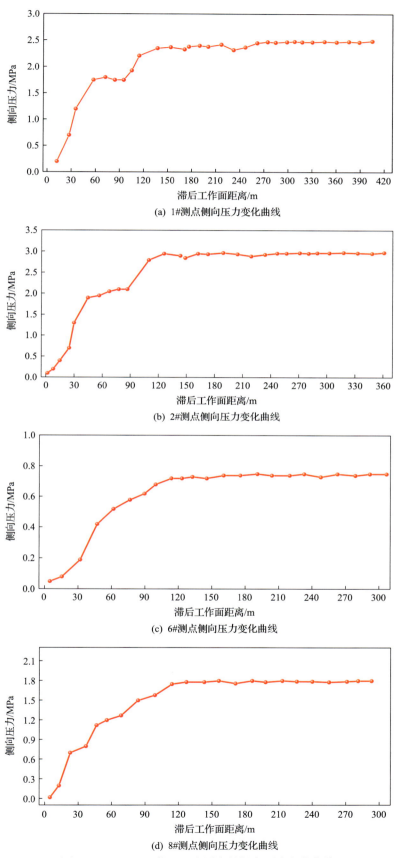

(a) 1#测点侧向压力变化曲线

(b) 2#测点侧向压力变化曲线

(c) 6#测点侧向压力变化曲线

(d) 8#测点侧向压力变化曲线

图 6-67　S1201 工作面 4 个测点的侧向压力变化曲线

综合分析认为，柠条塔煤矿 S1201 工作面切顶卸压自成巷的侧向压力趋于稳定时，滞后工作面距离为 100～120m。挡矸线距切缝线距离不同会影响挡矸效果，在合理范围内，距挡矸线越远，侧向压力过渡越平缓，侧向压力峰值也越小。

6.3.4　厚煤层自成巷 110 工法采空区岩体垮落及碎胀效应

1. 采空区岩体垮落规律

顶板垮落程度好坏是保证留巷成功的重要条件。顶板垮落充分，垮落矸石对采空区基本顶岩层起到应有的支撑作用，顶板下沉必然减少。目前，衡量顶板垮落程度没有统一的标准和定义，主要原因是 121 工法工作面采过后，作业人员无法进入采空区，无法直观观察垮落情况。采用 110 工法后，由于有挡矸设备维护巷道，因此可以在巷道内对垮落情况进行详细统计和分析，为了衡量采空区顶板岩体垮落情况，对顶板矸石垮落及时程度进行统计。

工作面采过后采空区岩体会垮落，顶板垮落快慢与多个因素有关。从巷道断面方向来看，采用 121 工法时，由于没有进行切顶作业，巷道顶板和采空区顶板在很大高度上仍是一个完整的板结构，靠近巷道的岩体垮落较慢，采空区悬顶较长。采用 110 工法后，由于在一定高度上切断了巷道顶板与采空区顶板的压力传递，采空区顶板会由简支状态变为一端自由的悬臂状态，因此理论上垮落更快。

从巷道走向方向来看，切顶后的采空区矸石垮落速度与切缝效果有很大关系。切缝效果不好时，顶板岩体仍存在一定的内聚力，采空区开始充填满的点距架尾较远，且矸石垮落终止位置距架尾仍有一段距离，如图 6-68（a）所示，此种状态下往往会形成长距离一次性垮落，对巷旁挡矸设备造成很大的冲击力，不易维护；若切缝效果较好，则采空区岩体垮落及时，如图 6-68（b）所示，此时矸石垮落终止位置往往已与端头架尾密切接触，容易维护。

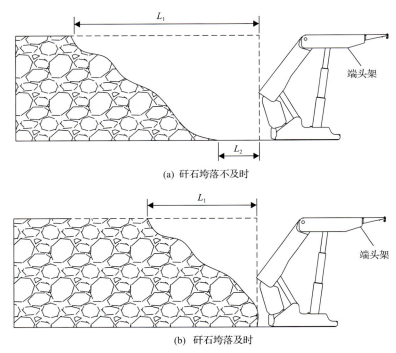

(a) 矸石垮落不及时

(b) 矸石垮落及时

图 6-68　厚煤层 110 工法架后顶板垮落示意

L_1 为顶部距架尾的距离；L_2 为底部距架尾的距离

为了衡量采空区顶板矸石的垮落及时度，以矸石充填满位置和矸石垮落终止位置为界，顶部和底部距架尾的距离和 $L=L_1+L_2$ 作为矸石垮落及时度的衡量标准。L 越大，说明垮落速度越慢，对挡矸支护造成的威胁越大,因此试验过程中应采取合理措施减少 L 的大小。通过改变爆破参数可以有效控制采空区矸石的垮落及时度。图 6-69 为试验过程中采用隔孔爆破和连孔爆破时顶板矸石垮落及时度,采用隔孔爆破时,L 平均为 7.5m,而采用连孔爆破后 L 明显减少,平均为 3m。

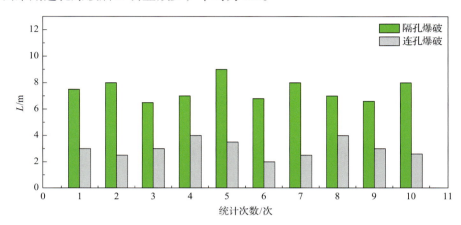

图 6-69　隔孔爆破和连孔爆破模式下顶板矸石垮落及时度统计

此外,顶板垮落及时度不仅与切缝效果有很大关系,与顶板岩性也有很大关系,一般来说顶板以软弱岩层为主时(如泥岩),矸石垮落较及时;顶板为坚硬岩层时,顶板垮落较慢。柠条塔煤矿 S1201 工作面顶板以硬岩为主,内聚力和内摩擦角较大,但通过采取合理的措施,优化爆破参数后采空区岩体会及时垮落。

2. 采空区岩体碎胀效应

1)顶板岩石碎胀系数

110 工法聚能爆破预裂切顶关键技术使得预裂切缝减弱了顶板的压力传递,在沿空侧形成减压区,进而利用顶板岩石的碎胀性,使得顶板岩石破碎垮落后对采空区进行填充。岩石的碎胀性是指岩石破碎以后体积增大的性质。岩石的碎胀性可用岩石破碎后处于松散状态下的体积与岩石破碎前处于整体状态下的体积之比来表示,该值称为碎胀系数。

在 110 工法中采用挡矸设备进行挡矸作业后,可防止切顶留巷垮落的矸石涌入巷道,故 110 工法中顶板岩石垮落后的碎胀变形量主要发生在竖直方向上,所以 110 工法岩石破碎垮落的碎胀系数可以近似表示为岩石破碎垮落后所测量的高度与岩石破碎前处于整体状态下的高度之比。

在 110 工法研究推广工程中,以现场实测为主,结合理论研究的思路对碎胀规律进行研究。

对于分层明显且垮落后容易区分的岩层,测量方法为:首先在预裂切缝钻孔施工后,利用钻孔窥视仪对各个钻孔进行窥视,加以分析得出各个钻孔内岩层、岩性分布情况,从而确定各岩层的岩性及其厚度。在工作面回采后,对采空区顶板垮落过程进行实时监测,对于垮落后揭露在巷道内的直接顶岩层利用现场实测方法,测量不同时间内直接顶岩层的垮落高度。

对于分层不明显的岩层可利用激光测距仪、坡度规及塔尺进行综合测量。以具有一定垮落厚度的岩层为基点,利用激光测距仪测量一点的倾斜长度,然后利用坡度规测量激光测距仪的测量角度,同时利用塔尺或卷尺测量基点岩层的厚度,即可计算出碎胀系数。

根据柠条塔煤矿 S1201 工作面岩性分布情况以及现场矸石垮落情况,发现顶板垮落后粉砂岩可以揭露在采空区,故而测量不同时间内直接顶岩层的垮落高度,先测量粉砂岩的碎胀系数。

2)现场实测及数据分析

a.粉砂岩碎胀系数

针对柠条塔煤矿 S1201 工作面顶板岩性分布情况,确定 110 工法顶板粉砂岩碎胀系数的现场确定方法,具体如下。

第一步：移架后，待采空区初次垮落稳定，当顶板煤层垮落且露出成巷侧，测量垮落粉砂岩初始高度（H_1）。

第二步：每次移架后测量垮落粉砂岩高度（H_2，…，H_n）。

第三步：当连续 48h 测量垮落粉砂岩高度变化值小于 10mm，此高度为粉砂岩稳定垮落高度（H_s）。

第四步：根据前期钻孔窥视结果，确定测点位置粉砂岩厚度（H_0），利用公式 $K_n = H_n/H_0$，计算实时碎胀系数 K_n，并形成曲线。

第五步：稳定碎胀系数 $K_s = H_s/H_0$（$s=\text{Max}\{1, …, n\}$）。

根据 110 工法顶板粉砂岩碎胀系数的现场确定方法在 S1201 工作面回采过程中对其进行实时监测与记录。随着工作面的推进而加布测点，结合对应测点处的岩性窥视结果加以分析，最终得出相应的碎胀系数。

2#测点距留巷开始位置 90m。通过对该测点的预裂切缝钻孔的窥视结果进行分析，得出该测点的直接顶粉砂岩厚度为 3.5m。对该测点进行现场垮落情况实时观察（图 6-70），并对该岩层跨落后高度进行实测，用 110 工法顶板岩层碎胀系数确定方法得出相应的碎胀系数，并绘制成图 6-71。通过分析（图 6-71）发现随着工作面推进，2#测点的碎胀系数逐渐减小，并且随着工作面推进，这种减小的趋势逐渐缓慢，碎胀系数最终稳定在 1.38 左右。

(a) 未垮满　　　　　　　　(b) 已垮满

图 6-70　2#测点顶板垮落图

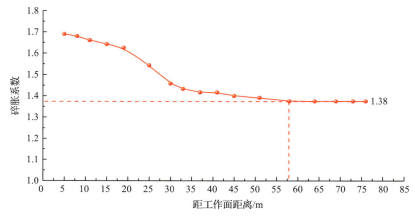

图 6-71　2#测点碎胀系数随工作面推进变化曲线

b.整体岩层碎胀系数测量

对于分层不明显且垮落后不易区分的岩层，采用碎胀系数斜测法，利用激光测距仪和坡度规进行测量，该方法无须对钻孔进行窥视。激光测距仪是利用红外激光对目标的距离进行准确测定的仪器。该仪器在工作时向目标射出一束很细的激光，由光电元件接收目标反射的激光束，计时器测定激光束从发射到接收的时间，计算出从观测者到目标的距离。本次测量利用洪诚科技 HT-307 进行斜度测量，以具有一定垮落厚度的岩层为基点，用激光测距仪测出测量位置距顶板某一点的距离 d，然后用坡度规测出激光测距仪与水平方向的夹角 α，根据开采过程可知该处的煤厚 m 为 3.9m，用钢尺测量两次垮落后的差值 h_2，则可理论计算出顶板的碎胀系数为

$$K = \frac{d \times \sin\alpha + h_2 - m}{h_2} = \frac{5.1 \times \sin 60^\circ + 1.4 - 3.9}{1.4} = 1.37 \tag{6-1}$$

利用同样的方法综合分析，对不同位置的碎胀系数进行统计，确定柠条塔煤矿 S1201 工作面顶板的碎胀系数为 1.37～1.38（图 6-72）。

图 6-72　S1201 工作面 2#测点碎胀系数斜测法测量过程

6.3.5　厚煤层自成巷 110 工法顶板运动模式及岩层（地表）移动规律

1. 基本顶结构特点及失稳特征

根据裂隙体梁假说以及现场大量实测结果，直接顶上方（距煤层 2.0～2.5 倍煤层厚度）形成的梁式基本顶结构，在工作面推进引起的岩层移动和破断过程中，鉴于采场矿山压力显现及支架受载呈周期性变化，因此采场上覆岩层中仍然存在周期性运动的岩层结构，正是这种结构的运动，导致采场矿山压力显现变化，使基本顶沿着垂向发生滑落失稳和以煤壁为支点发生回转失稳。

1）基本顶下沉滑落变形失稳

随着工作面回采，直接顶垮落后，进一步的岩层移动将会导致上覆基本顶发生破断，形成平衡铰接的砌体梁，砌体梁之间除了传递垂向的摩擦力，还传递水平作用力，在冒落矸石上方形成一个拱形的砌体梁平衡结构。这种结构将会在砌体梁之间发生垂向的滑落变形和彼此铰接后的回转变形。当薄及中厚煤层开采时，将煤层采出后，由于采高较小，直接顶垮落碎胀后一般能充满采空区，或留下很小的空间给基本顶，这样基本顶发生滑落的可能性很小，通常很难发生滑落。

2）基本顶绕煤壁回转失稳

直接顶垮落后，基本顶发生破断，在砌体梁之间水平力的挤压作用下，砌体梁连接处挤压破碎，产生活动的塑性铰，各个砌体梁绕着塑性铰发生回转变形。回转变形用回转角来描述，回转角越大说明回转变形越大，回转角越小说明回转变形越小。而回转角的大小则取决于直接顶垮落碎胀后能否充填采空区，充填采空区的程度通常用垮落高度与煤层采高的比值（$\Sigma h/M$）来反映充填情况，比值越大则充填的越不充分，比值越小则充填的越充分。实测过程中发现，厚煤层 110 工法基本顶以回转变形为主。直接顶破断垮落后，形成碎胀的矸石通常可以将采空区充满，基本顶发生回转有一定的空间，因此会发生一定的回转变形，尤

其对大断面巷道, 若不采取顶板加固措施回转会更为明显。

2. 上覆岩层移动规律

研究表明, 大采高切顶自成巷的巷道顶板运动可划分为三个阶段: 直接顶垮落活动期、基本顶破断活动期和顶板趋稳期。随着工作面推进, 支架不断前移, 工作面后方顶板岩层失去支架的支撑, 留巷采空区侧的直接顶在自重及充填体早强产生的切顶力作用下, 出现沿巷旁充填体边缘一次性发生破断, 破断直接顶呈倒台阶的悬臂梁状态, 这一阶段顶板在直接顶垮落及基本顶下沉的带动下, 其变形以旋转变形为主, 此阶段的顶板活动为直接顶垮落活动期。

当直接顶垮落后能充满采空区时, 基本顶岩层折断垮落, 在平衡过程中基本顶可形成砌体梁结构, 实现稳定; 但是当直接顶岩层垮落后不足以充满采空区时, 上位部分基本顶岩层也将挠曲断裂垮落, 充填采空区, 直至达到充满采空区的层位后其上部基本顶岩层方可形成砌体结构; 基本顶在这一运动平衡过程中, 由于煤体的刚度大于采空区冒落矸石的刚度, 所以基本顶上覆岩层的重量通过直接顶逐渐转移到巷旁煤体深部, 在煤体深部出现应力集中。随着基本顶岩块旋转, 基本顶岩块在下部冒落碎矸的支撑下形成的"大结构"逐渐稳定, 从而使沿空巷道一定范围内的应力低于原岩应力, 该阶段的顶板运动称为基本顶破断活动期。其变形仍以旋转变形为主, 变形速度快, 变形量大。这一时期顶板的旋转变形一般占巷道总旋转变形的 60%～70%。

随着矸石逐渐压实, 形成稳定"大结构"的上位岩层也将折断、变形下沉, 使煤壁乃至直接顶产生损伤, 支承压力范围加大, 峰值进一步内移, 留巷上方顶板产生平行下沉。其顶板运动特征以平行下沉为主, 但下沉速度较小。基本顶"大结构"的存在, 有效保护了巷内支架免受上覆岩层自重应力的作用, "大结构"的形态与采高、直接顶厚度、基本顶下位岩层的性质有关。巷内支护和巷旁充填体不能改变基本顶"大结构"的形态。巷内支护只需保持直接顶的完整和与基本顶的紧贴, 不能改变基本顶破断活动期顶板下沉量的大小, 巷内支护和巷旁支护也不能约束顶板岩层后期活动而引起的平行下沉, 支护阻力的大小对后期活动顶板的平行下沉没有影响。

3. 地表裂缝情况

1) 传统长壁开采地表变形情况

工作面开采后, 由于顶板岩层周期性断裂, 地表会以不同的方式进行显现, 观测过程中发现, S1201工作面地表主要以两种方式变化, 分别是台阶下沉和裂缝发育。

通过现场观测可知, 传统长壁开采条件下地表变形严重, 主要表现为台阶下沉严重、裂缝宽度大、地表破坏严重(图 6-73、图 6-74)。

(a) 台阶下沉12cm   (b) 台阶下沉55cm

图 6-73　传统长壁开采地表台阶下沉现场照片

(a) 地表裂缝12cm　　　　　　　　　　　　　　　(b) 房屋裂缝14cm

图 6-74　传统长壁开采地表裂缝现场照片

2）110 工法区地表变形情况

通过现场观测可知，110 工法区地表变形情况优于传统长壁开采条件下地表变形，裂缝宽度相对减小（图 6-75）。

(a) 地表裂缝测量　　　　　　　　　　　　　　　(b) 局部放大图

图 6-75　110 工法区地表裂缝现场照片

6.4　厚层坚硬顶板 110 工法应用及矿压规律

6.4.1　工程概况

榆树泉煤矿 2019 年 1 月 24 日由河南能源化工集团有限公司以控股方式正式接管，矿井井田东西长 5.5～6.7km，南北宽 1.79～2.61km，设计生产能力为 0.9Mt/a。

榆树泉煤矿 1014 工作面是下 10 煤层第 3 个综采工作面，近东西走向布置，工作面倾向为近南向，工作面切眼东距矿界留有 120m 的保安煤柱，西部与主井间留有 350m 煤柱，南部与 1012 工作面下顺槽留有 30m 煤柱，北部与+1650m 泄水巷留有 30m 煤柱。1014 工作面呈不规则的长方形布置，工作面倾斜长度 175m，上顺槽长 2846m，下顺槽长 2754m。1014 工作面自西向东煤层倾角变小，倾角多在 9°～16°。

榆树泉煤矿下 10 煤层煤厚 3.6～4.5m，平均煤厚 4.05m，煤层倾角 9°～16°，平均倾角 12°，煤质松、脆且裂隙发育，煤尘具有爆炸危险性，下 10 煤层属Ⅱ类自燃煤层，选取下 10 煤层 1014 工作面上顺槽作为本次切顶留巷的试验段。1014 工作面切顶卸压自成巷的施工位置如图 6-76 所示。

6.4.2　厚层坚硬顶板 110 工法采场矿压显现规律

1. 支架参数与工程分区

1014 工作面共布置 116 个支架，全部为 ZC4800/16/32 型充填液压支架，支架基本参数见表 6-25。

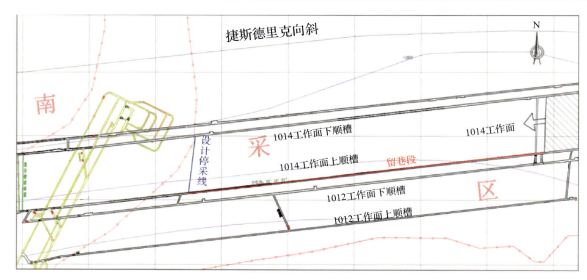

图 6-76 1014 工作面切顶卸压自成巷施工位置图

表 6-25 ZC4800/16/32 型充填液压支架基本技术参数

参数	数值	参数	数值
支架型号	ZC4800/16/32	工作阻力/kN	4800
型式	四柱支撑顶式液压支架	支架对底板比压/MPa	2.8 (f=0.2)
工作阻力/kN	10000	推溜力/kN	361
初撑力/kN	7913	移架力/kN	633
支撑高度/mm	1600～3200	移架步距/mm	800
支架宽度/mm	1430～1600	支架质量/t	29.5
支架中心距/mm	1500	泵站压力/MPa	31.5

1014 工作面矿压测点布设于 116#、106#、96#、86#、76#、66#、56#、46#、36#、26#液压支架，矿压监测数据实现在线监测。

根据矿压监测结果，距切缝线不同位置矿压大小不同，此时采场主要划分为 3 个矿压区域：110 工法切顶影响区、中部未影响区和未切顶影响区(121 工法区)。沿工作面倾向，支架平均工作阻力分布情况如图 6-77 所示。

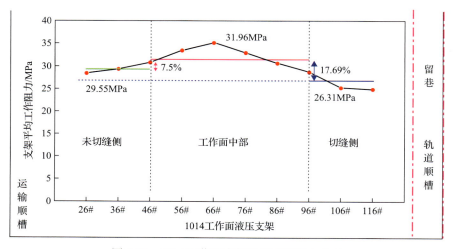

图 6-77 1014 工作面支架平均工作阻力分布

通过分析工作面矿压监测数据可得以下结论。

（1）沿工作面倾向，压力呈明显的分区特征，工作面中部压力最大，110 工法区（切缝侧）压力最小，121 工法区（远离切缝侧，1014 运输顺槽）压力介于 110 工法区和工作面中部。

（2）切缝侧 110 工法区卸压显著，其液压支架平均工作阻力为 26.31MPa，影响范围 0～25m；工作面中部液压支架平均工作阻力为 31.96MPa，影响范围 25～125m；远离切缝侧 121 工法区，液压支架平均工作阻力为 29.55MPa，影响范围 125～175m。

（3）切缝侧 110 工法区支架平均工作阻力相对工作面中部区域降低 17.68%，相对远离切缝侧的 121 工法区降低 11.0%。切顶卸压自成巷有效降低了切缝影响范围内的顶板压力。

2. 采场矿压显现规律

采用切顶卸压自成巷技术在工作面推过后，采空区顶板将会沿着切缝线垮落，相较于自然垮落法，切顶卸压能够使基本顶触矸时间提前，改善了支架上覆岩层的受力情况，同时，由于切顶卸压切断了基本顶的应力传递途径，应力集中将会向远离支架的实体煤深处转移，因此，支架的受力情况将会得到缓解，具体表现为支架压力的降低和周期来压变得不明显。同时，切顶卸压的影响也是有一定范围的，影响范围外的支架压力相较于自然垮落法管理顶板的情况并无区别。根据工作面 110 工法工程分区情况，选择 26#、36#、66#、76#、106#、116#共 6 个液压支架进行矿压监测，其中 26#、36#支架位于未切顶影响区，66#、76#支架位于中部未影响区，106#、116#支架位于 110 工法切顶影响区。

1）110 工法切顶影响区

116#、106#支架压力曲线如图 6-78 所示。

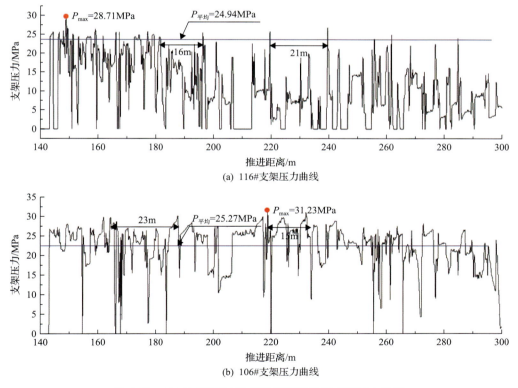

(a) 116#支架压力曲线

(b) 106#支架压力曲线

图 6-78　1014 工作面 110 工法切顶影响区支架压力曲线

2）未切顶影响区

36#、26#支架压力曲线如图 6-79 所示。

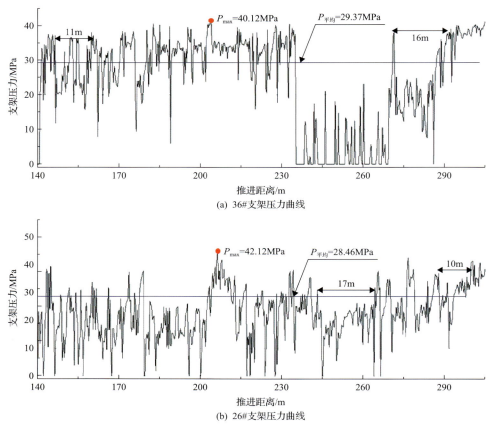

(a) 36#支架压力曲线

(b) 26#支架压力曲线

图 6-79　1014 工作面未切顶影响区支架压力曲线

3）中部未影响区

76#、66#支架压力曲线如图 6-80 所示。

由图 6-78～图 6-80 分析得到工作面支架压力及来压步距情况，见表 6-26 和表 6-27。

轨道顺槽留巷侧（110 工法切顶影响区）支架较皮带顺槽侧（未切顶影响区）支架最大压力减小 11.15MPa；平均压力减小 3.81MPa，降低了 13.2%，影响范围 25m。

轨道顺槽留巷侧较皮带顺槽侧最大周期来压步距增大 5.5m，平均周期来压步距增大 5m。

周期来压步距增加表明在切顶影响下，工作面端头直接顶垮落高度大且块度小（碎胀系数大），采空区充填效果好，形成的碎胀矸石通常可以将采空区充满，基本顶发生回转的空间较小，回转角较小，因此回转变形也较小，导致基本顶不易发生断裂，即周期来压步距加大。

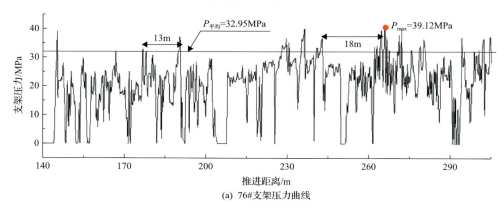

(a) 76#支架压力曲线

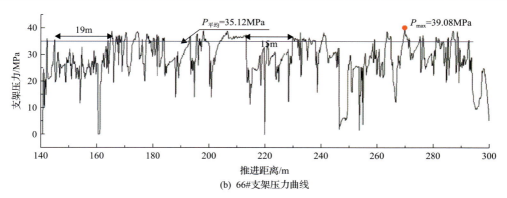

(b) 66#支架压力曲线

图 6-80   1014 工作面中部未影响区支架压力曲线

表 6-26   1014 工作面支架压力

110 工法切顶影响区支架压力			未切顶影响区支架压力			中部未影响区支架压力		
支架编号	最大压力/MPa	平均压力/MPa	支架编号	最大压力/MPa	平均压力/MPa	支架编号	最大压力/MPa	平均压力/MPa
116#	28.71	24.94	36#	40.12	29.37	76#	39.12	32.95
106#	31.23	25.27	26#	42.12	28.46	66#	39.08	35.12
平均值	29.97	25.11	平均值	41.12	28.92	平均值	39.1	34.04

表 6-27   1014 工作面来压步距统计

110 工法切顶影响区来压步距			未切顶影响区来压步距			中部未影响区来压步距		
支架编号	最大周期来压步距/m	平均步距/m	支架编号	最大周期来压步距/m	平均步距/m	支架编号	最大周期来压步距/m	平均步距/m
116#	21	16	36#	16	11	76#	18	13
106#	23	15	26#	17	10	66#	19	15
平均值	22	15.5	平均值	16.5	10.5	平均值	18.5	14

6.4.3   厚层坚硬顶板 110 工法巷道矿压显现规律

1. NPR 锚索变形及受力变化规律

根据工作面推进情况，布设 M1～M10 共计 10 个锚索应力计，其中 M2、M4 和 M8 锚索应力计的 NPR 锚索应力变化曲线如图 6-81 所示。

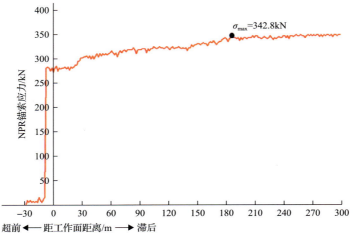

(a) M2锚索应力计NPR锚索应力变化曲线

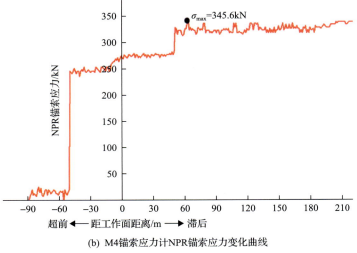

(b) M4锚索应力计NPR锚索应力变化曲线

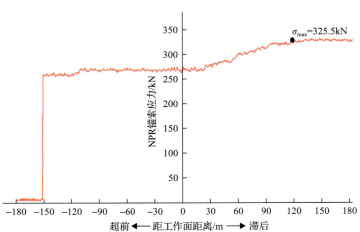

(c) M8锚索应力计NPR锚索应力变化曲线

图 6-81　M2、M4 和 M8 锚索应力计的 NPR 锚索应力变化曲线

通过图 6-81 分析可以得到 NPR 锚索应力变化曲线的关键位置及最大拉应力情况，见表 6-28。

表 6-28　1014 工作面 NPR 锚索应力变化曲线关键位置及最大拉应力

锚索应力计	距开切眼距离/m	曲线增大起始位置(超前工作面距离)/m	达到恒阻值位置(滞后工作面距离)/m	锚索最大拉应力/kN
M2	50	4	182	342.8
M4	150	10.5	60	345.6
M8	350	−27	116	325.5

（1）工作面推进产生的超前支承压力对锚索应力产生轻微影响，M4 锚索应力计在超前工作面 10.5m 位置锚索应力有轻微升高，说明受到工作面超前支承压力影响，但 NPR 锚索反应不明显，分析原因主要是预裂切缝切断了部分应力传递，巷道中超前支承压力显现不明显。

（2）M4 锚索应力计超前工作面 10.5m 位置锚索应力有轻微升高，但之后锚索应力虽有变化但不明显，这是因为该锚索应力计附近顶板为正断层下盘，顶板坚硬不易垮落，在滞后工作面 50m 左右时，NPR 锚索应力增大，说明此时顶板在压力影响下发生突然下沉。

（3）由于超前支承压力影响,存在部分 NPR 锚索超前工作面时开始吸能变形，表现为 NPR 锚索的缩进，M2 锚索应力计的 NPR 锚索拉应力在超前工作面快要达到恒阻值，验证了这一点。

（4）通过对 NPR 锚索应力趋势分析发现，NPR 锚索应力增加主要有两种方式，一种是滞后工作面一段距离缓慢增加，例如 M2 和 M8 锚索应力计的 NPR 锚索应力；另一种是滞后工作面一段距离突然增加，如 M4 锚索应力计的 NPR 锚索受力。分析原因：对于缓慢增加型，NPR 锚索处于来压步距之间，随着距工作面距离加大，基本顶悬顶距离加大，压力会缓慢增加；对于突变型，NPR 锚索刚好受到来压影响，顶板岩层的断裂使其受力瞬间增大。

（5）3 个锚索应力计的 NPR 锚索最大拉应力为 325.5～345.6kN，考虑到一定的监测数据误差，NPR 锚索可能已达到恒阻状态。

2. 顶板离层变化规律

在 1014 工作面布设 L_1～L_{10} 共 10 个顶板离层测点，其中 L_2、L_5 和 L_8 测点的顶板离层值变化曲线如图 6-82 所示。

通过图 6-82 分析可以得到顶板离层值变化曲线的关键位置及顶板最大离层值情况见表 6-29。

（1）工作面推进对巷道顶板离层产生影响，不同位置处顶板离层有不同的反映，不同巷段不同位置离层有不同变化，现场应根据实际情况合理调整支护方案。

（2）由 L_2、L_5 和 L_8 测点的顶板离层值变化曲线可知，工作面回采过后，顶板离层值趋于稳定时滞后工作面的距离分别为 182m、138m 和 164m。即当滞后工作面距离大于 180m 后，巷道顶板离层才趋于稳定。

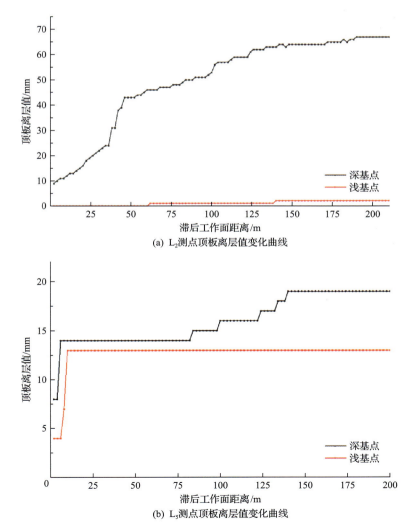

(a) L_2 测点顶板离层值变化曲线

(b) L_5 测点顶板离层值变化曲线

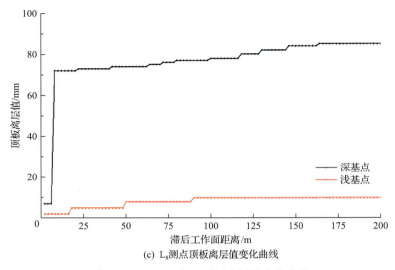

(c) L$_8$测点顶板离层值变化曲线

图 6-82   1014 工作面顶板离层值变化曲线

表 6-29   1014 工作面顶板离层值变化曲线关键位置及顶板最大离层值

顶板离层测点	距开切眼距离/m	曲线增大起始位置(滞后工作面距离)/m	曲线平稳起始位置(滞后工作面距离)/m	顶板最大离层值/mm
L$_2$	50	—	182	66
L$_5$	150	80	138	6
L$_8$	350	6	164	75

3. 滞后单体支柱压力变化规律

在锚索应力计和顶板离层仪同断面的位置建立巷内临时支护单体支柱压力测点,其中 D2#、D5#和 D8# 测点的单体支柱压力变化曲线如图 6-83 所示。

对图 6-83 的单体支柱压力变化曲线分析发现以下规律。

(1)同一断面上不同位置的单体支柱压力大小明显不同,具体表现为切缝侧单体支柱压力＞实体煤侧 单体支柱压力,这种变化特点符合切顶短臂梁的挠曲特性。

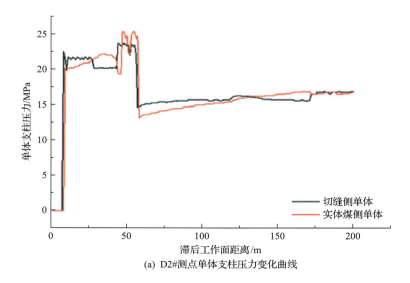

(a) D2#测点单体支柱压力变化曲线

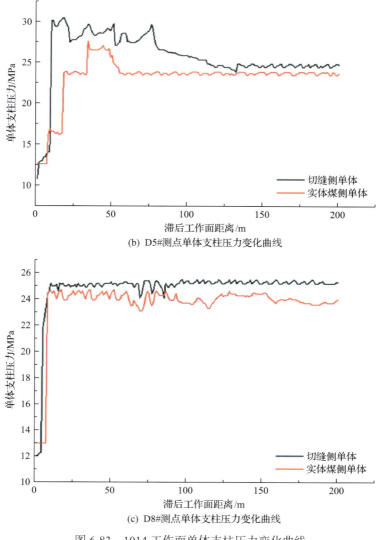

(b) D5#测点单体支柱压力变化曲线

(c) D8#测点单体支柱压力变化曲线

图 6-83　1014 工作面单体支柱压力变化曲线

（2）滞后工作面 50m 之内，单体支柱压力会逐渐升高，以 D2#测点切缝侧单体支柱为例，在滞后工作面 11m 位置处，单体支柱压力迅速升高。滞后工作面 50m 之后，一部分单体支柱压力会呈现波动，如 D5#测点切缝侧单体支柱；另一部分单体支柱压力仍会整体增加，如 D5#测点单体支柱，此外还有一部分单体支柱压力过大（由于顶板坚硬不易垮落，架后采动应力大），达到额定工作阻力，出现卸压现象，如 D2#测点切缝侧单体支柱。

（3）滞后单体支柱压力变化主要表现为两种形式，一种是迅速达到额定工作阻力，之后单体支柱压力在一定范围内有所波动，如 D8#测点的切缝侧单体支柱；一种是工作面推进一定距离后，逐步达到额定工作阻力，之后单体支柱压力在一定范围内有所波动，如 D5#测点切缝侧单体支柱。

4. 巷道围岩变形规律

为观测轨道顺槽的围岩移近量及移近规律，进行了十字测点位移监测，巷道开挖及切顶作业破坏了巷道周围岩体中原始地应力的平衡状态，围岩应力重新分布，并伴随着围岩的变形与破坏。采用切顶卸压自成巷技术后，巷旁由实体煤变为松散矸石，围岩会发生变形以寻求稳定。对留巷段不同位置进行布点观测，主要监测巷道顶底板及两帮变形情况，选取正常段 3#测点和顶板坚硬段 7#测点两个典型测点进行分析，巷道顶底板移近量、顶板下沉量、巷道底鼓量及两帮移近量的变化曲线如图 6-84、图 6-85 所示。

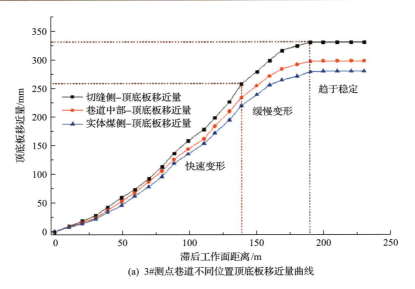

(a) 3#测点巷道不同位置顶底板移近量曲线

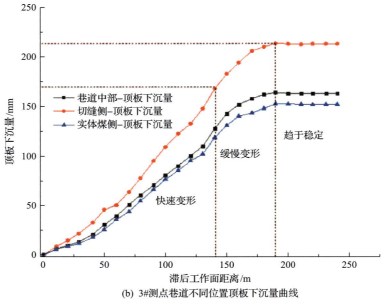

(b) 3#测点巷道不同位置顶板下沉量曲线

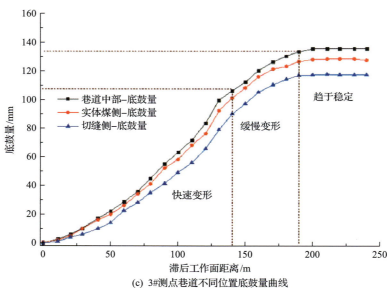

(c) 3#测点巷道不同位置底鼓量曲线

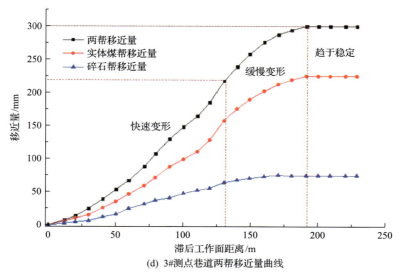

(d) 3#测点巷道两帮移近量曲线

图 6-84　1014 工作面 3#测点围岩变形曲线

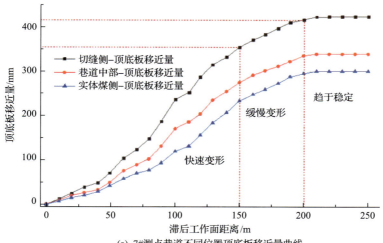

(a) 7#测点巷道不同位置顶底板移近量曲线

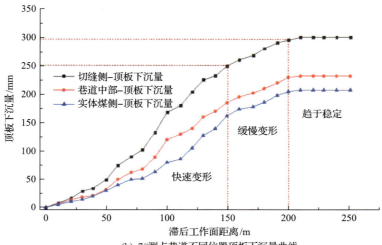

(b) 7#测点巷道不同位置顶板下沉量曲线

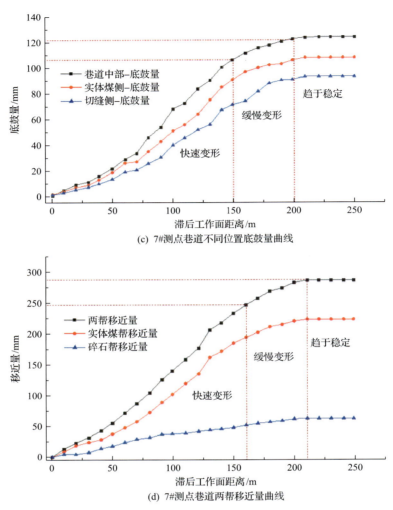

(c) 7#测点巷道不同位置底鼓量曲线

(d) 7#测点巷道两帮移近量曲线

图 6-85　1014 工作面 7#测点围岩变形曲线

通过对不同测点围岩变形情况进行分析发现以下规律。

(1)综合来看,顶底板移近量大致可分为三个阶段:第一阶段为架后 150m 之内,此阶段巷段距工作面较近,受采动影响基本顶回转下沉,尤其在端头架后 50～150m 顶底板会有明显移近,说明顶板已有大的来压作用;第二阶段为架后 150～200m,此阶段顶板仍没有完全稳定,仍受到矸石压实过程中的动压影响,但增长速度较第一阶段有所放缓;第三阶段为架后 200m 之后,主动支护、被动支护与顶板压力逐渐接近一个区域平衡的状态,顶板下沉趋于稳定,即围岩变形趋于稳定,不同位置及地质条件可能会稍有差别。

(2)对 3#和 7#测点顶板下沉量曲线和两帮移近量曲线进行分析,可以看出切缝侧顶板下沉量＞巷道中部顶板下沉量＞实体煤侧顶板下沉量,实体煤帮移近量＞碎石帮移近量,巷道围岩变形是非对称的。

(3)对 3#和 7#测点顶底板移近量曲线和底鼓量曲线进行分析,其顶板下沉量＞底鼓量,3#测点切缝侧顶底板移近量为 330mm,顶板下沉量为 213mm,底鼓量为 117mm,顶板下沉量占顶底板移近量的 64.5%;7#测点巷道中部顶底板移近量为 424mm,顶板下沉量为 300mm,底鼓量为 93mm,顶板下沉量占顶底板移近量的 70.8%,总体来看顶板下沉量较大。

（4）以每天下沉量不超过 3mm 为巷段趋于稳定的评判标准，在 200m 之后顶底板移近量基本都达到稳定状态，因此从顶底板移近量这一因素整体考虑，初步判断榆树泉煤矿切顶自成巷架后 200m 位置为保守稳定区，200m 后可按照"隔一撤一"原则回撤临时支护设备。

（5）由图 6-84 和图 6-85 可知，当留巷滞后工作面距离超过 200m 后，巷道两帮移近量趋于稳定，3#测点两帮移近量 300mm，7#测点两帮移近量 286mm，两帮移近量较小。

6.4.4　厚层坚硬顶板 110 工法采空区岩体碎胀效应

针对 1014 工作面轨道顺槽顶板岩性分布情况，结合何满潮院士确定的 110 工法顶板碎胀系数现场确定方法，设计 1014 工作面切顶卸压矸石碎胀规律监测方法，具体如下。

第一步：移架后，待采空区初次垮落稳定，当顶板煤层垮落且露出成巷侧，测量垮落泥岩初始高度（H_1），并测量初次顶板垮落高度（H_1^0）。

第二步：每 2～4h 测量垮落泥岩高度（H_2，…，H_n），并测量相对应的顶板垮落高度（H_2^0，…，H_n^0）。

第三步：当顶板垮落快垮满巷帮时，停止测量，并计算初始碎胀系数 $K_1=(H_1/H_1^0+H_2/H_2^0+\cdots+H_n/H_n^0)/n$。

第四步：在巷帮做一个标识点，并测量出该标识点距底板的距离（H_m），可求得相对应的顶板垮落高度 $H_m^0=H_m/K_1$。

第五步：每天测量该标识点距底板的距离（H_{m1}，…，H_{mn}）；利用公式 $K_n=H_{mn}/H_m^0$，计算实时碎胀系数 K_n，并形成曲线。

第六步：稳定碎胀系数 $K_s=H_s/H_m^0$（$s=\text{Max}\{1,\cdots,n\}$）。

对于分层不明显的岩层可利用激光测距仪、坡度规及卷尺等进行综合测量。具体测量方法为：当架后顶板岩层垮落后，利用激光测距仪或卷尺测量顶板垮落高度，记为 H_1；在相同位置测量底板垮落矸石堆积高度，记为 H_2，如图 6-86 所示。同时，使用喷漆标记 C 点位置，随着工作面向前推进，每日测量 C 点到底板的距离，并记录为（H_3，…，H_n），直至 H_n 基本不再变化，根据 H_1 和 H_n 即可计算出碎胀系数，即稳定碎胀系数 $K_s=H_s/H_0$（$s=\text{Max}\{1,\cdots,n\}$）。

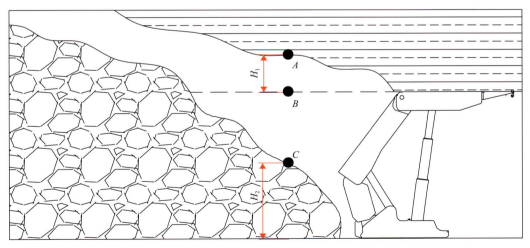

图 6-86　碎胀系数测量示意图

经现场实测不同位置的碎胀系数，并进行统计，具体如图 6-87 所示。确定榆树泉煤矿 1014 工作面顶板碎胀系数为 1.36～1.37。

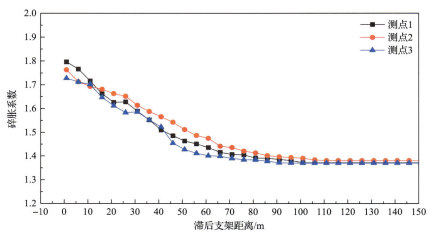

图 6-87　1014 工作面现场实测顶板碎胀系数结果

6.5　浅埋复合夹煤顶板 110 工法应用及矿压规律

6.5.1　工程概况

12201 工作面为哈拉沟煤矿 12 煤首采面，其四周均为未开采煤体，北西为设计的 12202 工作面，其他方向无 12 煤设计的工作面。12201 运顺按 60° 方位掘进；12201 运顺设计掘进 766.6m，调车硐室与运顺夹角为 75°，每 60m 施工一个 7m 调车硐室，共施工 9 个调车硐室。12201 切眼按 150° 方位掘进；12201 切眼设计长度 320m，在切眼内布置 4 个调车硐室，调车硐室与切眼垂直布置，每个调车硐室深 12m。

12201 工作面长 320m，切眼至停采线长度 747m，沿空留巷长 580m，具体布置如图 6-88 所示。

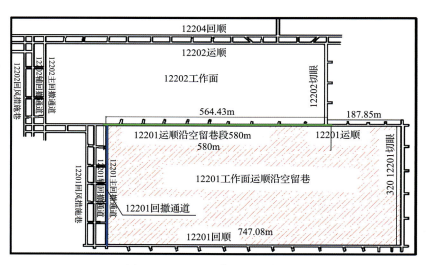

图 6-88　12201 工作面运顺布置图

6.5.2　浅埋复合夹煤顶板 110 工法采场矿压显现规律

1. 支架参数与工程分区

12201 工作面配套波兰塔高公司 TAGOR10660/11.3/22.3 型二柱掩护式液压支架 187 台。支架额定工作阻力为 10660kN。液压支架主要技术参数见表 6-30。

表 6-30 TAGOR10660/11.3/22.3 型二柱掩护式液压支架主要技术参数

参数	数值	参数	数值
额定工作阻力/kN	10660	支撑高度/m	1.13～2.23
支架中心距/mm	1750	推移行程/mm	1000
拉架力/kN	229	推溜力/kN	556
初撑力/kN	7140	适应倾角/(°)	±15

12201 工作面 7 月 11 日开始回采，开始为 121 工法区，8 月 6 日工作面推进至 173m 时，开始采用切顶卸压自成巷技术，此时采场 2 主要划分为 3 个矿压区域：110 工法切顶影响区、中部未影响区和未切顶影响区。12201 工作面 110 工法工程分区如图 6-89 所示。

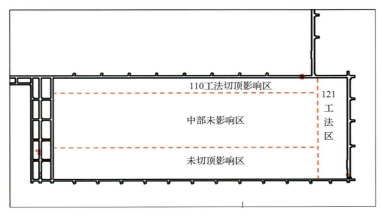

图 6-89 12201 工作面 110 工法工程分区

2. 采场矿压显现规律

根据 12201 工作面 110 工法工程分区情况，选择 5#、10#、20#、90#、100#、125#和 165#共 7 个液压支架进行矿压监测，其中 5#、10#、20#支架位于 110 工法切顶影响区，90#、100#支架位于中部未影响区，125#和 165#支架位于未切顶影响区。

1）110 工法切顶影响区

5#、10#、20#支架压力曲线如图 6-90 所示。

5#、10#、20#支架在工作面开始回采阶段处于 121 工法区，推至 173m 时 3 个支架步入 110 工法切顶影响区。5#、10#支架在上述两个阶段的周期来压步距统计见表 6-31。

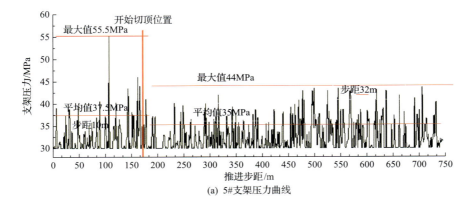

(a) 5#支架压力曲线

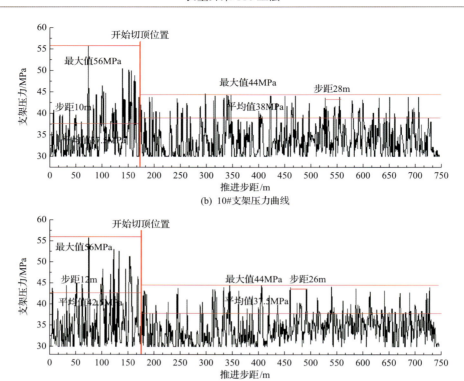

(b) 10#支架压力曲线

(c) 20#支架压力曲线

图 6-90　110 工法切顶影响区支架压力曲线

表 6-31　110 工法切顶影响区周期来压步距(m)

支架	121 工法区	110 工法切顶影响区
5#	10	32
10#	10	28

由图 6-90、表 6-31 可知：110 工法切顶影响区较 121 工法区，周期来压步距增加 18～22m，增加约 2 倍。

周期来压步距增加表明在切顶影响下，工作面端头直接顶垮落高度大且块度小(碎胀系数大)，采空区充填效果好，形成的碎胀矸石通常可以将采空区充满，基本顶发生回转的空间较小，回转角较小，因此回转变形也较小，导致基本顶不易发生断裂，即周期来压步距加大。

3 个支架在随采场推进过程中经过 121 工法区和 110 工法切顶影响区两个阶段的支架压力统计见表 6-32。

表 6-32　121 工法区和 110 工法切顶影响区支架压力

支架	121 工法区			110 工法切顶影响区		
	最大压力/MPa	最小压力/MPa	平均压力/MPa	最大压力/MPa	最小压力/MPa	平均压力/MPa
5#	55.5	33	37.5	44	32	35
10#	56	31	37.5	44	30	38
20#	56	35	42.5	44	32	37.5

由表 6-31 和表 6-32 可知：110 工法切顶影响区较 121 工法区，支架压力最大值减少 10～12MPa，减少约 20%。

基本顶周期来压步距增大，但支架工作阻力减小，表明在切顶影响下，直接顶破断垮落后，形成的碎胀矸石通常可以将采空区充满，基本顶发生回转的空间较小，因此回转变形也较小，进而对沿空留巷直接顶产生的压力也较小。

2)中部未影响区和未切顶影响区

95#、100#、125#、165#支架压力曲线如图 6-91 所示。

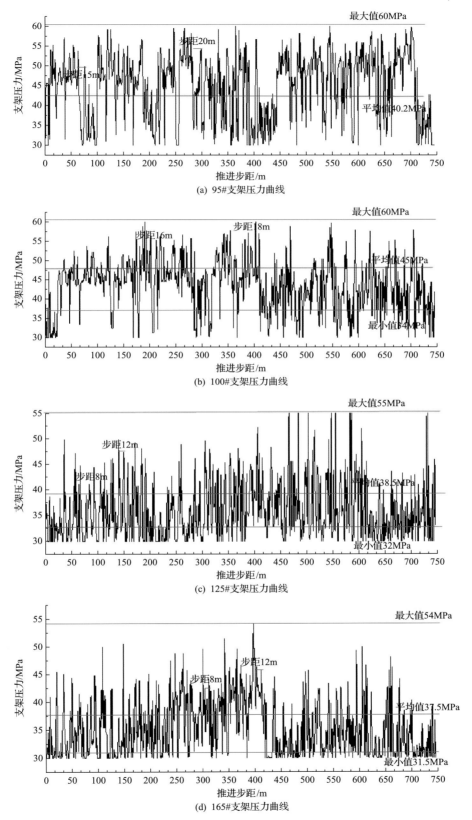

图 6-91　中部未影响区和未切顶影响区支架压力曲线

　　由中部未影响区(95#、100#)和未切顶影响区(125#、165#)支架压力曲线得到支架的周期来压步距和支架压力，统计见表 6-33。

表 6-33　中部未影响区和未切顶影响区支架压力和周期来压步距

区域	支架	支架压力/MPa			周期来压步距/m
		最大值	最小值	平均	
中部未影响区	95#	60	32.5	44.2	10～20
	100#	60	34	45	10～20
未切顶影响区	125#	55	32	38.5	8～12
	165#	54	31.5	37.5	8～12

由图 6-91、表 6-33 可知:工作面中部未影响区的支架周期来压最大值 60MPa,周期来压步距 10～20m;未切顶影响区周期来压最大值 55MPa,周期来压步距 8～12m。

6.5.3　浅埋复合夹煤顶板 110 工法巷道矿压显现规律

1. 12201 运顺恒阻锚索受力现场监测效果

工作面的推进对锚索受力产生影响的范围一般为 30m 左右,12201 工作面长 320m,工作面推进 319m 时见方,产生较大应力集中,导致工作面前方 13m 的 12#测点及前方 63m 的 11#测点的 NPR 锚索应力增大(图 6-92)。5 个测点中 13#测点的 NPR 锚索应力最大,为 286.7kN,考虑监测数据误差,该测点 NPR 锚索可能达到恒阻状态。

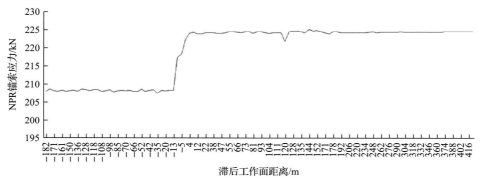

图 6-92　12#测点(距 12201 工作面开切眼 331m)NPR 锚索应力变化曲线

2. 12201 运顺顶板离层监测效果

工作面推进对巷道顶板离层产生的影响一般处于±50m 范围。当巷道顶板条件较差时主要受工作面超前支承压力的影响,当巷道顶板条件较好时主要受回采后所形成的短臂梁受力的影响。

分析 6#测点的顶板离层值情况(图 6-93),当滞后工作面距离大于 95m 后,巷道顶板离层值趋于稳定;当将柱子隔一撤一时,顶板离层值由 8mm 增大到 17.5mm;当滞后工作面距离约 250m 后,顶板离层值趋于稳定。

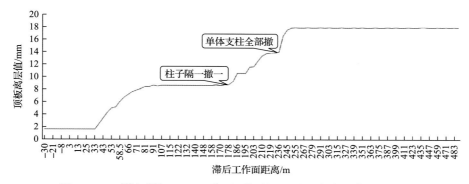

图 6-93　6#测点(距 12201 工作面开切眼 260m)顶板离层值变化曲线

3. 12201 运顺支柱压力与活柱累计下缩量监测效果

如图 6-94 所示，13#测点当滞后工作面距离约 25m 后，单体支柱压力趋于稳定，约为 33MPa。如图 6-95 所示，2#测点位于距 12202 工作面开切眼 26m 处，其 A、B 测点的活柱累计下缩量分别为 143mm 和 178mm。

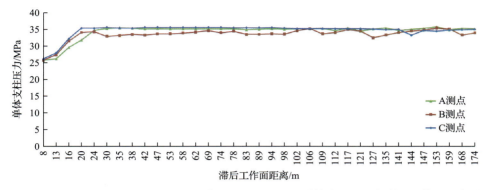

图 6-94 留巷段内 13#测点（距 12202 工作面开切眼 205m）单体支柱压力与滞后工作面距离关系

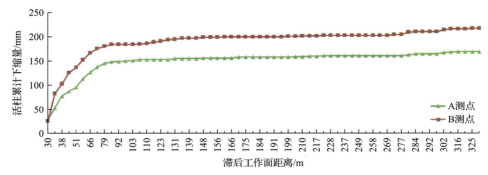

图 6-95 留巷段内 2#测点（距 12202 工作面开切眼 26m）活柱累计下缩量与滞后工作面距离关系

4. 12201 运顺侧向压力监测效果

在距工作面 35m 后，运顺侧向压力基本趋于稳定；其中 1#测点侧向压力值最大为 2.0MPa，稳定后平均为 1.7MPa（图 6-96）。

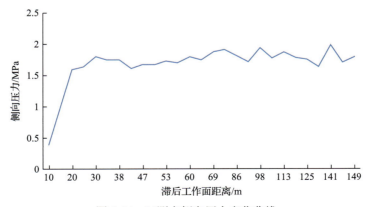

图 6-96 1#测点侧向压力变化曲线

6.5.4 浅埋复合夹煤顶板碎胀效应

根据 110 工法顶板岩层碎胀系数现场确定方法在 12201 工作面回采过程中对其进行实时监测与记录。

随着工作面推进不断加布测点，并对测点处碎胀系数进行实测，结合对应测点处的岩性窥视结果加以分析，对各个测点的碎胀系数进行分析，最终得出相应的碎胀系数。具体实测结果如下。

S3 测点位于 530m 处，即距离开切眼 20m。通过对该测点处的预裂切缝钻孔的窥视结果进行分析（图 6-97），得出该测点的直接顶泥岩厚度为 0.9m。对该测点进行现场垮落情况实时观察，并对泥岩垮落后高度进行实测，用 110 工法顶板岩层碎胀系数确定方法得出相应的碎胀系数，并绘制成图 6-98 曲线。通过分析图 6-98 发现随着工作面推进，该测点的碎胀系数逐渐减小，并且随着工作面推进，这种减小趋势逐渐缓慢，碎胀系数最终稳定在 1.37 左右。

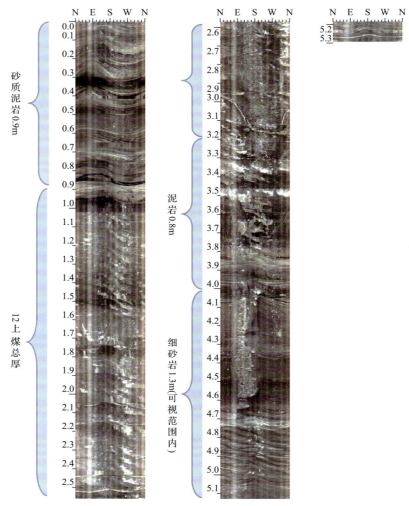

图 6-97　S3 测点岩性分布图

S10 测点位于 460m 处，即距离开切眼 90m。通过对该测点的预裂切缝钻孔的窥视结果进行分析（图 6-99），得出该测点的直接顶泥岩厚度为 1.1m。对该测点进行现场垮落情况实时观察，并对泥岩跨落后高度进行实测，用 110 工法顶板岩层碎胀系数现场确定方法得出相应的碎胀系数，并绘制成图 6-100。通过分析图 6-100 发现随着工作面推进，该测点的碎胀系数逐渐减小，并且随着工作面推进，这种减小的趋势逐渐缓慢，碎胀系数最终稳定在 1.35 左右。

根据何满潮院士确定的 110 工法顶板岩层碎胀系数现场确定方法对哈拉沟煤矿 12201 工作面顶板泥岩碎胀系数进行现场实测，并对得到的现场实测数据进行分析研究，得到顶板泥岩的碎胀系数规律为：随着工作面推进，顶板泥岩垮落，得到初始碎胀系数。随着工作面推进，顶板泥岩垮落后逐渐被压实，碎胀系数也逐渐减小，且其变化趋势趋于平稳，最终碎胀系数基本稳定在 1.37 左右。

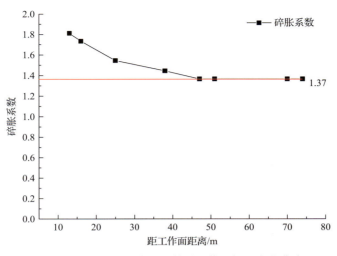

图 6-98　S3 测点处碎胀系数随工作面推进变化曲线

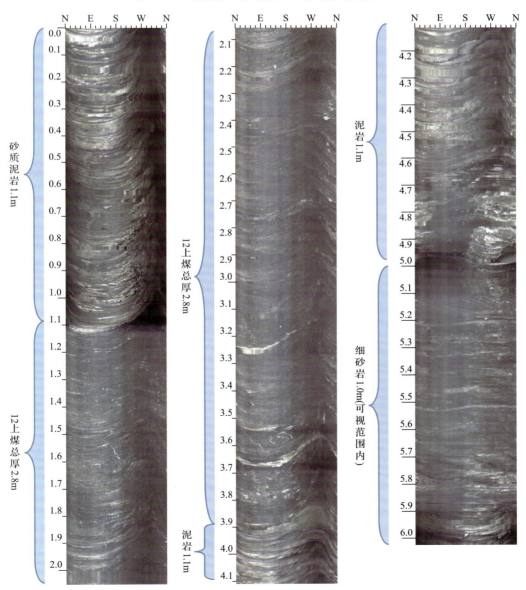

图 6-99　S10 测点处岩性分布图

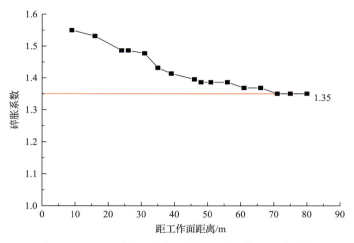

图 6-100　S10 测点处碎胀系数随工作面推进变化曲线

6.5.5　浅埋复合夹煤顶板 110 工法岩层(地表)移动规律

1. 传统长壁开采地表变形情况

通过现场观测可知，传统长壁开采条件下地表变形严重，主要表现为台阶下沉严重、裂缝宽度大、地表破坏严重(图 6-101～图 6-104)。

(a) 台阶下沉75cm　　　　　　　　　　(b) 台阶下沉30cm

图 6-101　地表台阶下沉现场照片

图 6-102　地表塌陷现场照片

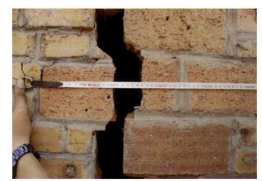

(a) 地表裂缝3cm　　　　　　　　　(b) 房屋裂缝5cm

图 6-103　地表及房屋裂缝现场照片

(a) 地表鼓包　　　　　　　　　(b) 地表裂缝

图 6-104　平行 121 工法区(回顺侧)地表裂缝发展状况

注：平行 121 区公路上鼓包间距 8～16m，两个区域鼓包间的裂缝间距 2～4m，鼓包高度 15～30cm

2. 110 工法区地表变形情况

通过现场观测可知，110 工法区地表变形情况明显优于传统长壁开采条件下地表变形，裂缝宽度很小，宽度 1～3mm(图 6-105、图 6-106)。

(a) 地表裂隙小　　　　　　　　　(b) 地表无裂隙

图 6-105　110 工法区地表裂缝现场照片

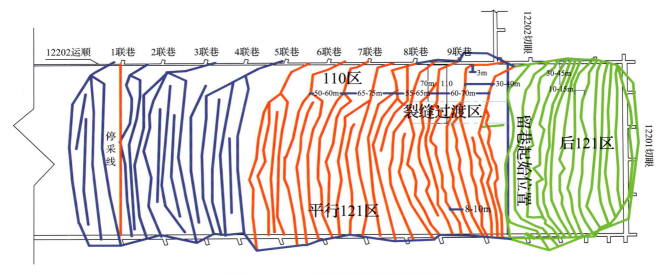

图 6-106　　110 工法区地表裂缝发展分区

6.6　大埋深破碎顶板 110 工法应用及矿压规律

6.6.1　工程概况

城郊煤矿是永煤公司建成投产的第三对大型现代化矿井，城郊煤矿井田勘探面积约 103km²，地质储量为 7.25 亿 t，可采储量为 4.02 亿 t，2009 年核定生产能力 500 万 t/a，主采二₂煤层。矿井采用立井多水平上、下山开拓方式，采煤方法为走向长壁和倾斜长壁，采煤工艺为综采。

21304 工作面为十三采区首采面，西为 21305 综采工作面，东为 21303 综采工作面，南为 F20 断层保护煤柱，北为二水平南翼轨道大巷、二水平南翼胶带大巷。21304 工作面切眼长度 180m，顺槽长度 1460m，切眼至停采线长度 1220m，工作面煤层倾角整体较平缓，为 1°～7°，平均 3°，二₂煤层稳定，煤层结构简单，以亮煤、镜煤为主，为半亮型；工作面掘进实际揭露煤层厚度总体变化不大，煤厚最大 4.3m，最小 2.6m，平均 3.1m。21304 工作面轨道顺槽为沿空留巷巷道，巷道沿二₂煤层掘进，设计断面为矩形，掘进断面巷高 3.0m，巷宽 4.4m，净断面巷高 2.8m，巷宽 4.2m。

6.6.2　大埋深破碎顶板运动模式及岩层移动规律

分析大深度工作面沿空留巷来压机理，需要将岩层运动的视野由基本顶扩展至更高的岩层，掌握各个时期岩层断裂对留巷围岩的施载机理，并判断对巷道造成影响的关键区域，从而评估留巷围岩变形的发展过程。

1. 大深度沿空留巷上覆岩层移动规律

1）直接顶的垮落

空间位置决定了直接顶岩层必然首先发生垮落，工作面煤层回采以后，直接顶岩层首先发生离层和垮落，直接顶垮断后完全落向采空区底板，与侧向边界不再接触从而失去结构关系，侧向残留直接顶的重量则完全由巷旁支撑体和侧向煤体承担。因此，沿空留巷首先受到直接顶垮落的影响，并承担残留直接顶的重量。

2）基本顶的垮落

直接顶岩层垮落以后，随着工作面推进，基本顶也将发生离层、断裂和垮落，通过旋转下沉向留巷施加压力。沿空留巷受基本顶垮落的影响与直接顶的散落或冒落状态不同，基本顶的垮落过程包括断裂、旋转、触矸，因而采空区边界基本顶断裂后仍与侧向顶板接触，成为旋转块体的一个着力点，受基本顶结构的控制，其上方的数个软弱岩层同样保持与侧向同位岩层的结构关系。

3）垮落层位的分次向上扩展

煤层生成于特定的岩层组合中，顶底板分层现象明显。在这些岩层中，有一部分岩层强度较高而不易断裂，如砂岩、粉砂岩、石灰岩等坚硬岩层；而另一部分岩层强度较低容易垮落，如泥岩、页岩、煤等软弱岩层。煤层顶板即是由强度不一的岩层组合而成。一般情况下，岩层断裂受坚硬顶板的控制，坚硬顶板断裂下沉时，上方数个软弱岩层同期垮落，这种现象称为岩层垮落的分组现象，对上覆岩层起到控制作用的坚硬岩层被称为关键层。

采场覆岩不会在煤炭采出后一次性完成垮落，一般会由下至上分次分组断裂垮落，并对低位岩层施加不同程度的压力（图 6-107）。沿空留巷位处采空区边缘，侧向岩层的多次垮落必将对其造成持续扰动，而采动过程中留巷围岩不断弱化，承压能力也将持续降低，此二者是巷道长期变形的根本原因。与沿空留巷的承压特点不同，采煤工作面随着煤炭的采出而不断向前推进，矿山压力的大小取决于低位岩层的垮落程度与结构特征，当高位岩层断裂垮落时，工作面已经前移一定距离并逐渐远离该垮落区，因此采场的初次来压或周期来压往往只需考虑到基本顶的断裂。沿空留巷的位置比较固定，无法回避不断向上发展的顶板断裂运动带来的压力，有时在数个周期来压步距之后，仍有一定的扰动。同时，采空区垮落矸石承受顶压时也会进一步压缩，顶板垮落并不意味着运动已经结束。

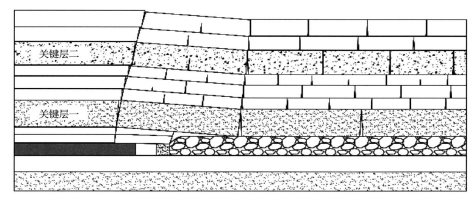

图 6-107　顶板分次分组垮落形态

基本顶断裂引发采煤工作面顶板来压，之后工作面继续往前推进，远离此次来压区域并准备承受下一次顶板来压，但岩层的垮落仍然不断向上发展，只是这种高位岩层的持续垮落已经难以对工作面造成重大影响。而沿空留巷位处采空区边缘，无法回避高位岩层垮落带来的扰动载荷，每个岩层组的垮落都会扰动采空区侧向顶板，使高位顶板逐渐承担更高的侧向支承压力并最终对留巷区域产生影响，但随着垮落层位不断发展，影响的程度逐渐降低。

4）分次垮落期间顶板双向破断来压特征

水平方向上，随着工作面推进，出现坚硬岩层的周期性破断形成横向周期来压；竖直方向上，随着断裂不断扩展，出现坚硬岩层的周期性破断形成竖向周期来压。

2. 大深度沿空留巷围岩长期变形机制及过程

煤层上方存在包括基本顶在内的多个关键层，关键层破断时其上邻软弱岩层能够及时垮落，并与上位坚硬岩层形成暂时离层；采场推进过程中，基本顶关键层首先破断，引发留巷的首次来压；继续推进一定距离后，第二层关键层破断，引发留巷的二次来压，两次来压步距差取决于煤壁支撑影响角、岩层垮落角、垮落高度、碎胀系数等参数；依此类推直至主关键层破断。由于层位相距越来越远，留巷的来压强度逐渐降低，但会持续多次来压，大深度工作面上覆岩层层位更多，从而大深度沿空留巷的围岩长期变形。

大深度沿空留巷围岩变形过程可分为以下几个阶段(图 6-108)。

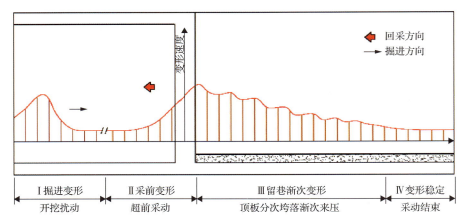

图 6-108　沿空留巷围岩变形过程

第Ⅰ阶段(掘进变形阶段)：变形源于巷道掘进期间的开挖扰动，巷道开掘破坏了掘巷前的原始应力状态，在围岩内出现应力集中并在形成塑性变形区的过程中发生显著位移。随着时间延长，围岩应力分布趋于稳定，变形速度也日趋缓和。这一阶段的变形期较短，变形量也较小，一般不超过 200～300mm，但这是巷道围岩的初次变形，是巷道进一步变形的基础。

第Ⅱ阶段(采前变形阶段)：变形源于超前采动影响，工作面前方的支承压力不断增长，巷道围岩应力再次调整，此阶段内围岩塑性区显著扩大，围岩变形明显增长。变形一般自工作面前方 60～80m 开始，并于工作面前方 20～30m 加剧。

第Ⅲ阶段(留巷渐次变形阶段)：变形源于开采扰动，并受采空区顶板多次垮落影响而呈现数个变形期。在工作面后方附近，巷道变形速度达到最大值。巷道支护的承载性能对该时期的围岩稳定及变形有很大影响。远离工作面后，随着垮落层位的提高，扰动程度降低，变形速度渐次衰减。由于覆岩的分次运动特点，这一阶段顶板极易发生较大的离层从而支护状态恶化，引发围岩结构失稳。

第Ⅳ阶段(变形稳定阶段)：主控关键层断落后，采空区顶板岩层活动基本结束，沿空留巷的扰动应力源消失，变形趋于稳定。

3. 采空侧顶板对留巷的施载效应

采空侧顶板对留巷的施载机理是复杂的，但是总体上根据压力来源的不同可以将沿空留巷的顶板压力分为 3 种：直接顶压力、基本顶断裂产生的压力以及分层垮落形成的压力。

1)直接顶压力

直接顶岩层断裂后落向采空区底板，与所属岩层脱离，不存在结构效应，因而侧向留巷区域直接顶岩层的重力将完全由巷道两帮承担。直接顶的压力 Q_1 为

$$Q_1 = \sum h\gamma(x_0 + r) \tag{6-2}$$

式中：$\sum h$ 和 γ 分别为直接顶岩层的厚度与体积力；x_0 为煤体极限平衡区的宽度，也是基本顶断裂旋转基点至留巷煤帮的水平距离；r 为沿空留巷的宽度。

2) 基本顶断裂产生的压力

基本顶岩层较坚硬，坚硬岩层破断前悬顶面积很大，且对上邻数个岩层起到较强的控制作用，断裂后运动下沉的主动力较大，一旦发生断裂就会快速落向采空区，给低位岩层带来扰动压力。基本顶为厚层坚硬岩层时易发生巷内断裂，且断裂后形成的旋转块体较长，对低位岩层具有很强的控制作用。低位岩体无法抵抗顶板的旋转下沉，只能在压缩过程中被动地承受因顶板下沉而产生的剧烈压力。根据如图 6-109 所示的力学模型，关键块体 B 在不同位置 x 处的旋转下沉量 s_x 为

$$s_x = \frac{\left[m - (K_c - 1)\sum h\right] x}{L_B \cos\theta}$$ (6-3)

式中：K_c 为直接顶的碎胀系数；L_B 为块体 B 长度。

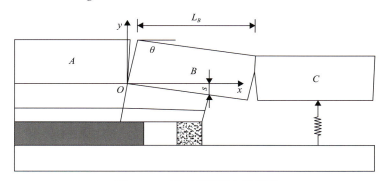

图 6-109　基本顶断裂力学模型

于是得到下位岩体因基本顶断裂而增加的压力 Q_2 为

$$Q_2 = K s_x$$ (6-4)

式中：K 为直接顶、煤体以及直接底等煤岩层组合结构的系统刚度。

3) 分层垮落形成的压力

采空区顶板每个关键层控制着一组岩层，这些关键层破断垮落之前都会与下位断裂岩层间形成离层空间，将顶板压力的传递隔离，此时压力转移至采空区两侧向下传递。楔形区岩体承担的载荷 Q_3 包括自身的重力 (基本顶以上) 和顶板转移的压力，其大小为

$$Q_3 = \sum_{i=1}^{n_w} \gamma_i h_i (x_0 + r) + \frac{1}{2} \sum_{j=1}^{n_k} \gamma_j h_j (L_c + 2x_0 + r)$$ (6-5)

式中：n_w 为楔形区顶板自基本顶至主离层间的岩层数；n_k 为关键层控制的岩层数。

6.6.3　大埋深破碎顶板 110 工法矿压显现规律数值模拟

在考虑实际工程条件及简化计算的基础上，针对城郊煤矿 21304 轨顺生产地质条件，应用 FLAC3D 数值模拟软件建立计算模型，本构模型选用 Mohr-Coulomb 模型。模型尺寸为长×宽×高=200m×350m×85m。模拟巷道开挖尺寸为 4m×320m×3m，工作面开挖尺寸为 100m×200m×3m；巷道埋深为 900m，沿煤层顶板和底板掘进；煤层底板为厚 1.0m 的泥岩，厚 3.0m 的粉砂岩，厚 9.0m 的细粒砂岩；煤层顶板由下往上依次为厚 3.0m 的泥岩，厚 4.0m 的细粒砂岩，厚 5.0m 的粉砂岩，厚 11.0m 的砂质泥岩等，具体模型岩层力学参数见表 6-34，计算模型如图 6-110 所示。

表 6-34　模型岩层力学参数

岩层名称	分层厚度/m	体积模量/10^9Pa	剪切模量/10^9Pa	内摩擦角/(°)	抗拉强度/10^6Pa	密度/(10^3kg/m³)	内聚力/10^6Pa
铝质泥岩	14	9	9	30	3.7	2.4	1.7
中粒砂岩	3	11	12	33	4.9	2.4	3.5
砂质泥岩	12	9	9	30	3.7	2.4	1.7
细粒砂岩	3	13	15	38	4.9	2.4	5.9
泥岩	12	8	10	44	3	2.5	1.7
中粒砂岩	11	11	12	33	4.9	2.4	3.5
砂质泥岩	11	9	9	30	3.7	2.4	1.7
粉砂岩	5	15	17	35	2	2.5	9
细粒砂岩	4	13	15	38	4.9	2.4	5.9
泥岩	3	8	10	44	3	2.5	1.7
二²煤层	3	1	2	30	0.7	1.4	1.1
泥岩	1	5	6	44	2	2.5	1.7
粉砂岩	3	15	17	35	3	2.5	9
细粒砂岩	9	13	15	38	4.9	2.4	5.9

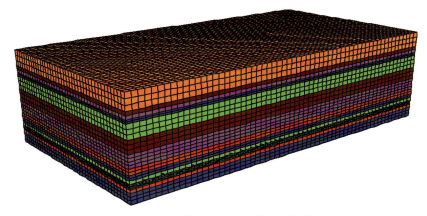

图 6-110　城郊煤矿 21304 工作面计算模型

　　模型左右边界限制 x 方向位移，前后边界限制 y 方向位移，并施加随深度变化的水平压应力；下部边界限制 z 方向的位移；上部边界施加均布自重应力。

　　1. 切顶卸压自成巷矿压显现特征

　　为了分析切顶卸压自成巷矿压显现规律，使用 FLAC3D 建立计算模型，分别对无切缝模型和有切缝模型进行数值计算，计算结果如图 6-111、图 6-112 所示。

　　通过对比图 6-111、图 6-112 可以得出如下结论。

　　(1) 切顶卸压自成巷技术能够有效切断巷道及采空区顶板之间的应力传播途径，从而减弱实体煤帮内部应力集中现象，不仅大大降低了应力峰值，而且使得应力集中区远离巷帮，将应力转移到实体煤帮深部位置。

　　(2) 顶板预裂切缝能够有效降低巷道顶板一定范围内的应力，形成卸压区，有利于巷道顶板稳定。

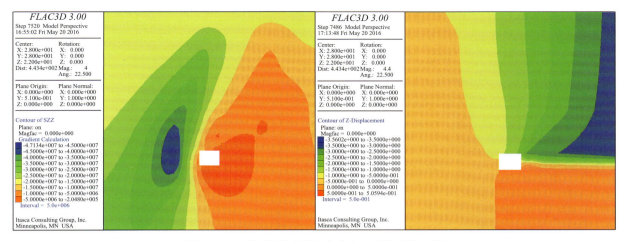

图 6-111　无切缝模型垂直应力和垂直位移分布图

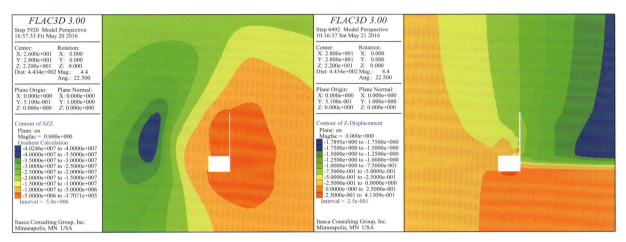

图 6-112　有切缝模型垂直应力和垂直位移分布图

（3）由于切缝的存在，巷道及采空区顶板的连续性被切断，使其具有独立的变形特征，巷道顶板形成短臂梁结构，其变形不再受采空区顶板垮落下沉影响，因而巷道顶板变形得到有效控制。

2. 工作面矿压显现规律

为更好地了解切顶卸压自成巷无煤柱开采工作面矿压分布规律，掌握采场顶板的运动模式以及上位岩层的运动，更清晰地了解围岩的运动机理及应力分布，指导今后支架选型及相应的配套工艺设备，故采用上述模型进行数值模拟。根据现场实际情况，分步开采，每步开采 10m，本次共模拟 21304 工作面开挖 200m，数值模拟结果如图 6-113、图 6-114 所示。

由图 6-113 可知，工作面开挖 100m 时，切缝顺槽实体煤侧垂直应力为 35MPa，运输顺槽实体煤侧垂直应力为 45MPa，切缝后侧向压力降低了 22%。工作面运输顺槽侧和工作面中部压力较大，在靠近切缝顺槽侧工作面垂直应力为 30MPa，运输顺槽侧则为 40MPa，切缝顺槽侧压力相比于结尾侧压力减少了 25%，且越是靠近顺槽压力越小，巷道处于卸压区，卸压区范围约 30m。切缝侧超前集中应力显著影响范围 5～10m，切缝侧超前集中应力显著影响范围 5～20m。

由图 6-114 可知，工作面开挖 200m 时，切缝顺槽实体煤侧垂直应力为 37MPa，运输顺槽实体煤侧垂直应力为 46MPa，切缝后侧向压力降低了 20%。工作面运输顺槽侧和工作面中部压力较大，在靠近切缝顺槽侧工作面垂直应力为 30MPa，运输顺槽侧则为 40MPa，切缝顺槽侧压力相比于结尾侧压力减少了 25%，且越是靠近顺槽压力越小，巷道处于卸压区，卸压区范围约 30m。切缝侧超前集中应力显著影响范围 5～

10m，切缝侧超前集中应力显著影响范围 5～20m。

通过图 6-113、图 6-114 综合对比分析可知，在采用切顶卸压自成巷无煤柱开采技术后，改变了原有采场的应力分布，尤其是在切缝顺槽侧，在工作面回采过后上覆岩层形成的悬臂梁结构，在顺槽形成了一个保护空间，保护巷道的安全性，转移了原有顺槽煤柱侧向压力过大的应力，使其向相邻工作面深部转移，且由模拟结果可知在相邻工作面距巷道 10m 处形成应力集中，同时原回采工作面的应力分布也发生变化，由前述可知，采场面长可分为 110 工法切顶影响区、未切顶影响区和中部未影响区。

（1）在采用切顶卸压自成巷技术后，原有巷道上方的应力逐步向相邻工作面转移，在距留巷巷道 10m 的工作面内部形成应力集中，但留巷巷道处于应力降低区，保证了巷道的安全。切缝顺槽实体煤侧垂直应力较未切缝顺槽实体煤侧垂直应力降低 20%。

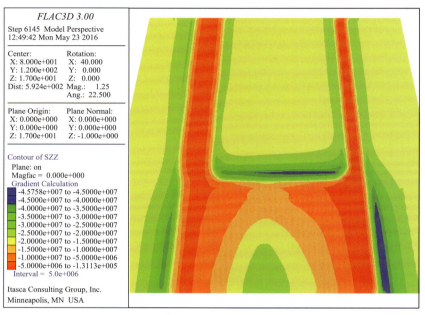

(a) 工作面开挖100m顶板垂直应力分布

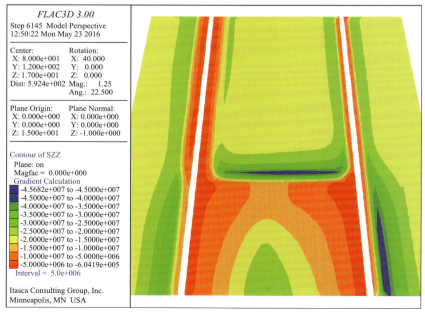

(b) 工作面开挖100m煤层垂直应力分布

图 6-113　21304 工作面开挖 100m 垂直应力分布

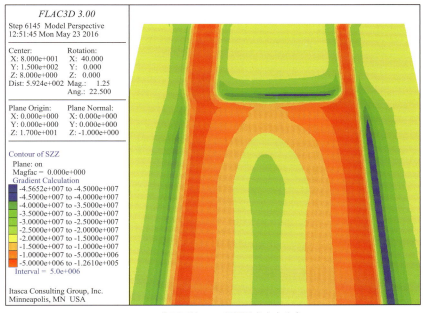

(a) 工作面开挖200m顶板垂直应力分布

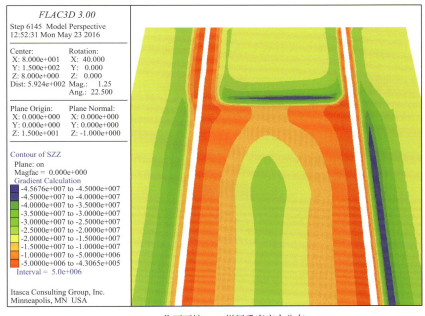

(b) 工作面开挖200m煤层垂直应力分布

图 6-114 21304 工作面开挖 200m 垂直应力分布

(2) 在切缝顺槽侧工作面压力较小，垂直应力相比减少了约 25%，且通过模拟可看出 110 工法对工作面矿压的影响范围为 30m，与现场实际测量数据相符合。

(3) 切缝侧超前集中应力显著影响范围 5~10m，切缝侧超前集中应力显著影响范围 5~20m。切顶卸压后，降低了超前应力的影响范围与强度。

6.6.4 大埋深破碎顶板 110 工法采场矿压显现规律

1. 支架参数与工程分区

21304 工作面配套 ZY4000-17.5/38 型二柱掩护式液压支架 121 台。支架额定工作阻力为 4000kN，最大支撑高度 3800mm，液压支架主要技术参数见表 6-35。

表 6-35　ZY4000-17.5/38 型二柱掩护式液压支架技术参数

参数	数值	参数	数值
支撑高度/mm	1750～3800	移架步距/mm	600
初撑力/kN	3077	伸缩梁行程/mm	800
工作阻力/kN	4000	支架质量/t	14.8
支架宽度/m	1.43～1.6	推溜力/kN	178
移架力/kN	454	安全阀调定开启压力/MPa	40.9
支护强度/MPa	0.70	顶梁长度/mm	3060

21304 工作面 2016 年 2 月 10 日开始正常回采，回采初期即采用切顶卸压自成巷无煤柱开采技术，工作面支架每 6 台布置一个压力测点，支架压力测点共 22 个，支架压力测点布置如图 6-115 所示。

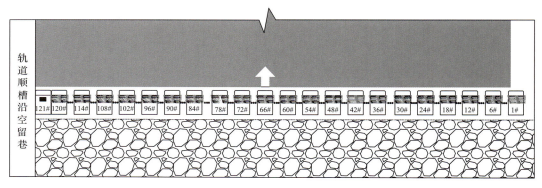

图 6-115　21304 工作面支架压力测点布置

根据矿压监测结果，此时采场主要划分为 3 个矿压区域：110 工法切顶影响区、中部未影响区和未切顶影响区。110 工法工程分区如图 6-116 所示。

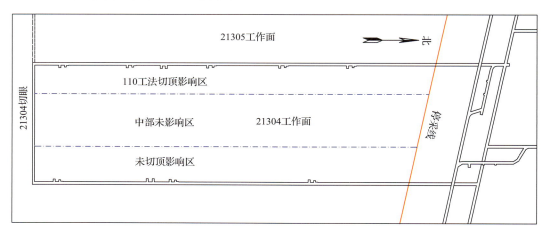

图 6-116　21304 工作面 110 工法工程分区

2. 采场矿压显现规律

根据工作面 110 工法工程分区情况，选择 6#、12#、24#、78#、96#、102#、114#和 120#共 8 个液压支架进行矿压监测，其中 6#、12#、24#支架位于未切顶影响区，78#、96#支架位于中部未影响区，102#、114#、120#支架位于 110 工法切顶影响区。

1）110 工法切顶影响区

102#、114#、120#支架压力曲线如图 6-117 所示。

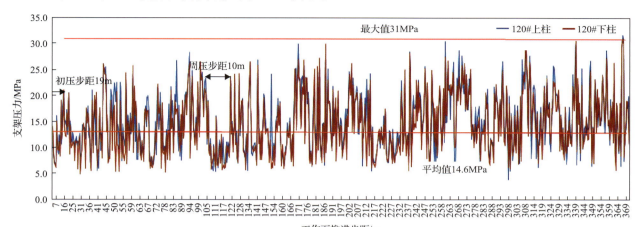

(a)　120#支架压力曲线

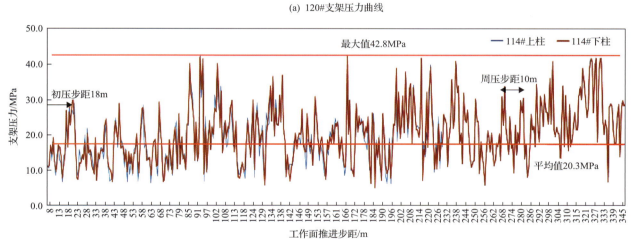

(b)　114#支架压力曲线

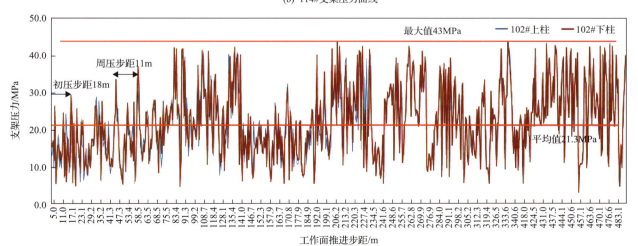

(c)　102#支架压力曲线

图 6-117　21304 工作面 110 工法切顶影响区支架压力曲线

2）未切顶区

6#、12#、24#支架压力曲线如图 6-118 所示。

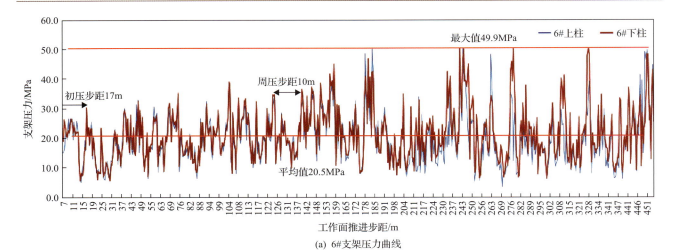

(a) 6#支架压力曲线

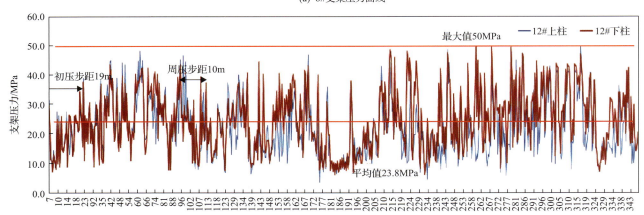

(b) 12#支架压力曲线

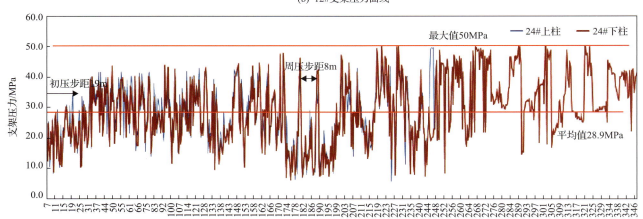

(c) 24#支架压力曲线

图 6-118　21304 工作面未切顶影响区支架压力曲线

3）中部未影响区

78#、96#支架压力曲线如图 6-119 所示。

由图 6-117～图 6-119 支架压力变化曲线分析得到工作面支架压力及来压步距情况,见表 6-36 和表 6-37。

由表 6-36 可知:轨道顺槽留巷侧(110 工法切顶影响区)支架较未切顶影响区支架最大压力平均值减小 11.1MPa,降低了 22.2%;平均压力平均值减小 5.7MPa,降低了 23.4%,影响 30m 范围。

　　由表 6-37 可知，轨道顺槽侧支架较胶带顺槽侧初次来压步距增大 0.6m，周期来压步距增大 1m。

　　周期来压步距增加表明在切顶爆破影响下，工作面端头直接顶垮落高度大且块度小（碎胀系数大），采空区充填效果好，形成碎胀的矸石通常可以将采空区充满，基本顶发生回转的空间较小，回转角越小，因此回转变形也较小，导致基本顶不易发生断裂，即周期来压步距加大。

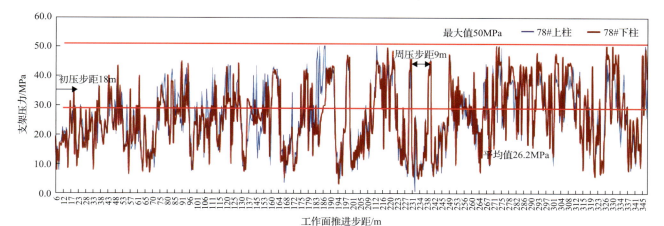

(a) 78#支架压力曲线

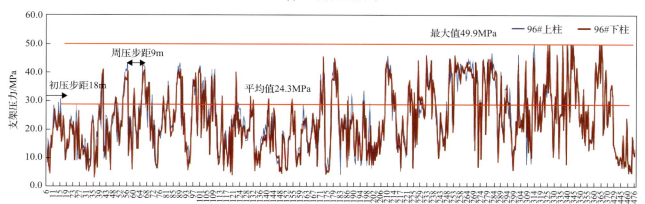

(b) 96#支架压力曲线

图 6-119　21304 工作面中部未影响区支架压力曲线

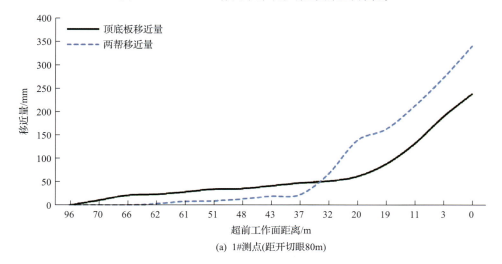

(a) 1#测点(距开切眼80m)

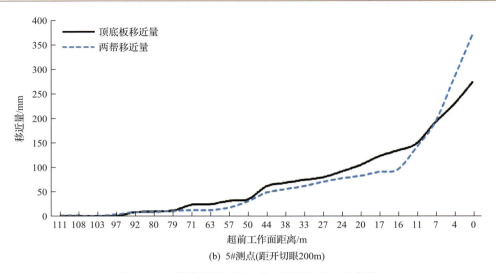

(b) 5#测点(距开切眼200m)

图 6-120　胶带顺槽超前工作面围岩位移变化曲线

表 6-36　21304 工作面支架压力

110 工法切顶影响区支架压力			未切顶影响区支架压力			中部未影响区支架压力		
支架编号	最大压力/MPa	平均压力/MPa	支架编号	最大压力/MPa	平均压力/MPa	支架编号	最大压力/MPa	平均压力/MPa
120#	31	14.6	6#	49.9	20.5	78#	49.9	24.3
114#	42.8	20.3	12#	50	23.8	96#	50	26.2
102#	43	21.3	24#	50	28.9			
平均值	38.9	18.7	平均值	50	24.4	平均值	50	25.3

表 6-37　21304 工作面来压步距统计

110 工法切顶影响区来压步距			未切顶影响区来压步距			中部未影响区来压步距		
支架编号	初次来压步距/m	周期来压步距/m	支架编号	初次来压步距/m	周期来压步距/m	支架编号	初次来压步距/m	周期来压步距/m
120#	19	10	6#	17	10	78#	18	9
114#	18	10	12#	20	10	96#	18	9
102#	18	11	24#	19	8			
平均值	18.3	10.3	平均值	17.7	9.3	平均值	18	9

基本顶周期来压步距增大,但支架工作阻力减小,表明在切顶影响下,直接顶破断垮落后,形成的碎胀矸石通常可以将采空区充满,基本顶发生回转的空间较小,因此回转变形也较小,进而对沿空留巷直接顶产生的压力也较小。

6.6.5　大埋深破碎顶板 110 工法巷道矿压显现规律

1. 预裂切缝对超前支承压力范围的影响

为了研究预裂切缝对工作面超前支承压力的影响,在胶带顺槽和轨道顺槽距开切眼 80m、95m、120m、150m 和 200m 处布置十字测点,监测顶底板和两帮位移变化情况,胶带顺槽和轨道顺槽围岩位移变化曲线如图 6-120、图 6-121 所示。

两条顺槽超前支承压力影响范围及围岩变形量对比见表 6-38。

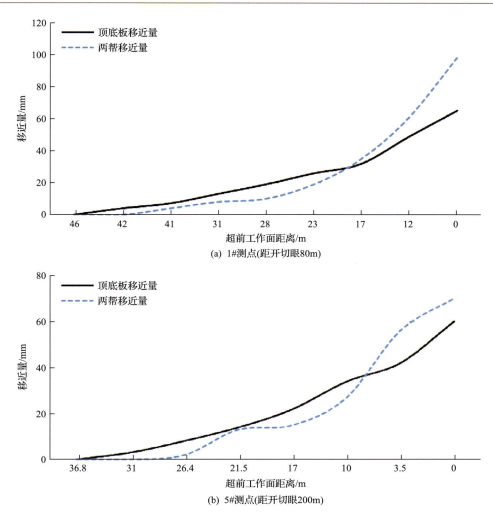

(a) 1#测点(距开切眼80m)

(b) 5#测点(距开切眼200m)

图 6-121　轨道顺槽超前工作面围岩位移变化曲线

表 6-38　两条顺槽超前支承压力影响范围及围岩变形量对比

轨道顺槽(切顶卸压巷道)				胶带顺槽(未切顶巷道)			
测点	影响范围/m	顶底板移近量/mm	两帮移近量/mm	测点	影响范围/m	顶底板移近量/mm	两帮移近量/mm
1#	42	65	98	1#	96	238	340
2#	37	32	72	2#	83	161	160
3#	61	68	89	3#	90	314	254
4#	52	45	85	4#	87	189	226
5#	31	60	70	5#	102	273	370
平均值	44.6	54	82.8	平均值	91.6	232	270

　　由表 6-38 可知：轨道顺槽超前支承压力影响范围 31～61m，平均为 44.6m，胶带顺槽超前支承压力影响范围为 83～102m，平均为 91.6m，表明经预裂切顶卸压后，顺槽的超前支承压力影响范围减小了 47m，超前支承压力范围减小了 51.3%；轨道顺槽顶底板移近量为 32～68mm，平均值为 54mm，两帮移近量为 70～98mm，平均值为 82.8mm；胶带顺槽顶底板移近量为 161～314mm，平均值为 232mm，两帮移近量为 160～370mm，平均值为 270mm。表明经预裂切顶卸压后，顺槽的超前应力对巷道变形影响明显减弱，顶底板移近量减小 178mm，降低了 76.7%，两帮移近量减小 187.2mm，降低了 69.3%。

2. NPR 锚索受力变化

根据工作面推进情况和锚索应力计布置情况，选择 4#、5#、6#、7#和 8#共 5 个锚索应力计，其位置分别距 21304 工作面开切眼 60m、80m、100m、150m 和 200m。其中 8#锚索应力计的 NPR 锚索应力变化曲线如图 6-122 所示。

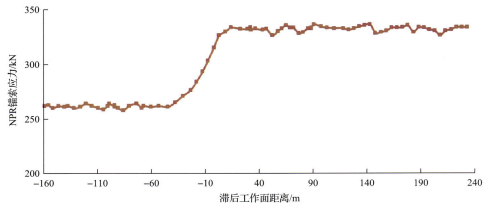

图 6-122 8#锚索应力计 NPR 锚索应力变化曲线

通过各 NPR 锚索应力变化曲线分析得到 NPR 锚索应力变化曲线关键位置及最大拉应力，见表 6-39。

表 6-39 21304 工作面锚索应力变化曲线关键位置及最大拉应力

锚索应力计	距 21304 面开切眼距离/m	曲线增大起始位置(滞后工作面距离)/m	达到恒阻值位置(滞后工作面距离)/m	锚索最大拉应力/kN
4#	60	35	3	319.6
5#	80	29	20	327.5
6#	100	55	28	359.3
7#	150	33	15	348.7
8#	200	44	9	334.3

(1)工作面推进产生的超前支承压力对锚索应力产生影响，超前支承压力影响范围为 29～55m，平均 39.2m，与十字测点所测超前支承压力影响范围基本一致。

(2)采空区走向长度与倾向长度相等，即工作面见方时应力集中，矿压显现明显，顶底板变形量大，容易发生顶板冒落。21304 工作面面长 180m，工作面推进 180m 时见方，产生较大应力集中，导致工作面附近的 NPR 锚索应力增大。

(3)5 个锚索应力计的 NPR 锚索最大拉应力为 319.6～359.3kN，考虑到一定的监测数据误差，NPR 锚索可能已达到恒阻状态。

3. 顶板离层变化规律分析

根据工作面推进情况和顶板离层仪布置情况，选择 3#和 6#两个顶板离层测点，其位置分别距 21304 工作面开切眼 40m、100m。两个顶板离层测点的顶板离层值变化曲线如图 6-123、图 6-124 所示。

通过图 6-123 和图 6-124 分析可以得到顶板离层值变化曲线关键位置及顶板最大离层值，见表 6-40。

(1)工作面的推进对巷道顶板离层产生影响，一般处于超前 50m 之内。由数据可知，在超前工作面 35～46m 时巷道顶板开始产生离层。

(2)由 3#和 6#测点的曲线平稳位置可知，工作面回采过后，顶板离层值趋于稳定时滞后工作面的距离分别为 306m 和 317m。即当滞后工作面距离大于 320m 后，巷道顶板离层才趋于稳定。

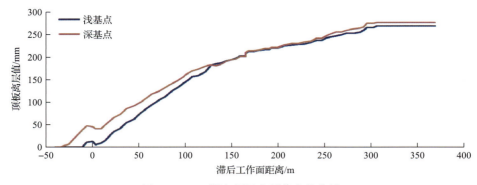

图 6-123　3#测点顶板离层值变化曲线

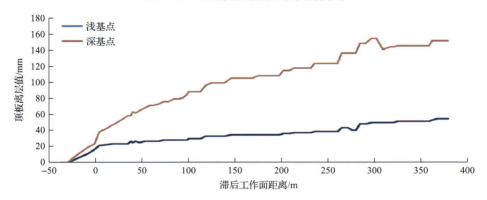

图 6-124　6#测点顶板离层值变化曲线

表 6-40　21304 工作面顶板离层值变化曲线关键位置及顶板最大离层值

顶板离层测点	距 21304 工作面开切眼距离/m	曲线增大起始位置 (滞后工作面距离)/m	曲线平稳起始位置 (滞后工作面距离)/m	顶板最大离层值/mm
3#	40	−35	306	浅 292，深 296
6#	100	−30	317	浅 54，深 151

(3)个别顶板离层数据并不能真实反映顶板离层情况，例如 3#测点，该点浅基点离层 292mm，深基点离层 296mm，98.6%的离层发生在 2.5m 范围内。现场观察调研可知，该点离层值为顶板局部网兜引起，并不能反映上位顶板离层状况。

(4)正常段的 3 个顶板离层测点的顶板最大离层值为 6#测点 151mm，平均 99.3mm。

4. 滞后单体支柱压力和活柱累计下缩量变化规律分析

选择 1#和 5#两个单体支柱压力和活柱累计下缩量测点，其位置分别距 21304 工作面开切眼 20m 和 100m。两个测点的单体支柱压力和活柱累计下缩量变化曲线如图 6-125～图 6-128 所示。

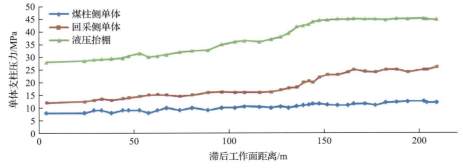

图 6-125　1#测点单体支柱压力与工作面距离关系

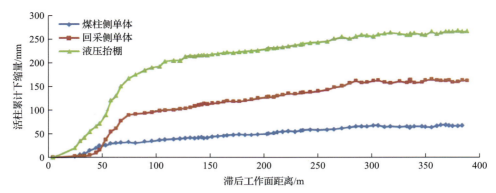

图 6-126 1#测点活柱累计下缩量与工作面距离关系

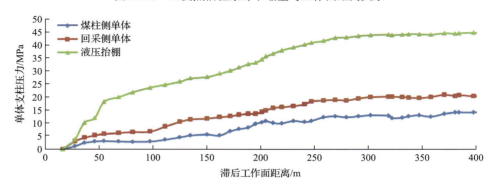

图 6-127 5#测点单体支柱压力与工作面距离关系

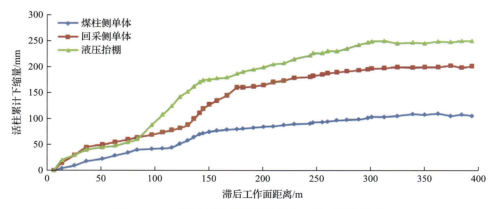

图 6-128 5#测点活柱累计下缩量与工作面距离关系

通过图 6-126 和图 6-128 分析可以得到活柱累计下缩量的具体情况，其中活柱累计下缩量变化曲线关键位置及活柱累计下缩量最大值情况见表 6-41。

表 6-41 活柱累计下缩量变化曲线关键位置及活柱累计下缩量最大值

测点	曲线趋于平稳起始位置(滞后工作面距离) /m	单体活柱累计下缩量最大值 /mm	液压抬棚活柱累计下缩量最大值 /mm
1#	302	164	267
5#	290	118	246

（1）单体支柱压力大小主要表现为两种，一是迅速达到额定工作阻力，在一定范围内有所波动，如 5#测点支柱；二是工作面推进一定距离后，逐步达到额定工作阻力，在一定范围内有所波动，如 1#测点支柱。

（2）工作面回采过后，活柱累计下缩量最大值趋于稳定时滞后工作面的距离分别为 302m 和 290m。即当滞后工作面距离大于 302m 后，巷道顶板下沉量才趋于稳定。

5. 巷道围岩变形量统计分析

1）巷道十字测点布设

在 21304 轨道顺槽布设十字测点，每天监测巷道围岩变形情况，十字测点布设如图 6-129 所示。

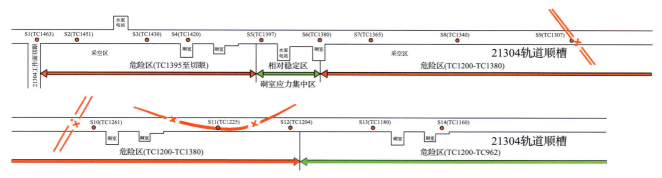

图 6-129　21304 轨道顺槽十字测点布设图

2）巷道顶底板移近量变化情况

通过巷道围岩变形量观测统计，得到巷道顶底板移近量变化曲线如图 6-130 所示。

由图 6-130 可知，滞后工作面距离大于 300m，顶底板移近量 600~700mm，顶板下沉量约 300mm，底鼓量约 400mm。滞后工作面 0~100mm，顶板下沉量约 170mm；滞后工作面 100~200mm，顶板下沉量约 60mm；滞后工作面 200~300mm，顶板下沉量约 30mm；随后顶底板移近量变化曲线逐渐趋于平缓。

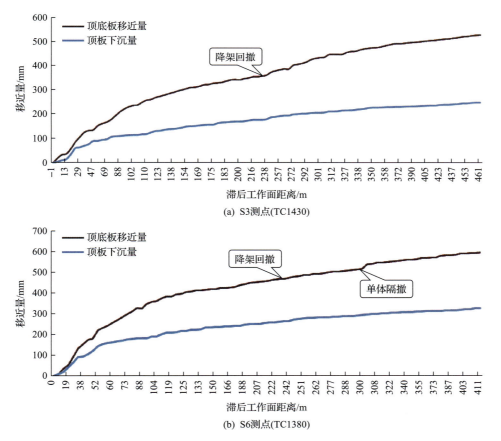

(a) S3测点(TC1430)

(b) S6测点(TC1380)

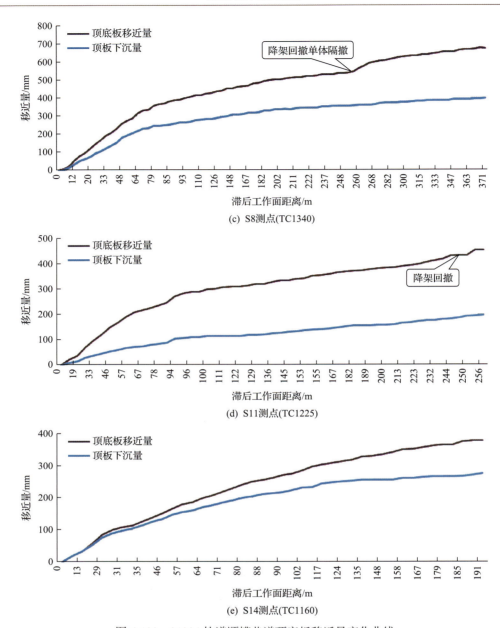

(c) S8测点(TC1340)

(d) S11测点(TC1225)

(e) S14测点(TC1160)

图 6-130　21304 轨道顺槽巷道顶底板移近量变化曲线

3) 巷道顶底板移近量变化规律

以滞后工作面每 20m 为一区段，分析顶板下沉量和下沉速率情况，统计结果见表 6-42。滞后工作面区段顶板下沉量与下沉速率曲线如图 6-131 所示。

表 6-42　21304 轨道顺槽巷道顶板下沉量和下沉速率情况统计

滞后工作面区段/m	区段顶板下沉量/mm	区段下沉速率/(mm/d)	滞后工作面区段/m	区段顶板下沉量/mm	区段下沉速率/(mm/d)
0～20	50	12.5	100～120	18	4.5
20～40	49	12.3	120～140	14	3.5
40～60	32	8.0	140～160	13	3.3
60～80	24	6.0	160～180	8	2.0
80～100	20	5.0	180～200	8	2.0

滞后工作面区段/m	区段顶板下沉量/mm	区段下沉速率/(mm/d)	滞后工作面区段/m	区段顶板下沉量/mm	区段下沉速率/(mm/d)
200～220	6	1.5	340～360	4	1.0
220～240	8	2.0	360～380	4	1.0
240～260	10	2.5	380～400	4	1.0
260～280	8	2.0	400～420	3.7	0.9
280～300	7	1.8	420～440	4	1.0
300～320	6	1.5	440～460	3.8	0.9
320～340	6	1.5			

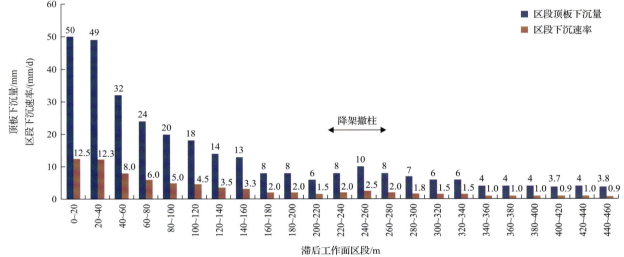

图 6-131　21304 轨道顺槽巷道滞后工作面区段顶板下沉量与下沉速率曲线

（1）滞后工作面 0～20m、20～40m 区段，顶板运动剧烈，下沉量和下沉速率最大，顶板下沉量约 50mm，下沉速率大于 10mm/d。

（2）滞后工作面 40～60m、60～80m、80～100m 区段，顶板运动减弱，下沉量和下沉速率较大，顶板下沉量大于 20mm，下沉速率大于 5mm/d。

（3）滞后工作面 100～120m、120～140m、140～160m 区段，顶板运动减弱，下沉量和下沉速率较小，顶板下沉量大于 10mm，下沉速率大于 3mm/d。

（4）滞后工作面 160～180m 至 280～300m 区段，顶板运动趋于平缓，下沉量和下沉速率较小，顶板下沉量 7～10mm，下沉速率约 2mm/d。

（5）滞后工作面距离大于 300m，顶板运动基本平缓，下沉量和下沉速率较小，顶板下沉量小于 6mm，下沉速率约 1mm/d。

（6）巷道内降架回撤及间隔撤柱对巷道顶板下沉量有一定影响，降架撤柱后顶板下沉量增加约 8mm。

根据现场调研资料，以巷道顶板破碎程度、巷道顶板最大下沉量（顶底板移近量）、顶板断裂发育程度等因素为评判因子进行综合性评价，对整条巷道进行危险性分区。另外，巷道内硐室交叉口也会对顶板下沉量产生一定负面影响。根据各个十字测点围岩情况对其进行归类，其中处于硐室交叉口的测点有 S1、S4、S6、S13，处于断层带的测点有 S8、S9、S10、S12，处于非硐室断层带的测点有 S2、S3、S5、S7，处于断层带的测点有 S14。研究各个影响因素对巷道顶板下沉量的影响，分类及统计数据见表 6-43。巷道围岩环境与顶板下沉量的关系如图 6-132 所示。

由表 6-43 可知，当巷道处于非硐室断层带时，巷道顶板下沉量小于 300mm，当巷道处于硐室交叉口或者断层带时，巷道顶板下沉量大于 300mm。位于硐室交叉口的 S1 测点下沉量最大为 414mm。

表 6-43　巷道围岩环境对顶板下沉量的影响分析数据统计

围岩归类	测点	位置/m	围岩情况	目前下沉量/mm	滞后累计下沉量/mm								趋于平稳位置
					50m	100m	150m	200m	250m	300m	350m	400m	
非硐室断层带	S2	1451	破碎	280	100	147	185	212	225	238	253	267	300m
	S3	1430	破碎	247	90	114	145	169	188	205	226	233	300m
	S5	1397	破碎	299	102	145	199	217	239	266	281	289	300m
	S7	1365	破碎	296	105	164	199	242	279	280	288	296	300m
	平均值			281	99	143	182	210	233	247	262	271	300m
硐室交叉口	S1	1463	破碎	414	114	160	218	258	289	337	385	402	360m
	S4	1420	破碎	315	103	183	232	248	265	286	297	307	340m
	S6	1380	破碎	326	143	190	236	250	272	294	310	320	310m
	S13	1180	—	277	135	205	235	257	—	—	—	—	
	平均值			333	124	185	230	253	275	306	331	343	340m
断层带	S8	1340	下沉	397	190	270	308	335	354	375	391		
	S9	1307	下沉	268	120	180	212	230	245	261	—	—	
	S10	1261	下沉	316	120	210	260	291	309	316	—	—	
	S12	1204	—	227	120	175	198	219	—	—	—	—	
	平均值			302	138	209	245	269	303	317			
硐室断层带	S14	1160	—	277	135	205	235	257	—	—	—	—	

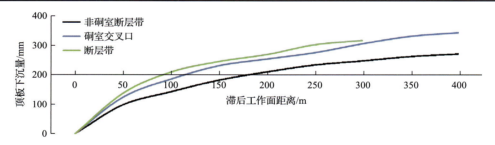

图 6-132　巷道围岩环境与顶板下沉量的关系

由图 6-132 可知，巷道围岩环境对顶板下沉量的影响程度由大到小依次为：断层带＞硐室交叉口＞非硐室断层带。断层带条件下，滞后工作面 250m 时顶板下沉量大于 300mm；硐室交叉口条件下，滞后工作面 300m 是顶板下沉量大于 300mm；非硐室断层带条件下，顶板下沉量小于 300mm，且下沉速率较断层带和硐室交叉口条件下低。

硐室交叉口条件下，滞后工作面约 340m 顶板下沉量基本趋于稳定；非硐室断层带条件下，滞后工作面约 300m 顶板下沉量基本趋于稳定。

4）巷道两帮移近量分析

通过巷道围岩变形量观测统计，得到巷道两帮移近量变化曲线如图 6-133 所示，统计值见表 6-44。

由图 6-133、表 6-44 可知，巷道两帮移近量 455～724mm，平均 598mm；切缝侧正帮移近量 324～570mm，平均 455mm；实体煤侧副帮移近量 113～166mm，平均 143mm。

5）巷道侧向压力

根据工作面推进度和侧向压力监测仪布置情况，选取巷道采空区侧 1#、2#测点，分别距 21304 工作面开切眼 240m 和 302m，两个侧向压力测点的侧向压力变化曲线如图 6-134、图 6-135 所示。

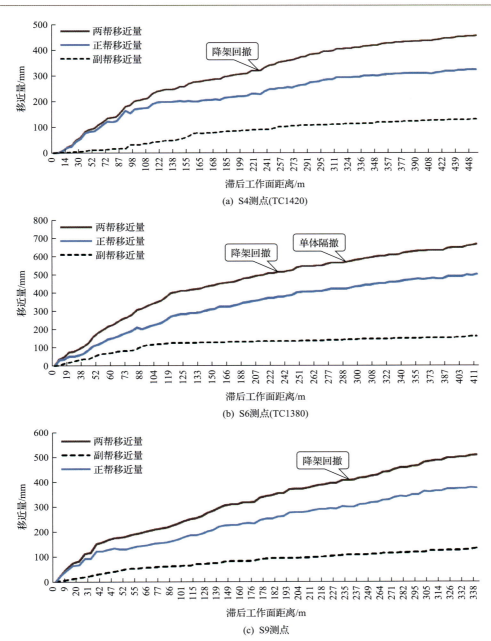

(a) S4测点(TC1420)

(b) S6测点(TC1380)

(c) S9测点

图 6-133　21304 轨道顺槽巷道两帮移近量变化曲线

表 6-44　切顶卸压留巷两帮移近量统计

测点	滞后工作面距离/m	正帮移近量(切缝侧)/mm	副帮移近量(实体煤侧)/mm	两帮移近量/mm
S2	481	449	138	587
S3	461	485	153	638
S4	451	324	131	455
S5	428	558	166	724
S6	411	505	165	670
S7	396	570	147	717
S8	371	370	113	483
S9	338	376	133	509
平均值		455	143	598

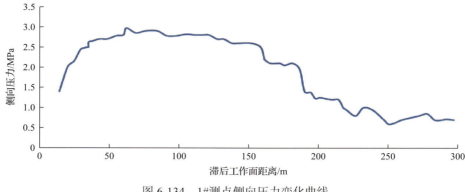

图 6-134　1#测点侧向压力变化曲线

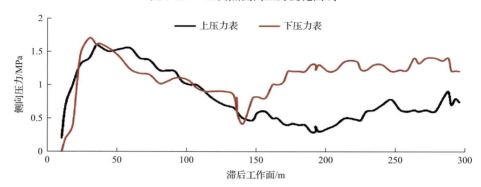

图 6-135　2#测点侧向压力变化曲线

通过图 6-134 和图 6-135 分析可以得到侧向压力变化曲线关键位置及趋于稳定值,见表 6-45。

表 6-45　21304 工作面侧向压力变化曲线关键位置及趋于稳定值

测点	侧向压力最大值位置 (滞后工作面距离)/m	侧向压力最大值/MPa	曲线趋于平稳起始位置 (滞后工作面距离)/m	曲线平稳后侧向压力平均值/MPa
1#	62	2.97	247	0.75
2#	35	上:1.6,下:1.7	213	上:0.63,下:1.3

　　注:1#、2#测点的侧向压力计安装时通过锚索托盘、金属网与采空区矸石接触,1#测点处顶板垮落矸石块度小,较均匀,2#测点处顶板垮落矸石块度大。

由图 6-134、图 6-135 和表 6-45 分析可得以下结论。

(1)1#测点侧向压力滞后工作面 62m 时达到最大,最大值为 2.97MPa;2#测点侧向压力滞后工作面 35m 时达到最大,最大值为 1.6MPa、1.7MPa。

(2)1#测点侧向压力滞后工作面 247m 时趋于稳定,稳定后平均 0.75MPa;2#测点侧向压力滞后工作面 213m 时趋于稳定,稳定后平均 0.63MPa、1.3MPa。

6.6.6　大埋深破碎顶板 110 工法采空区岩体碎胀效应

根据 110 工法顶板岩层碎胀系数现场确定方法在 21304 工作面回采过程中对碎胀系数进行实时监测与记录,随着工作面推进不断加布测点,并对测点处碎胀系数进行实测,结合对应测点处的岩性窥视结果加以分析,得出测点的实测碎胀系数随工作面推进以及随时间的变化曲线。

1. 碎胀系数随时间变化情况

通过对图 6-136 分析可知:碎胀系数随着时间的变化由大逐渐变小,从 1.55 左右逐渐变小,最终稳定值介于 1.356~1.385,均值为 1.369;碎胀系数稳定时间介于 28~34d,且 S3 测点碎胀系数随时间的变化曲线符合幂函数规律。

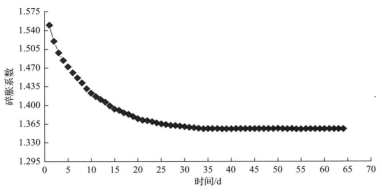

图 6-136　S3 测点的碎胀系数随时间变化曲线

2. 碎胀系数随工作面推进变化情况

通过对图 6-137 分析可知：S3 测点碎胀系数随着工作面推进由大逐渐变小，从 1.55 左右逐渐变小，最终稳定值介于 1.356～1.385，均值为 1.369；碎胀系数稳定时，测点距工作面距离介于 186～203m（按开采速度换算）。此外，S1、S2、S3 测点的碎胀系数变化见表 6-46 和表 6-47，同样展现出随工作面推进的幂函数变化规律。

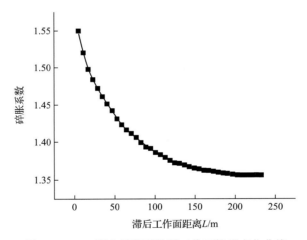

图 6-137　S3 测点碎胀系数随工作面推进变化曲线

表 6-46　各测点碎胀系数随时间变化记录

时间/d	S1 测点碎胀系数	S2 测点碎胀系数	S3 测点碎胀系数
1	1.406	1.43	1.55
2	1.401	1.42	1.52
3	1.398	1.414	1.498
4	1.395	1.41	1.484
5	1.394	1.407	1.472
6	1.391	1.405	1.461
7	1.390	1.403	1.451
8	1.388	1.4	1.442
9	1.387	1.399	1.431
10	1.386	1.398	1.423
11	1.385	1.396	1.416
12	1.383	1.395	1.411

时间/d	S1 测点碎胀系数	S2 测点碎胀系数	S3 测点碎胀系数
13	1.381	1.3942	1.406
14	1.379	1.3933	1.399
15	1.378	1.3925	1.393
16	1.377	1.3918	1.391
17	1.376	1.3912	1.386
18	1.375	1.3906	1.383
19	1.375	1.3901	1.379
20	1.374	1.3896	1.375
21	1.373	1.3892	1.372
22	1.373	1.3878	1.371
23	1.371	1.3875	1.369
24	1.37	1.3872	1.367
25	1.369	1.3871	1.365
26	1.368	1.3868	1.364
27	1.367	1.3866	1.362
28	1.367	1.385	1.362
29	1.366	1.385	1.361
30	1.366	1.385	1.36
31	1.365	1.385	1.359
32	1.365	1.385	1.358
33	1.365	1.384	1.357
34	1.365	1.385	1.356
35	1.365	1.385	1.356
50	1.365	1.385	1.356
60	1.365	1.385	1.356
70	1.365	1.385	1.356

表 6-47 各测点碎胀系数随工作面推进变化记录

S1		S2		S3	
滞后工作面距离/m	碎胀系数	滞后工作面距离/m	碎胀系数	滞后工作面距离/m	碎胀系数
3	1.406	2	1.43	5	1.55
7	1.401	8	1.42	11	1.52
10	1.398	14	1.414	17	1.498
13	1.395	20	1.41	23	1.484
15	1.394	26	1.407	29	1.472
18	1.391	32	1.405	35	1.461
22	1.390	38	1.403	41	1.451
28	1.388	44	1.4	47	1.442
33	1.387	50	1.399	53	1.431
36	1.386	56	1.398	59	1.423
42	1.385	62	1.396	65	1.416
48	1.383	68	1.395	71	1.411
53	1.381	74	1.3942	77	1.406
59	1.379	80	1.3933	83	1.399
64	1.378	86	1.3925	89	1.393
69	1.377	92	1.3918	95	1.391
75	1.376	98	1.3912	101	1.386
80	1.375	104	1.3906	107	1.383
88	1.375	110	1.3901	113	1.379
93	1.374	116	1.3896	119	1.375

S1		S2		S3	
滞后工作面距离/m	碎胀系数	滞后工作面距离/m	碎胀系数	滞后工作面距离/m	碎胀系数
105	1.373	122	1.3892	125	1.372
113	1.373	128	1.3878	131	1.371
121	1.371	134	1.3875	137	1.369
136	1.37	140	1.3872	143	1.367
150	1.369	146	1.3871	149	1.365
156	1.368	152	1.3868	155	1.364
161	1.367	158	1.3866	161	1.362
166	1.367	164	1.385	167	1.362
172	1.366	170	1.385	173	1.361
177	1.366	176	1.385	179	1.36
182	1.365	182	1.385	185	1.359
187	1.365	188	1.385	191	1.358
192	1.365	194	1.384	197	1.357
198	1.365	200	1.385	203	1.356
206	1.365	206	1.385	209	1.356
211	1.365	212	1.385	215	1.356
217	1.365	218	1.385	221	1.356
222	1.365	224	1.385	227	1.356
227	1.365	230	1.385	233	1.356

6.7　冲击地压千米深井 110 工法应用及矿压规律

6.7.1　工程概况

安居井田位于山东省济宁市任城区内，兖新铁路以南，京杭运河以西，井田南北长约 13km，东西宽 2.3~10km，面积约 75.4027km²，设计产能 150 万 t/a。

5307 工作面走向长 480m，宽 150m，面积 71499m²，煤层厚度 1.7~2.4m，采高 2.4m。煤层结构简单，煤层倾角平均 7°。

工作面内煤层赋存相对稳定，结构较简单，巷道揭露煤层顶板标高–1195~–1127m。3 上煤为黑色，褐黑色条痕，条带状，玻璃光泽，内生裂隙较发育，以亮煤为主，次为暗煤，少量镜煤，偶见丝炭，属半亮型煤。局部含有厚约 0.2m 的夹矸。地表主要为田地，无大型建筑物。工作面回采后达不到充分采动影响，且工作面采用充填开采工艺，预计回采后引起的地表下沉量较小，相应地面设施受采动塌陷的影响较小。

切顶留巷设计为 3 上煤层 5307 工作面的轨道顺槽，留巷长度 480m。工作面切顶卸压自成巷实施位置如图 6-138 所示。

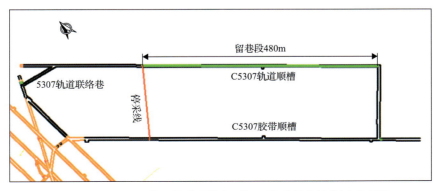

图 6-138　5307 工作面轨道顺槽切顶卸压自成巷实施位置示意图

6.7.2 冲击地压千米深井采场矿压显现规律研究

1. 支架参数与工程分区

5307 工作面共布置 104 个支架,全部为 ZC4800/16/32 型充填液压支架,支架基本技术参数见表 6-48。

表 6-48　ZC4800/16/32 型充填液压支架基本技术参数

参数	数值	参数	数值
支架型号	ZC4800/16/32	工作阻力/kN	4800
型式	四柱支撑顶式液压支架	支架对底板比压/MPa	2.8(f=0.2)
工作阻力/kN	10000	推溜力/kN	361
初撑力/kN	7913	移架力/kN	633
支撑高度/mm	1600~3200	移架步距/mm	800
支架宽度/mm	1430~1600	支架重量/t	29.5
支架中心距/mm	1500	泵站压力/MPa	31.5

5307 工作面矿压监测点布设于 4#、14#、24#、34#、44#、54#、64#、69#、74#、79#、84#、89#、94#、99#、104#液压支架,实现在线监测矿压数据。

根据矿压监测结果,距切缝线不同位置矿压不同,此时采场主要划分为 3 个矿压区域:110 工法切顶影响区(110 工法区)、中部未影响区和未切顶影响区(121 工法区)。沿工作面倾向,支架平均工作阻力分布情况如图 6-139 所示。

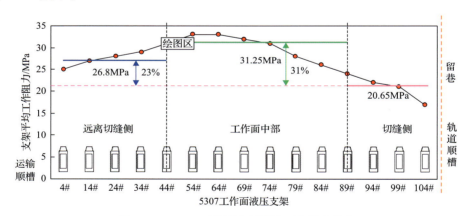

图 6-139　5307 工作面支架平均工作阻力分布

通过分析工作面矿压监测数据可知:

(1)沿工作面倾向,压力呈明显的分区特征,工作面中部压力最大,110 工法区(切缝侧)压力最小,121 工法区(远离切缝侧,近 5307 运输顺槽)压力介于 110 工法区和工作面中部。

(2)切缝侧 110 工法区卸压显著,其液压支架平均工作阻力为 20.65MPa,影响范围 0~25m;工作面中部液压支架平均工作阻力为 31.25MPa,影响范围 25~100m;远离切缝侧 121 工法区,液压支架平均工作阻力为 26.8MPa,范围 100~150m。

(3)切缝侧 110 工法区支架平均工作阻力相对工作面中部降低 31%,相对远离切缝侧的 121 工法区降低 23%。切顶卸压自成巷有效降低了切缝影响范围内的顶板压力。

2. 采场矿压显现规律

采用切顶卸压自成巷技术,在工作面推过后采空区顶板将会沿着切缝线垮落,相较于自然垮落法,切顶卸压能够使基本顶触矸时间提前，改善了支架上覆岩层的受力情况，同时，由于切顶卸压切断了基本顶的应力传递途径，应力集中将会向远离支架的实体煤深处转移，因此，支架的受力情况将会得到缓解，具体表现为支架压力的降低和周期来压变得不明显。同时，切顶卸压的影响也是有一定范围的，影响范围外的支架压力相比较于自然垮落法管理顶板的情况并无区别。根据工作面 110 工法矿压显现特征，选择 4#、14#、69#、74#、99#、104#共 6 个液压支架进行矿压监测，其中 4#、14#支架位于未切顶影响区，69#、74#支架位于中部未影响区，99#、104#支架位于 110 工法切顶影响区。

由图 6-140～图 6-142 支架压力变化曲线分析得到工作面支架压力及来压步距情况，见表 6-49 和表 6-50。

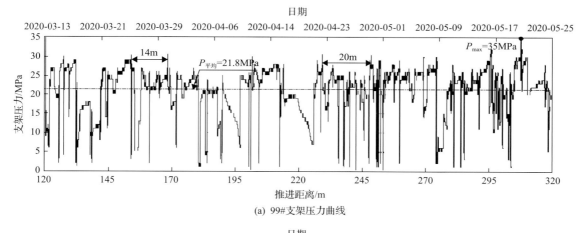

(a) 99#支架压力曲线

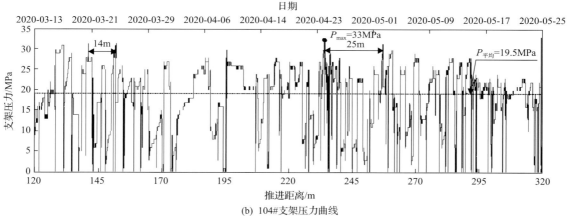

(b) 104#支架压力曲线

图 6-140　5307 工作面 110 工法切顶影响区支架压力曲线

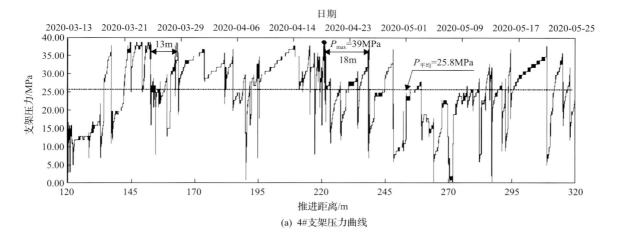

(a) 4#支架压力曲线

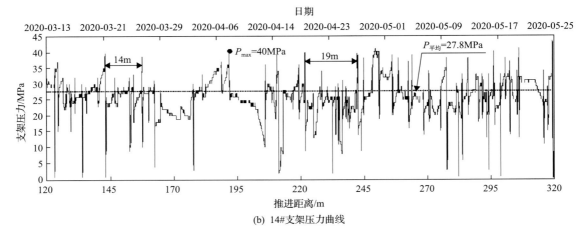

(b) 14#支架压力曲线

图 6-141　5307 工作面未切顶影响区支架压力曲线

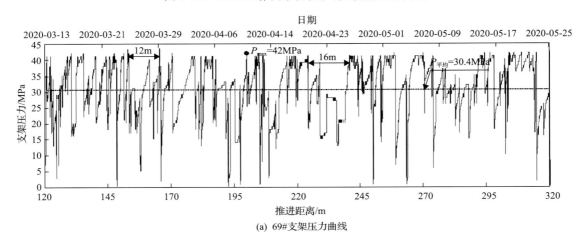

(a) 69#支架压力曲线

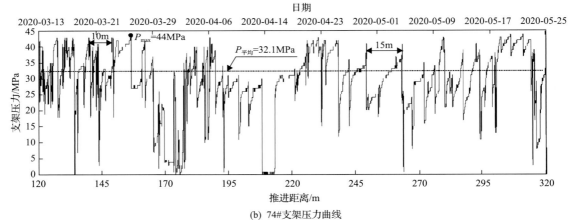

(b) 74#支架压力曲线

图 6-142　5307 工作面中部未影响区支架压力曲线

表 6-49　5307 工作面支架压力

110 工法切顶影响区支架压力			未切顶影响区支架压力			中部未影响区支架压力		
支架编号	最大压力/MPa	平均压力/MPa	支架编号	最大压力/MPa	平均压力/MPa	支架编号	最大压力/MPa	平均压力/MPa
99#	35	21.8	4#	39	25.8	69#	42	30.4
104#	33	19.5	14#	40	27.8	74#	44	32.1
平均值	34	20.65	平均值	39.5	26.8	平均值	43	31.25

表 6-50　5307 工作面来压步距统计

110 工法切顶影响区来压步距			未切顶影响区来压步距			中部未影响区来压步距		
支架编号	最大周期来压步距/m	平均步距/m	支架编号	最大周期来压步距/m	平均步距/m	支架编号	最大周期来压步距/m	平均步距/m
99#	20	15	4#	18	11.8	69#	16	11
104#	25	18	14#	19	13.4	74#	15	10
平均值	22.5	16.5	平均值	18.5	12.6	平均值	15.5	10.5

由表 6-49 可知，110 工法切顶影响区支架较未切顶影响区支架最大压力减小 5.5MPa；平均压力减小 6.15MPa，降低了 22.9%，影响 25m 范围。

由表 6-50 可知，110 工法切顶影响区较未切顶影响区最大周期来压步距增大 4m，平均周期来压步距增大 3.9m。

周期来压步距增大表明在切顶影响下，工作面端头直接顶垮落高度大且块度小(碎胀系数大)，采空区充填效果好，形成的碎胀矸石通常可以将采空区充满，基本顶发生回转的空间较小，回转角较小，因此回转变形也较小，导致基本顶不易发生断裂，即周期来压步距加大。

6.7.3　冲击地压千米深井 110 工法碎胀充填模拟

1. 数值模型的建立

在考虑实际工程条件及简化计算的基础上，结合安居煤矿 5307 工作面生产地质条件，应用 FLAC3D 数值模拟软件建立计算模型，本构模型选用 Mohr-Coulomb 模型。建立两个模型对比分析 110 工法和 121 工法。

110 工法模型尺寸为长×宽×高=300m×150m×50m，开挖 2 条巷道，无煤柱。

121 工法模型尺寸为长×宽×高=300m×150m×50m，开挖 3 条巷道，留设 5m 宽煤柱。

其他参数：模拟巷道开挖尺寸为 4.7m×3.2m，工作面开挖尺寸为 150m×60m×2m；巷道平均埋深为 1200m，沿煤层顶板掘进；3#煤层底板为厚 6.1 的砂质泥岩，厚 7.1m 的细砂岩；煤层顶板由下往上依次为厚 1.5m 的泥质砂岩，厚 3m 的中砂岩，厚 8.6m 的粉砂岩，厚 2.8m 的砂质泥岩，厚 1.5m 的泥岩，厚 7.9m 的细砂岩及厚 8.2m 的中砂岩，具体模型岩层力学参数见表 6-51，计算模型如图 6-143 所示。

表 6-51　岩层力学参数

岩性	密度/(kg/m³)	体积模量/GPa	剪切模量/GPa	抗拉强度/MPa	内聚力/MPa	内摩擦角/(°)
中砂岩	2800	6.0	5.0	3.0	3.0	38
细砂岩	2600	5.56	4.17	2.5	2.0	35
泥岩	2200	3.03	1.56	1.0	1.2	27
砂质泥岩	2500	3.0	1.50	1.5	1.5	30
粉砂岩	2700	2.68	1.84	1.0	2.0	32
中砂岩	2800	6.0	5.0	3.0	3.0	38
泥质砂岩	2300	2.5	1.3	1.3	1.5	30
煤	1400	1.2	1.19	0.37	0.5	23
砂质泥岩	2500	3.0	1.50	1.5	1.5	30
细砂岩	2600	5.56	4.17	2.5	2.0	35

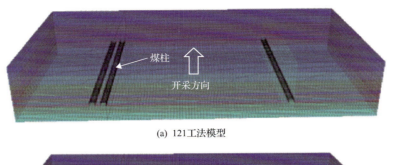

(a) 121工法模型

(b) 110工法模型

图 6-143　两种采煤工艺计算模型

模型左右边界限制 x 方向位移，前后边界限制 y 方向位移，并施加随深度变化的水平压应力；下部边界限制 z 方向的位移；上部边界施加 26MPa 均布自重应力。

2. 不同采煤工艺矿压显现特征对比分析

为了分析切顶卸压自成巷对矿压显现规律的影响，分别对 110 工法模型和 121 工法模型进行数值计算，计算结果如图 6-144 所示。

根据图 6-144 中垂直应力分布情况，巷道开挖后，附近围岩应力及位移发生不同程度的改变，部分煤岩进入塑性破坏状态。关于围岩应力分布，121 工法在巷道两帮煤体内产生明显的应力集中；工作面回采后，110 工法应力集中出现在实体煤帮侧。

110 工法 5307 轨道顺槽实体煤帮内部应力集中区距离巷帮较远，顺槽附近 14m 范围内存在较明显卸压区，顺槽侧约 16m 垂直应力最大值 23MPa；采场最大应力达到 60MPa。

121 工法 5307 轨道顺槽实体煤帮内部应力集中区距离巷帮较近，约 4m，最大值位于煤柱上方，轨道顺槽垂直应力最大值 34MPa；煤柱为应力集中区，采场最大应力达到 65MPa。

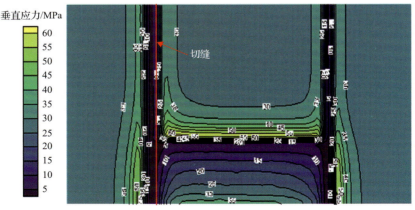

(a) 110工法垂直应力分布

(b) 121工法垂直应力分布

图 6-144　不同采煤工艺垂直应力分布

3. 不同采煤工艺下能量分布特征

结合安居煤矿超千米埋深高地应力情况，分析两种采煤工艺下采场及巷道围岩能量分布情况，对模型开挖过程中的能量进行监测，两种采煤工艺下采场能量分布情况如图 6-145 所示。

(1) 对比两种采煤工艺下的采场能量分布，在工作面回采过程中，切顶卸压自成巷围岩能量小于留设煤柱的 121 工法，能量平均降低 27%，表明 110 工法通过预裂切顶实现了良好的卸压效果。

(2) 由图 6-145(a) 可知，切顶卸压自成巷两帮 10m 范围内能量较高，图 6-145(b) 中留设煤柱后巷道两帮约 25m 范围内能量较高，且能量大于 110 工法。说明 110 工法通过定向预裂切顶切断了顶板的应力传递路径，减小了弹性能集中。

4. 回采速度对微震事件的影响

回采速度直接影响基本顶的下沉量及下沉速度，工作面高速推采会引起顶板下沉速度的突然变化，同时加速塑性区的扩展，导致基本顶—支承压力影响下的煤体系统突然失稳，能量释放由静态、准静态转换为动态，高能量积聚达到极限后上覆岩层会出现突然的断裂，结合现场煤层自身的冲击倾向性，容易诱发冲击。

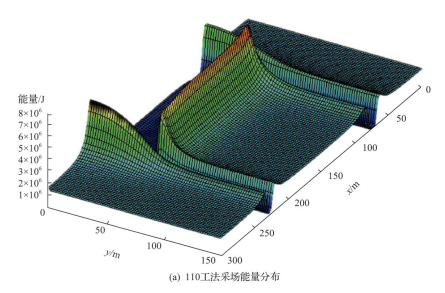

(a) 110工法采场能量分布

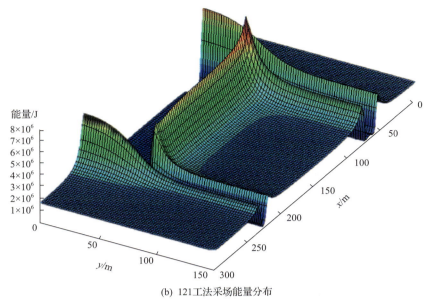

(b) 121工法采场能量分布

图 6-145　不同采煤工艺采场能量分布对比

　　从能量的观点考虑，某一区域冲击危险程度主要取决于两个因素：①该区域是否存在应力集中，积聚了大量的弹性应变能；②能量积聚区距自由面的距离，若能量积聚区距自由面较近，煤体内部积聚的弹性能会瞬间释放，导致冲击地压的产生。为分析两种采煤工艺下回采速度与采场能量的分布情况，针对 110 工法模型和 121 工法模型分别模拟推采 2 刀、4 刀、6 刀，不同回采速度下采场能量分布如图 6-146 所示。

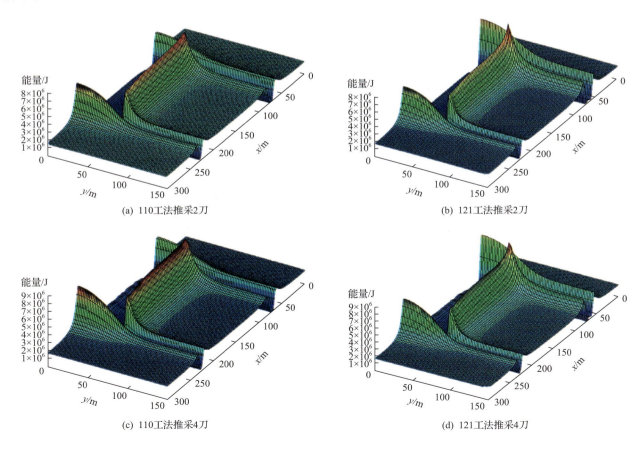

(a) 110工法推采2刀　　　　　　　　　(b) 121工法推采2刀

(c) 110工法推采4刀　　　　　　　　　(d) 121工法推采4刀

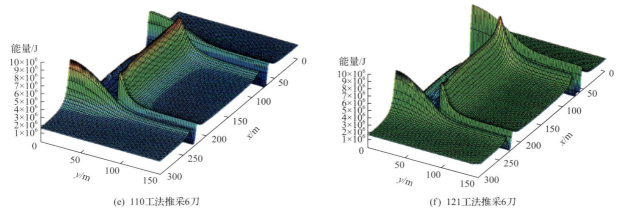

(e) 110工法推采6刀　　　　　　　　　　(f) 121工法推采6刀

图 6-146　不同采煤工艺回采速度与采场能量关系

（1）随回采速度增加，110 工法和 121 工法采场能量均增加，但 110 工法能量增加幅度小于 121 工法。

（2）相同回采速度下，110 工法采场能量小于 121 工法，如推采 2 刀时，切顶卸压自成巷围岩能量最大达到 $3×10^6$J，121 工法巷道围岩能量最大为 $4×10^6$J。

（3）相同回采速度下，110 工法采场高能量区域距巷道自由面的距离要大于 121 工法，如工作面推采 6 刀时，高应力区距巷道超过 10m，而 121 工法由于煤柱的存在，高应力区距巷道自由面小于 5m。因此，121 工法煤柱侧易发生冲击。

数值模拟高能量事件大小及位置分布如图 6-147 所示。

（1）工作面回采速度较低时，震源主要分布于工作面上方顶板中部、工作面超前和采空区后方位置，且总体能量数值不大（小于 $1×10^5$J）。

（2）随着工作面回采速度增加，微震事件进一步往工作面前方演化，采空区后方的位置演化几乎无变化，震源演化高度进一步往上发展的同时震源能量数值等级变大，即高能量矿震（大于 $1×10^5$J）开始出现并逐渐增多。

（3）对比分析两种采煤工艺，相同回采速度下，110 工法微震能量等级小于 121 工法，以推采 6 刀为例，110 工法发生微震的能量等级多集中 10^6J 以下，而 121 工法顶板发生微震的能量等级多集中 10^7J 左右。

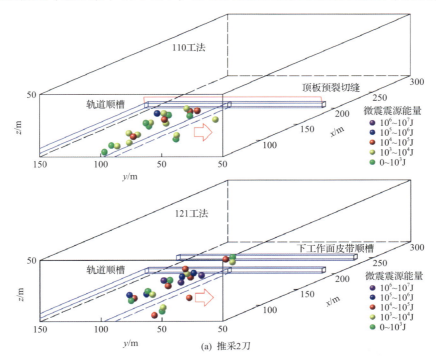

(a) 推采2刀

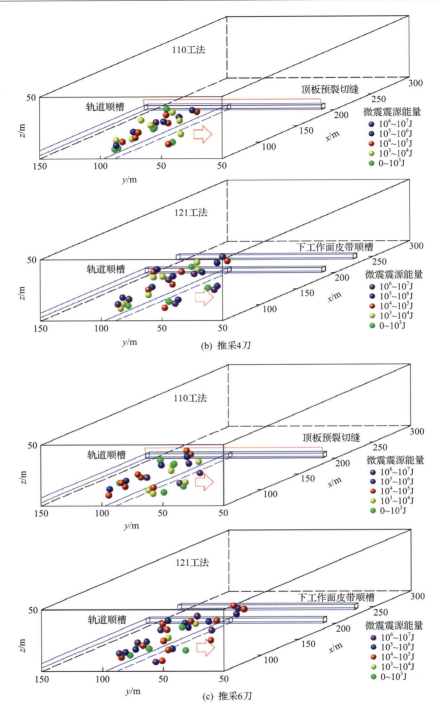

图 6-147　不同采煤工艺回采速度与微震事件关系

综上所述,110 工法在采场能量、微震事件频次及微震能量均小于 121 工法;同时,相同回采速度下,110 工法可以减少微震事件发生的频次和能量,其原因总结如下。

(1)加快工作面回采速度提高了基本顶悬臂梁加载速率,由于悬臂梁的伪增强特性,储存的弹性应变能增多,破断岩块初始动能占总应变能的比例升高,增大了高强度开采工作面基本顶动力破断失稳的可能。

(2)110 工法将长臂梁转变为短臂梁,相对于 121 工法开采,110 工法减小了上覆岩梁的能量积聚,因此,相同回采速度下,切顶卸压自成巷附近微震事件发生的频次和能量小于留煤柱开采。

(3)110 工法工作面回采,近切缝侧采空区顶板及时垮落充填巷道,减少了上覆岩层弯曲下沉空间,进而减小了上覆岩层破断概率。传统留设煤柱的 121 工法,工作面推过后采空区顶板垮落相对 110 工法滞后,上覆岩层弯曲下沉空间大,大范围采空区顶板突然断裂易引发矿震。

6.7.4　冲击地压千米深井 110 工法巷道矿压显现规律

1. NPR 锚索变形及受力变化规律分析

根据工作面推进情况,布设 M1～M10 共计 10 个锚索应力计,其中 M2 和 M5 锚索应力计的 NPR 锚索应力变化曲线如图 6-148 所示。

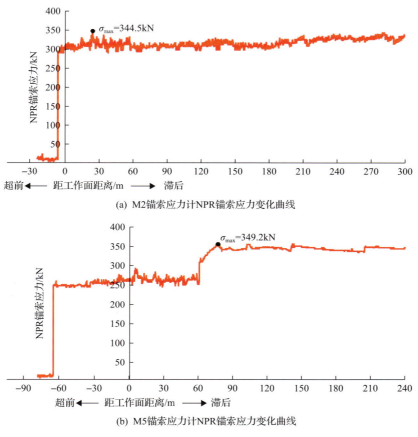

(a) M2锚索应力计NPR锚索应力变化曲线

(b) M5锚索应力计NPR锚索应力变化曲线

图 6-148　5307 工作面 NPR 锚索应力变化曲线

通过图 6-148 分析可以得到 NPR 锚索应力变化的具体情况,其中 NPR 锚索应力变化曲线关键位置及最大拉应力情况见表 6-52。

表 6-52　5307 工作面 NPR 锚索应力变化曲线关键位置及最大拉应力

锚索应力计	距开切眼距离/m	曲线增大起始位置(超前工作面距离)/m	达到恒阻值位置(滞后工作面距离)/m	锚索最大拉应力/kN
M2	20	7	108	344.5
M5	80	10	88	349.2

(1)工作面推进产生的超前集中应力对锚索受力产生轻微影响,M5 锚索应力计超前工作面 10m 位置 NPR 锚索受力有轻微升高,说明受到工作面超前支承压力影响,但 NPR 锚索反应不明显,分析原因主要是预裂切缝切断了部分应力传递,巷道中超前支承压力显现不明显。

(2)M5 锚索应力计超前工作面 10m 位置锚索受力有轻微升高,但之后锚索应力虽有变化但不明显,这是因为该锚索应力计附近顶板为正断层下盘,顶板坚硬不易垮落,在滞后工作面 60m 左右时,NPR 锚索受力增大，说明此时顶板在压力影响下发生突然下沉。

（3）由于超前支承压力的影响，存在部分 NPR 锚索超前工作面时即开始吸能变形，表现为 NPR 锚索的缩进，M2 锚索应力计 NPR 锚索拉应力在超前工作面快要达到恒阻值验证了这一点。

（4）通过对 NPR 锚索受力趋势分析发现，NPR 锚索受力增加主要有两种方式，一种是滞后工作面一段距离缓慢增加；另一种是滞后工作面一段距离突然增加。

（5）两个锚索应力计的 NPR 锚索最大拉应力为 344.5kN、349.2kN，考虑到一定的监测数据误差，NPR 锚索可能已达到恒阻状态。

2. 顶板离层变化规律分析

顶板离层监测布设 $L_1 \sim L_{10}$ 共 10 个顶板离层测点，其中 L_5 和 L_8 测点的锚索应力变化曲线如图 6-149 所示。

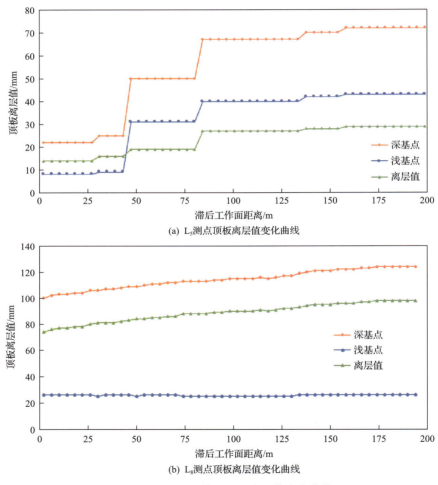

(a) L_5 测点顶板离层值变化曲线

(b) L_8 测点顶板离层值变化曲线

图 6-149　5307 工作面顶板离层值变化曲线

通过图 6-149 分析可以得到顶板离层值变化曲线关键位置及顶板最大离层值，见表 6-53。

表 6-53　5307 工作面顶板离层值变化曲线关键位置及顶板最大离层值

顶板离层测点	距开切眼距离/m	曲线增大起始位置（滞后工作面距离）/m	曲线平稳起始位置（滞后工作面距离）/m	顶板最大离层值/mm
L_5	80	41	158	29
L_8	200	—	171	98

（1）工作面推进对巷道顶板离层产生影响，不同位置处顶板离层不同。特殊区域（如 L_8 顶板裂缝区）离层波动大，可见，不同巷段不同位置顶板离层有不同变化，现场应根据实际情况合理调整支护方案。

（2）由 L_5 和 L_8 测点的曲线变化趋势可知，工作面回采过后，顶板离层值趋于稳定时滞后工作面的距离分别为 158m 和 171m。即当滞后工作面距离大于 180m 后，巷道顶板离层才趋于稳定。

3. 滞后单体支柱压力变化规律分析

在锚索应力计和顶板离层仪同断面的位置建立巷内临时支护单体支柱压力测点，D5# 和 D8# 测点单体支柱压力变化曲线如图 6-150 所示。

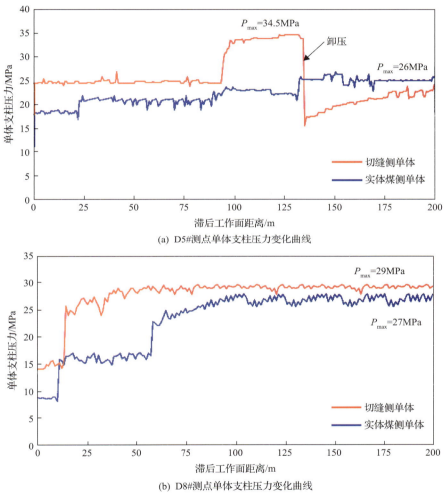

(a) D5# 测点单体支柱压力变化曲线

(b) D8# 测点单体支柱压力变化曲线

图 6-150　5307 工作面单体支柱压力变化曲线

对不同变化趋势的单体支柱压力分析发现以下规律。

（1）同一断面上不同位置的单体支柱压力大小明显不同，表现为切缝侧单体支柱压力＞实体煤侧单体支柱压力，这种变化特点符合切顶短臂梁的挠曲特性。

（2）滞后工作面 50m 之内，单体支柱压力会逐渐升高，以 D8# 测点切缝侧单体支柱为例，在滞后工作面 15m 位置处，单体支柱压力迅速升高。滞后工作面 50m 之后，一部分单体支柱压力会呈现波动，例如 D8# 测点的切缝侧单体支柱；另一部分单体支柱压力仍会缓慢增加。此外还有一部分单体支柱压力过大（由于顶板坚硬不易垮落，架后采动应力大），达到额定工作阻力，出现卸压现象，例如 D5# 测点的切缝侧单体支柱。

（3）滞后单体支柱压力变化主要表现为两种形式，一种是迅速达到额定工作阻力，之后支承压力在一定范围内有所波动，如 D8#测点的切缝侧单体支柱；另一种是工作面推进一定距离后，逐步达到额定工作阻力，之后支承压力在一定范围内有所波动，如 D5#测点切缝侧单体支柱。

4. 巷道围岩变形规律分析

为观测轨道顺槽的围岩移近量及移近规律，进行了十字测点位移监测，对留巷段不同位置进行布点观测，主要监测巷道顶底板及两帮变形情况，选取正常段 2#测点和顶板坚硬段 5#测点进行分析，巷道顶底板移近量、顶板下沉量、巷道底鼓量变化曲线如图 6-151、图 6-152 所示。

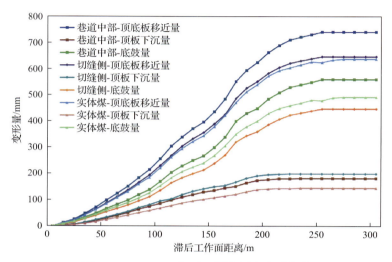

图 6-151   5307 工作面 2#测点围岩变形曲线

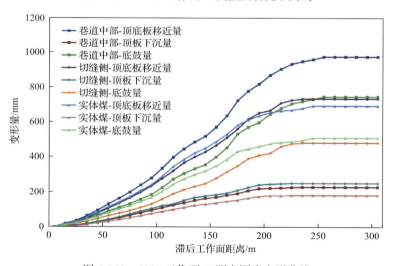

图 6-152   5307 工作面 5#测点围岩变形曲线

通过对不同测点围岩变形情况进行分析发现以下规律。

（1）综合来看，顶底板移近量大致可分为三个阶段：第一阶段为架后 180m 之内，此段巷段距工作面较近，受采动影响基本顶回转下沉，尤其在端头架后 70～180m 顶底板会有明显移近，说明顶板已有大的来压作用；第二阶段为架后 180～250m，此阶段顶板仍没有完全稳定，仍受到矸石压实过程中的动压影响，但增长速度较第一阶段有所放缓；第三阶段为架后 250m 之后，主动支护、被动支护与顶板压力逐渐接近一个区域平衡的状态，顶板下沉趋于稳定，即围岩变形趋于稳定，不同位置及地质条件可能会稍有差别。

（2）对 2#和 5#测点顶板下沉量曲线进行分析，可看出切缝侧顶板下沉量＞巷道中部顶板下沉量＞实体煤侧顶板下沉量，巷道围岩变形是非对称的。

（3）对 2#和 5#测点顶底板移近量曲线和底鼓量曲线进行分析，其底鼓量＞顶板下沉量，尤其是巷道中部底鼓量最大，2#测点巷道中部顶底板移近量为 746mm，顶板下沉量为 178mm，底鼓量 568mm，底鼓量占总移近量 76.1%；5#测点巷道中部顶底板移近量为 978mm，顶板下沉量为 235mm，底鼓量 743mm，底鼓量占总移近量 76.0%，总体来看底鼓量较大。

（4）以每天下沉量不超过 3mm 为巷段趋于稳定的评判标准，在 250m 之后顶底板移近量基本都达到稳定状态，因此从顶底板移近量这一因素整体考虑，初步判断安居煤矿切顶成巷架后 250m 位置为保守稳定区，250m 后可按照"隔一撤一"原则回撤临时支护设备。

6.7.5　冲击地压千米深井 110 工法采空区岩体碎胀效应

根据 5307 工作面岩性分布情况以及现场矸石垮落情况，发现顶板垮落后泥质砂岩和中砂岩可以揭露在采空区，故而测量不同时间内直接顶岩层的垮落高度，测量泥质砂岩和中砂岩的碎胀系数。

经现场实测不同位置的碎胀系数，确定安居煤矿 5307 工作面顶板碎胀系数为 1.36～1.37（图 6-153）。

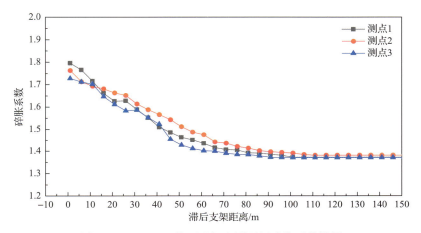

图 6-153　5307 工作面现场实测顶板碎胀系数结果

参 考 文 献

[1] 蔡美峰. 岩石力学与工程[M]. 北京: 科学出版社, 2002.

[2] 陈炎光, 钱鸣高. 中国煤矿采场围岩控制[M]. 徐州: 中国矿业大学出版社, 1994.

[3] 钱鸣高, 缪协兴, 何富连. 采场"砌体梁"结构的关键块分析[J]. 煤炭学报, 1994, (6): 557-563.

[4] 钱鸣高, 石平五, 许家林. 矿山压力与岩层控制[M]. 2版. 徐州: 中国矿业大学出版社, 2010.

[5] 权学金, 李广余, 葛逸群, 等. 巷旁充填沿空留巷技术与应用[J]. 煤炭科技, 2006, (1): 20-21.

[6] 陈勇, 柏建彪, 王襄禹, 等. 沿空留巷巷内支护技术研究与应用[J]. 煤炭学报, 2012, 37(6): 903-910.

[7] 翟新献, 周英. 沿空留巷巷旁充填体与顶板岩层的相互作用研究[J]. 煤矿设计, 1999, (8): 5-8.

[8] 周华强, 侯朝炯, 易宏伟, 等. 国内外高水巷旁充填技术的研究与应用[J]. 矿山压力与顶板管理, 1991, 8(4): 2-6.

[9] Whittaker B N, Woodron G J M. Design loads for gateside packs and support systems[J]. International Journal of Rock Mechanics and Mining Sciences & Geomechanics Abstracts, 1977, 14(4): 65.

[10] Williams D C. Packing technology[J]. The Mining Engineer, 1988, 70: 73-76, 78.

[11] Palei S K, Das S K. Sensitivity analysis of support safety factor for predicting the effects of contributing parameters on roof falls in underground coal mines[J]. International Journal of Coal Geology, 2008, 75(4): 241-247.

[12] Malmgren L, Nordlund E. Interaction of shotcrete with rock and rock bolts: A numerical study[J]. International Journal of Rock Mechanics and Mining Sciences, 2008, 45(4): 538-553.

[13] Hematian J, Porter I, Aziz N. Design of roadway support using a strain softening model[C]//13th International Conference on Ground Control in mining. Morgantown, 1994.

[14] Baxter N G, Watson T P, Whittaker B N. A study of the application of T-H support systems in coal mine gate roadways in the UK[J]. Mining Science and Technology, 1990, 10(2): 167-176.

[15] Williams G. Roof bolting in South Wales[J]. Colliery Guardian, 1987, 235: 311, 313-314.

[16] Bjurstrom S. Shear strength of hard rock joints reinforced by grouted untensioned bolts[C]//3rd International Congress of the International Society for Rock Mechanics(ISRM). Denver, 1975.

[17] 庙延钢, 张汉兴. 预裂爆破的微观分析[J]. 爆破, 1999, 16(2): 12-18.

[18] 卢文波, 陶振宇. 预裂爆破中炮孔压力变化历程的理论分析[J]. 爆炸与冲击, 1994, 14(2): 140-147.

[19] 何满潮, 曹伍富, 单仁亮, 等. 双向聚能拉伸爆破新技术[J]. 岩石力学与工程学报, 2003, 22(12): 2047-2051.

[20] 何满潮, 曹伍富, 王树理. 双向聚能拉伸爆破及其在硐室成型爆破中的应用[J]. 安全与环境学报, 2004, 4(1): 8-11.

[21] 王成虎, 何满潮, 王树理. 双向聚能拉伸爆破新技术在节理岩体中应用[J]. 爆破, 2004, 21(2): 39-42.

[22] 刘章华. 应用定向断裂爆破技术提高光面爆破质量[J]. 煤炭科学技术, 2002, 30(5): 26-27.

[23] 江杰才, 崔建井. 聚能管在光面爆破中的应用[J]. 煤炭技术, 2001, 20(10): 18-19.

[24] 张志呈. 定向断裂控制爆破[M]. 重庆: 重庆出版社, 2000.

[25] 李彦涛, 杨永琦, 成旭. 脉冲全息干涉法在岩石爆破机理研究中的应用[J]. 煤炭学报, 1996, 21(2): 168-172.

[26] 杨仁树, 宋俊生, 杨永琦. 切槽孔爆破机理模型试验研究[J]. 煤炭学报, 1995, 20(2): 197-200.

[27] 郭文章, 王树仁, 刘殿书. 岩石爆破层裂机理的研究[J]. 工程爆破, 1997, 3: 1-4.

[28] 张志呈. 定向断裂控制爆破机理综述[J]. 矿业研究与开发, 2000, 20(5): 40-42.

[29] 杨永琦, 杨仁树, 杜玉兰, 等. 定向断裂控制爆破机制与生产试验[J]. 爆破, 1995, 12(1): 40-43.

[30] 田运生, 高荫桐, 杨仁树. 定向断裂控制爆破技术[J]. 煤炭科学技术, 1998, 26(9): 26-28.

[31] 佟强. 软岩定向断裂控制爆破技术试验及应用[J]. 煤炭科学技术, 1998, 26(2): 10-12.

[32] 杨同敏, 吴增光, 黄汉富, 等. 岩石爆破定向断裂控制机理研究[J]. 煤, 1999, 8(1): 23-24.

[33] 戴俊, 杨永琦, 娄玉民, 等. 岩石定向断裂控制爆破技术的工程应用[J]. 煤炭科学技术, 2000, 28(4): 7-9, 12.

[34] 杨永琦, 戴俊, 单仁亮, 等. 岩石定向断裂控制爆破原理与参数研究[J]. 爆破器材, 2000, 29(6): 24-28.

[35] 何晖, 顾致平. 岩巷定向断裂控制爆破技术的理论与实践[J]. 有色金属(矿山部分), 2002, 54(2): 31-33.

[36] 刘衍利, 黎卫兵, 黄星源. 切顶卸压爆破技术在沿空留巷中的应用[J]. 煤矿安全, 2014, 45(6): 132-135.

[37] 张东升, 茅献彪, 马文顶. 综放沿空留巷围岩变形特征的试验研究[J]. 岩石力学与工程学报, 2002, 21(3): 331-334.

[38] 赵英利. 基于综放沿空留巷的全煤巷锚杆(索)加固技术[J]. 矿山压力与顶板管理, 2002, 19(2): 34-35, 38.

[39] 华心祝, 张登龙, 李迎富. 深井开采沿空留巷支护技术研究[J]. 金属矿山, 2009, (S1): 668-671, 675.

[40] Moosavi M, Grayeli R. A model for cable rock bolt mass interaction[J]. International Journal of Rock Mechanics and Mining Sciences, 2006, 43(6):

661-670.

[41] 孙恒虎, 赵炳利. 沿空留巷的理论与实践[M]. 北京: 煤炭工业出版社, 1993.

[42] 张农, 陈红, 陈瑶. 千米深井高地压软岩巷道沿空留巷工程案例[J]. 煤炭学报, 2015, 40(3): 494-501.

[43] 李化敏. 沿空留巷顶板岩层控制设计[J]. 岩石力学与工程学报, 2000, 19(5): 651-654.

[44] 漆泰岳, 郭育光, 侯朝炯. 沿空留巷整体浇注护巷带适应性研究[J]. 煤炭学报, 1999, 24(3): 256-260.

[45] 费旭敏. 我国沿空留巷支护技术现状及存在的问题探讨[J]. 中国科技信息, 2008, (7): 48-49, 51.

[46] 华心祝, 马俊枫, 许庭教. 沿空留巷巷旁锚索加强支护与参数优化[J]. 煤炭科学技术, 2004, 32(8): 60-64.

[47] 孙晓明, 杨军, 曹伍富. 深部回采巷道锚网索耦合支护时空作用规律研究[J]. 岩石力学与工程学报, 2007, 26(5): 895-900.

[48] 何满潮, 齐干, 程骋, 等. 深部复合顶板煤巷变形破坏机制及耦合支护设计[J]. 岩石力学与工程学报, 2007, 26(5): 987-993.

[49] 孙晓明, 何满潮, 杨晓杰. 深部软岩巷道锚网索耦合支护非线性设计方法研究[J]. 岩土力学, 2006, 27(7): 1061-1065.

[50] 冯学武, 张忠温, 曹荣平, 等. 深部煤巷刚柔二次耦合支护围岩控制技术[J]. 矿山压力与顶板管理, 2001, 18(4): 18-19,21.

[51] 彭飞, 孙晓明, 武雄. 深部煤巷锚网索耦合支护技术研究[J]. 矿山压力与顶板管理, 2001, 18(4): 24-25.

[52] 韩本道, 彭传业. 沿空留巷的矿压显现与控制[J]. 煤炭科学技术, 1983, (9): 28-31.

[53] 刘建新, 勾攀峰, 张义顺, 等. 沿空留巷矿压显现规律分析[J]. 煤炭科学技术, 1992, (11): 27-30.

[54] 陆士良. 无煤柱护巷的矿压显现[M]. 北京: 煤炭工业出版社, 1982.

[55] 管学茂, 鲁雷, 翟路锁, 等. 综放面沿空掘巷矿压显现规律研究[J]. 矿山压力与顶板管理, 2000, 17(1): 30-31, 33.

[56] 李化敏, 顾明, 周英, 等. 晋城矿区9号煤沿空留巷试验研究[J]. 焦作工学院学报(自然科学版), 2000, 19(2): 90-93.

[57] 孙恒虎, 吴健, 邱运新. 沿空留巷的矿压规律及岩层控制[J]. 煤炭学报, 1992, 17(1): 15-24.

[58] 蒋金泉. 采场围岩应力与运动[M]. 北京: 煤炭工业出版社, 1993.

[59] 李东勇. 综放工作面巷道围岩稳定性研究[D]. 太原: 太原理工大学, 2004.

[60] 陈庆敏, 陈学伟, 金泰, 等. 综放沿空巷道矿压显现特征及其控制技术[J]. 煤炭学报, 1998, (4): 382-385.

[61] 杨永杰, 谭云亮. 回采巷道采动影响变形量与护巷煤柱宽度之间关系的研究[J]. 江苏煤炭, 1995, (3): 9-10.

[62] 张国锋, 何满潮, 俞学平, 等. 白皎矿保护层沿空切顶成巷无煤柱开采技术研究[J]. 采矿与安全工程学报, 2011, 28(4): 511-516.

[63] 刘小强, 张国锋. 软弱破碎围岩切顶卸压沿空留巷技术[J]. 煤炭科学技术, 2013, (S2): 133-134.

[64] 蒋宇静. 坚硬直接顶板运动特点与支护设计: 兼谈切顶支柱工作参数的确定[J]. 中州煤炭, 1988, (3): 7-10.

[65] 李鸿昌. 论支架支撑力的控顶作用[J]. 煤, 1997, 6(1): 16-18, 42.

[66] 吴洪词. 采场空间结构模型及其算法[J]. 矿山压力与顶板管理, 1997, (1): 10-13.

[67] 万海鑫, 张凯, 陈冬冬, 等. 轿子山矿切顶卸压沿空留巷技术[J]. 煤矿安全, 2014, 45(12): 85-88.

[68] 宋润权, 谢家鹏. 切顶卸压技术在工作面及沿空巷道维护中的应用[J]. 煤炭科技, 2012, (3): 52-54.

[69] 蔡洪林, 尹贤坤, 汤朝均, 等. 切顶卸压沿空留巷无煤柱开采技术研究与应用[J]. 矿业安全与环保, 2012, 39(5): 15-18.

[70] 连传杰, 徐卫亚, 王志华. 一种新型让压管锚杆的变形特性及其支护作用机理分析[J]. 防灾减灾工程学报, 2008, 28(2): 242-247.